建筑工程施工质量问答丛书

地基与基础工程施工质量问答

徐天平 主编

中国建筑工业出版社

图书在版编目(CIP)数据

地基与基础工程施工质量问答/徐天平主编.—北京:
中国建筑工业出版社,2004
(建筑工程施工质量问答丛书)
ISBN 7-112-06248-9

Ⅰ.地… Ⅱ.徐… Ⅲ.①地基-工程质量-问答
②基础(工程)-工程质量-问答 Ⅳ.TU753-44

中国版本图书馆 CIP 数据核字(2003)第 117320 号

建筑工程施工质量问答丛书
地基与基础工程施工质量问答
徐天平 主编

*

中国建筑工业出版社出版、发行(北京西郊百万庄)
新 华 书 店 经 销
北京市兴顺印刷厂印刷

*

开本:850×1168毫米 1/32 印张:11¼ 字数:300千字
2004年4月第一版 2004年4月第一次印刷
印数:1—5,000册 定价:**22.00**元
ISBN 7-112-06248-9
TU・5510 (12262)

版权所有 翻印必究
如有印装质量问题,可寄本社退换
(邮政编码 100037)

本社网址:http://www.china-abp.com.cn
网上书店:http://www.china-building.com.cn

本书以一问一答的形式,针对建筑工程地基与基础施工中的一些基本知识、质量控制重要环节、关键技术措施以及常见问题,依据最新颁布的标准、规范,结合工程实践经验,用科学和通俗的语言深入浅出地进行了解答。同时力求反映我国建筑地基基础施工新技术、新方法、新材料、新工艺。

　　本书适合于从事地基基础工程的勘察设计、施工、监理、质量监督检测等方面的技术人员,特别是工作在第一线的施工技术管理人员。

＊　＊　＊

责任编辑:胡永旭　郦锁林
责任设计:孙　梅
责任校对:王金珠

《建筑工程施工质量问答丛书》
编委会

主　　编　卫　明　吴松勤

编　　委　徐天平　彭尚银　侯兆欣

　　　　　张昌叙　李爱新　项桦太

　　　　　宋　波　张耀良　钱大治

　　　　　杨南方

《地基与基础工程施工质量问答》
编 写 组

主　　编：徐天平
编　　委：杨志银　杨　军　钟晓晖
　　　　　曹华先　张戈西　李耀良
　　　　　付文光

出 版 说 明

为了认真贯彻实施《建设工程质量管理条例》、《工程建设标准强制性条文》、《建筑工程施工质量验收系列规范》等有关工程质量法规体系,加强建设行业管理人员和施工技术人员的建筑工程质量意识和知识的普及,提高工程建设施工质量,由我社组织有关质检专家、研究人员、高级工程标准化技术专家和教授等编写《建筑工程施工质量问答丛书》。丛书共分 11 册,它们分别是:《建筑工程施工质量总论问答》、《地基与基础工程施工质量问答》、《混凝土结构工程施工质量问答》、《钢结构工程施工质量问答》、《砌体工程施工质量问答》、《建筑装饰装修工程施工质量问答》、《建筑防水工程施工质量问答》、《建筑给水排水与采暖工程施工质量问答》、《通风与空调工程施工质量问答》、《建筑电气工程施工质量问答》、《智能建筑工程施工质量问答》。

1. 本丛书是首次推出的有关建筑工程质量方面的一套普及性读物,它以一问一答的形式,针对建筑工程施工质量中一些基本知识和常遇到的问题,用科学和通俗的语言来解答。将建筑工程重要的技术法规、新的技术采用通俗浅显的语言表达出来。充分体现出丛书的权威性、科学性、针对性、实用性,同时要反映我国建筑施工质量管理水平和国家有关政策、法规要求。

2. 近年来,我国先后对建筑材料、建筑结构设计、建筑工程施工质量验收规范进行了全面修订并实施,丛书内容紧密结合相应规范,符合新规范要求,既可作为解决建筑工程施工中质量问题的可操作性强的普及型用书,也可作为建筑工程施工质量验收规范实施的培训参考用书。

3. 丛书反映了建设部重点推广的新技术、新工艺、新材料的质量措施、施工质量验收要求,尽量使其与施工质量管理的质量监督、质量保证和质量评价相呼应。

丛书主要以建筑分部工程划分,重点介绍地基与基础工程、混凝土结构工程、钢结构工程、砌体工程、建筑装饰装修工程、建筑防水工程、建筑给水排水与采暖工程、通风与空调工程、建筑电气工程(含电梯工程)各分部工程施工中的质量问题,主要内容包括:工程质量管理基础知识、项目具体划分、各分项工程施工原材料质量要求、施工质量控制要点、质量控制措施要求、检验批质量检验的抽样方案要求、涉及建筑工程安全和主要使用功能的见证取样及抽样检测要求、工程质量控制资料要求、施工质量验收要求,同时介绍经常出现的质量问题和正确的处理方法。

丛书以问答的形式,先提出问题,再用科学道理和通俗的语言来解答,使基层工程技术人员和质量管理人员,既知道应该如何控制施工质量,又懂得为什么要控制质量、确保工程质量的道理。丛书可供建筑工程施工技术人员、质量管理人员、质量监督人员及建设监理人员参考使用。

中国建筑工业出版社

2004年2月

前 言

基础工程是建筑工程的重要组成部分，万丈高楼从地起，地基基础工程的质量直接关系到整个建筑物的结构安全，直接关系到人民生命财产安全。大量事实表明，建筑工程质量问题和重大质量事故多与地基基础工程质量有关，如何保证地基基础工程施工质量，一直倍受建设、施工、设计、勘察、监理各方以及建设行政主管部门的关注。由于我国地质条件复杂，基础形式多样，施工及管理水平的差异，同时地基基础工程具有高度的隐蔽性，从而使得基础工程的施工比上部建筑结构更为复杂，更容易存在质量隐患。

本书以一问一答的形式，针对建筑工程地基基础施工中一些基本知识、质量控制重要环节、关键技术措施以及常见问题，依据最新颁布的标准、规范，结合工程实践经验，用科学和通俗的语言深入浅出地进行了解答。同时力求反映我国建筑地基基础施工新技术、新方法、新材料、新工艺。本书的问世，希望能促进我国建筑地基基础施工技术、提高施工质量及管理水平，对从事地基基础工程的勘察设计、施工、监理、质量监督检测等技术人员，特别是工作在第一线的施工技术管理人员有所助益。

本书共分六章，第一、五、六章由徐天平和张戈西编写，第二章由曹华先和杨军编写，第三章由钟晓晖和李耀良编写，第四章由杨志银、付文光编写，其中地下连续墙由钟晓晖编写。

由于编者水平有限，书中肯定有不少缺点、错误，恳请广大读者批评指正。

目　录

1 基本问题 …………………………………………………………… 1

　1.1　一般概念 ……………………………………………………… 1

　　1.1.1　什么叫地基？地基基本型式有哪些？ ………………… 1
　　1.1.2　什么叫基础？基础基本型式有哪些？ ………………… 3
　　1.1.3　什么是天然地基？什么是人工地基？ ………………… 3
　　1.1.4　什么叫单一地基？ ……………………………………… 4
　　1.1.5　什么叫复合地基？复合地基的主要类型有哪些？ …… 4
　　1.1.6　常用的地基处理方法有哪些？ ………………………… 6
　　1.1.7　建筑工程对地基的基本要求有哪些？ ………………… 10
　　1.1.8　控制地基变形的主要措施有哪些？ …………………… 10
　　1.1.9　桩的定义及如何分类？ ………………………………… 11
　　1.1.10　什么叫群桩效应？ …………………………………… 14
　　1.1.11　什么是地基、桩基承载力极限值、标准值、
　　　　　　设计值、基本值、特征值？ …………………………… 15
　　1.1.12　什么叫桩的极限状态？ ……………………………… 20
　　1.1.13　复合地基中柔性桩、半刚性桩、刚性桩的基本概念
　　　　　　是什么？ ………………………………………………… 21
　　1.1.14　地基土（岩）如何分类？ ……………………………… 23
　　1.1.15　如何阅读和使用地质勘探报告？ …………………… 25
　　1.1.16　哪些工程应在施工期间及使用期间进行
　　　　　　变形观测？ ……………………………………………… 26
　　1.1.17　如何进行沉降观测？沉降观测点设置的要点
　　　　　　是什么？ ………………………………………………… 28

1.1.18　地基基础工程质量有哪些主要控制点？……………… 32
　　1.1.19　建筑地基与基础工程方面的现行规范、规程和标准常用
　　　　　　的有哪些？ ……………………………………………… 33
1.2　常见质量问题 …………………………………………………… 34
　　1.2.1　常见地基基础工程事故有哪些？ …………………………… 34
　　1.2.2　地基基础工程质量事故出于岩土工程勘察方面的原因有
　　　　　　哪些？ …………………………………………………… 35
　　1.2.3　地基基础工程质量事故出于设计方面的原因有
　　　　　　哪些？ …………………………………………………… 36
　　1.2.4　高层建筑的后浇带设置应注意什么问题？ ………………… 37
　　1.2.5　高层建筑筏基内筒形式对地基基础的影响是什么？ ……… 38
　　1.2.6　地基基础工程质量事故出于材料及构配件方面的
　　　　　　原因有哪些？ …………………………………………… 39
　　1.2.7　地基基础工程质量事故出于施工技术管理方面的
　　　　　　原因有哪些？ …………………………………………… 40
　　1.2.8　地基基础工程质量事故出于使用不当方面的原因
　　　　　　常有哪些？ ……………………………………………… 42
　　1.2.9　地基工程冬期施工的薄弱环节？相应的技术措施
　　　　　　是什么？ ………………………………………………… 43
　　1.2.10　基础工程中混凝土的冬期施工有哪些基本要求？
　　　　　　相应的技术措施是什么？ ……………………………… 44
　　1.2.11　基础工程冬期施工中现场钢筋焊接应注意什么
　　　　　　问题？ …………………………………………………… 45
1.3　施工组织设计的相关内容 ……………………………………… 46
　　1.3.1　编制施工组织设计应具备哪些资料？ ……………………… 46
　　1.3.2　地基基础施工组织设计的主要内容有哪些？ ……………… 48
　　1.3.3　施工准备工作有哪些内容？ ………………………………… 50
　　1.3.4　什么叫施工方案？施工方案包括哪些内容？
　　　　　　如何编写？ ……………………………………………… 52
　　1.3.5　什么是施工进度计划？如何绘制施工进度计划
　　　　　　图表？ …………………………………………………… 53

2 地基 … 55

2.1 一般问题 … 55
- 2.1.1 地基处理应综合考虑哪些因素？处理原则如何？ … 55
- 2.1.2 哪些方法适合于浅层地基处理？ … 57
- 2.1.3 哪些方法适合于处理深层地基？ … 58
- 2.1.4 地基局部处理的基本原则是什么？一般处理措施有哪些？ … 59
- 2.1.5 基坑(槽)开挖前应做好哪些技术准备工作？ … 60
- 2.1.6 基础放线的具体方法和步骤是什么？ … 60
- 2.1.7 天然地基施工中发现与设计文件及勘察报告不符合的情况时，如何处理？ … 61
- 2.1.8 地基验槽的主要内容有哪些？ … 62
- 2.1.9 地基基础施工中出现橡皮土应如何处理？ … 62

2.2 复合地基 … 63
- 2.2.1 振冲桩的适用范围及施工要点？ … 63
- 2.2.2 置换振冲桩的常见质量问题及处理方法有哪些？ … 65
- 2.2.3 砂石桩的适用范围及施工要点？ … 66
- 2.2.4 砂石桩的常见质量问题及处理方法有哪些？ … 68
- 2.2.5 水泥粉煤灰碎石桩(CFG桩)的适用范围及施工要点？ … 69
- 2.2.6 振动沉管CFG桩的缩颈、断桩的原因有哪些？如何处理？ … 71
- 2.2.7 振动沉管CFG桩的其他质量问题如何处理？ … 74
- 2.2.8 压灌CFG桩发生堵管的原因有哪些？如何处理？ … 75
- 2.2.9 如何对待CFG桩的保护桩长问题？ … 77
- 2.2.10 如何防止压灌法施工的"窜孔"问题？ … 79
- 2.2.11 "正常"施工造成CFG桩承载力偏低的原因有哪些？ … 80
- 2.2.12 如何处理压灌桩施工的排气问题？ … 82

2.2.13 如何处理CFG桩褥垫层的施工问题？ 82
2.2.14 夯实水泥土桩的适用范围及施工要点？ 83
2.2.15 夯实水泥土桩的常见质量问题有哪些？
如何处理？ 84
2.2.16 水泥土搅拌桩的适用范围及施工要点？ 84
2.2.17 水泥土搅拌桩(干法)的常见质量问题有哪些？
如何处理？ 90
2.2.18 高压喷射注浆(高压旋喷)法的适用范围
及施工要点？ 92
2.2.19 如何加强高压喷射注浆(高压旋喷)法的质量控制
和施工管理？ 94
2.2.20 高压喷射注浆(高压旋喷)法的常见质量问题有哪些？
如何处理？ 95
2.2.21 石灰桩的适用范围及施工要点？ 97
2.2.22 石灰桩的常见质量问题有哪些？如何处理？ 100
2.2.23 灰土挤密桩法和土挤密桩法的适用范围
及施工要点？ 101
2.2.24 灰土挤密桩法和土挤密桩法的常见质量问题有哪些？
如何处理？ 101
2.2.25 柱锤冲扩桩法的适用范围及施工要点？ 101
2.2.26 柱锤冲扩桩法的常见质量问题有哪些？
如何处理？ 102

2.3 单一地基 103
2.3.1 采用天然地基时应注意什么？ 103
2.3.2 换填法的适用范围及施工要点？ 103
2.3.3 影响填土压实质量的主要因素是什么？ 108
2.3.4 填方土料应符合哪些要求？ 109
2.3.5 在地基换土处理中,如果采用素土垫层,
其垫层厚度一般应如何确定？ 110
2.3.6 砂垫层和砂石垫层地基,其垫层的厚度与
宽度一般应如何确定？ 110

2.3.7 灰土垫层地基对灰土材料有什么要求？
　　　　　施工的要点是什么？ ··· 110
　　2.3.8 灰土地基施工中灰土体积配合比和含水量
　　　　　如何控制？ ·· 112
　　2.3.9 灰土的质量检查可用什么取样法测定干密度？ ········· 112
　　2.3.10 灰浆碎砖三合土配合比(体积比)一般是多少？ ········ 112
　　2.3.11 什么是重锤夯实？适用范围如何？ ···························· 113
　　2.3.12 强夯法的适用范围及施工要点？ ································ 113
　　2.3.13 强夯前的试夯要点？ ·· 117
　　2.3.14 强夯法加固湿陷性黄土地基时的质量控制要点
　　　　　是什么？ ·· 118
　　2.3.15 预压法主要有哪两类？适用范围如何？ ···················· 118
　　2.3.16 堆载预压法的施工要点？ ·· 119
　　2.3.17 真空预压法的施工要点？ ·· 122

3 桩基础 ··· 124

　3.1 一般问题 ·· 124
　　3.1.1 桩基础按施工工艺可分为哪些种类？ ························ 124
　　3.1.2 如何根据地质条件选择桩型？ ···································· 124
　　3.1.3 桩基变位事故及预防措施有哪些？ ···························· 125
　　3.1.4 桩基施工中发现与勘察报告不符合的情况时，
　　　　　如何处理？ ·· 126
　　3.1.5 桩基础施工中不满足设计文件的情况可能有哪些？ ······· 126
　3.2 钻、冲孔灌注桩 ··· 127
　　3.2.1 钻、冲孔灌注桩适用什么范围？ ································ 127
　　3.2.2 钻、冲孔灌注桩成孔的施工要点有哪些？ ················ 128
　　3.2.3 钻、冲孔灌注桩质量问题有哪些？ ···························· 129
　　3.2.4 钻、冲孔灌注桩护筒是如何设置的？ ························ 129
　　3.2.5 钻、冲孔灌注桩泥浆配制应注意什么问题？ ············ 129
　　3.2.6 灌注桩清孔的方法有哪几种？应按什么要求进行？ ····· 130

13

  3.2.7　浇注混凝土前,沉渣厚度如何测量和控制？ …… 131
  3.2.8　灌注桩塌孔如何预防和治理？ …………… 132
  3.2.9　钻、冲孔灌注桩施工护筒外侧冒浆的原因有哪些？
     如何处理？ …………………………………… 133
  3.2.10　钻、冲孔灌注桩施工孔内漏浆的原因
     及处理方法有哪些？ ………………………… 133
  3.2.11　钻、冲孔灌注桩施工桩孔偏斜的原因
     及处理方法有哪些？ ………………………… 134
  3.2.12　钻、冲孔灌注桩施工钢筋笼的制作、起吊、
     安装中应注意什么问题？ …………………… 135
  3.2.13　水下混凝土灌注过程中常见的问题和
     处理方法有哪些？ …………………………… 135
  3.2.14　钻、冲孔灌注桩如何控制桩顶标高和质量？ … 136
  3.2.15　用什么方法可提高钻、冲孔灌注桩承载能力？ … 136
 3.3　人工挖孔灌注桩 ……………………………………… 136
  3.3.1　人工挖孔灌注桩的适用范围及施工要点？ …… 136
  3.3.2　人工挖孔灌注桩的常见质量问题有哪些？
    产生的原因有哪些？ …………………………… 137
  3.3.3　如何控制人工挖孔灌注桩的成孔质量及垂直度？ … 138
  3.3.4　如何处理人工挖孔灌注桩中的流砂问题？ …… 139
  3.3.5　如何解决人工挖孔灌注桩中的通风问题？ …… 139
  3.3.6　人工挖孔灌注桩如何做好降水措施？ ………… 140
  3.3.7　人工挖孔灌注桩的钢筋笼安装应注意哪些问题？ …… 140
  3.3.8　如何确定人工挖孔灌注桩浇筑方法？
    施工应注意什么？ ……………………………… 141
 3.4　沉管灌注桩 …………………………………………… 142
  3.4.1　沉管灌注桩的适用范围及施工要点？ ………… 142
  3.4.2　沉管灌注桩质量问题有哪些？ ………………… 149
  3.4.3　锤击沉管灌注桩的贯入度如何测量？ ………… 150
  3.4.4　沉管灌注桩的浇注应注意哪些问题？ ………… 152

3.4.5 沉管灌注桩施工出现缩颈的原因及处理
        方法有哪些？ ……………………………………… 153
  3.4.6 沉管灌注桩施工出现断桩的原因及处理
        方法有哪些？ ……………………………………… 153
 3.5 预制桩 …………………………………………………… 154
  3.5.1 预制桩如何分类？ ……………………………… 154
  3.5.2 预制桩的适用范围如何？ ……………………… 155
  3.5.3 预制桩不宜采用或需采取措施后方能采用
        的范围如何？ ……………………………………… 155
  3.5.4 预制桩施工工序与施工要点如何？ …………… 156
  3.5.5 预制桩常见质量问题有哪些？ ………………… 160
  3.5.6 预制方桩现场制作时应注意哪些问题？ ……… 161
  3.5.7 预制桩的起吊、运输及堆放应注意哪些问题？ …… 162
  3.5.8 预制桩的主要施工机械应如何选择？ ………… 162
  3.5.9 打桩顺序一般应如何确定？ …………………… 163
  3.5.10 怎样预防预制桩施工中的倾斜？ ……………… 164
  3.5.11 预制桩桩身断裂有何症状？如何预防和处理？ …… 164
  3.5.12 如何控制预制桩打的收锤标准？ ……………… 165
  3.5.13 预制桩施工中引起地表隆起的原因有哪些？ …… 166
  3.5.14 预制桩施工对周围环境的影响有哪些？
        如何预防？ ……………………………………… 166
  3.5.15 预制桩施工过程中桩浮起的原因和处理办法？ …… 167
  3.5.16 预制桩施工中出现持力层软化应如何处理？ …… 168

4 基坑工程 ………………………………………………………… 169
 4.1 一般问题 ………………………………………………… 169
  4.1.1 基坑工程有什么特点？ ………………………… 169
  4.1.2 基坑的支护结构主要分哪几大类型？ ………… 171
  4.1.3 常用于深基坑的支护结构有哪些？
        其主要适用深度范围分别是多少？ …………… 172

  4.1.4 常见的基坑破坏形态有哪些? ································· 173
  4.1.5 基坑支护工程需要考虑哪些内容? ························· 174
  4.1.6 基坑开挖有什么要求? ·· 176
  4.1.7 何种条件下基坑适合采用放坡形式? ····················· 177
  4.1.8 如何确定边坡的放坡参数? ·································· 177
  4.1.9 放坡坡面有哪些常用防护措施? ···························· 178
  4.1.10 对放坡开挖施工有何技术要求? ·························· 178
  4.1.11 基坑工程施工过程中,有哪些应急措施? ··············· 179
 4.2 排桩 ··· 180
  4.2.1 排桩用作支护桩时有哪些特点? ···························· 180
  4.2.2 排桩支护的使用范围如何? ·································· 181
  4.2.3 怎样安排排桩的施工顺序? ·································· 182
  4.2.4 用作排桩的钢筋笼制作安装应注意什么事项? ········ 182
  4.2.5 基坑开挖时,桩间土如何保护? ····························· 183
  4.2.6 排桩与冠梁如何连接? ·· 183
  4.2.7 树根桩施工时,应注意哪些事项? ·························· 183
  4.2.8 支撑体系的施工有哪些要求? ······························· 185
 4.3 水泥土桩墙 ·· 186
  4.3.1 水泥土桩墙的概念是什么? ·································· 186
  4.3.2 为什么喷粉桩不宜用作基坑的支护结构? ··············· 187
  4.3.3 深层搅拌桩适用于何种条件下的基坑? ·················· 188
  4.3.4 高压喷射注浆法适用于何种条件下的基坑? ··········· 188
  4.3.5 重力式水泥土桩墙围护体系有何特点? ·················· 189
  4.3.6 为什么水泥土桩施工前通常要进行试桩? ·············· 190
  4.3.7 水泥土桩用作支护结构时与用作基础桩有何不同? ····· 190
  4.3.8 如何保证深层搅拌桩的桩身强度及连续性? ··········· 191
  4.3.9 如何保证高压旋喷桩的桩身强度? ························ 192
  4.3.10 如何保证水泥土桩的垂直度? ···························· 192
  4.3.11 水泥土桩之间应如何相互搭接? ························· 193
  4.3.12 变掺量法如何应用? ··· 193

4.3.13　如何设置桩顶连梁？ 194
　　4.3.14　水泥土桩施工过程中"断桩"如何处理？ 194
　　4.3.15　地下水具有流动性时，水泥土桩墙应如何施工？ 195
　　4.3.16　与已有建筑物距离很近时，应如何施工？ 195
　　4.3.17　加筋水泥土墙施工时应注意什么事项？ 196
4.4　预应力锚杆 197
　　4.4.1　锚杆的概念是什么？ 197
　　4.4.2　什么条件下不宜采用锚杆支护？ 198
　　4.4.3　锚杆施工有哪些要求？ 198
　　4.4.4　如何选择适合的锚杆成孔工艺及钻机？ 199
　　4.4.5　在易塌孔的土层中，锚杆应如何成孔？ 200
　　4.4.6　如何保证锚杆成孔质量？ 200
　　4.4.7　杆体制作及安装时，应注意什么事项？ 201
　　4.4.8　锚杆的注浆质量如何控制？ 202
　　4.4.9　在裂隙发育的土层中施工时，应如何控制注浆质量？ 203
　　4.4.10　二次高压注浆的工艺过程是怎样的？ 204
　　4.4.11　锚头安装时应注意哪些事项？ 205
　　4.4.12　锚杆张拉与锁定时，应注意哪些事项？ 205
　　4.4.13　锚杆张拉时，应防止哪些错误做法？ 206
　　4.4.14　腰梁施工应注意哪些事项？ 207
　　4.4.15　永久性锚杆的施工中，应强调什么关键技术？ 208
　　4.4.16　大承载力锚杆的施工中，应强调哪些关键技术？ 210
　　4.4.17　与土钉墙联合支护时，锚杆施工中应注意
　　　　　　什么事项？ 211
4.5　土钉墙 211
　　4.5.1　土钉墙和复合土钉墙的概念是什么？ 211
　　4.5.2　土钉墙支护适用于何种条件下的基坑？ 212
　　4.5.3　何种条件下的基坑不宜采用土钉墙支护？ 212
　　4.5.4　土钉墙的施工顺序？ 213
　　4.5.5　土钉墙支护对基坑土方的开挖有何要求？ 214

4.5.6 如何保证钻孔注浆式土钉(钢筋土钉)的成孔质量？ …… 215
4.5.7 如何保证钻孔注浆式土钉的注浆质量？ …… 216
4.5.8 如何保证钻孔注浆式土钉的杆体制作安装质量？ …… 216
4.5.9 如何保证打入注浆式土钉(钢管土钉)的施工质量？ …… 217
4.5.10 土钉与面层如何连接？ …… 218
4.5.11 哪些因素会影响到喷射混凝土的施工质量？ …… 218
4.5.12 当喷射混凝土底面为水泥土拌合桩时，如何处理桩间土？ …… 220
4.5.13 坡面上如何设置泄水孔？ …… 220
4.5.14 怎样进行土钉的长度检验？ …… 220
4.5.15 做土钉的抗拔力试验，应注意哪些事项？ …… 221
4.5.16 永久性边坡的土钉墙支护施工中，应特别强调哪些关键技术？ …… 221
4.5.17 在地下水较为丰富的情况下，土钉墙施工时应注意哪些事项？ …… 222
4.5.18 喷射混凝土完成后如何养护？ …… 222
4.5.19 复合土钉墙的常用类型有哪些？ …… 223

4.6 地下连续墙 …… 225
4.6.1 地下连续墙适用什么条件？ …… 225
4.6.2 地下连续墙施工工序如何划分？ …… 226
4.6.3 地下连续墙槽段如何划分？ …… 228
4.6.4 地下连续墙采取何种形式的接头？槽段的接头应如何处理？ …… 230
4.6.5 导墙有哪些作用？它的深度、厚度一般宜为多少？ …… 233
4.6.6 地下连续墙施工中槽壁坍塌的对策是什么？ …… 234
4.6.7 地下连续墙施工时泥浆有哪些要求？如何保证泥浆质量？ …… 236
4.6.8 地下连续墙的钢筋笼制作安放中应注意什么事项？ …… 237
4.6.9 地下连续墙的清槽工作是什么？ …… 239
4.6.10 地下连续墙混凝土的灌注中应注意什么事项？ …… 240

4.6.11 当有承重要求时,地下连续墙施工中应注意什么事项? … 241

4.7 基坑防水治水 …………………………………………… 242

4.7.1 基坑工程中对地表及地下水的防治有哪些措施? 其适用条件分别是什么? ………………………… 242

4.7.2 降水会对周围环境产生什么样的影响? ………… 244

4.7.3 防止降水对周边环境产生不利影响的措施 有哪些? ………………………………………… 245

4.7.4 基坑明沟排水系统应如何设置? ………………… 246

4.7.5 井点降水有哪些类型?其适用条件分别是什么? ……… 247

4.7.6 止水帷幕的形式有哪些?其适用条件是什么? ……… 248

4.7.7 井管制安中应注意哪些问题? ………………… 249

4.7.8 深层搅拌桩止水帷幕施工时,应强调什么关键技术? … 250

4.7.9 旋喷桩止水帷幕施工时,应强调什么关键技术? ……… 251

4.7.10 水泥土桩墙止水帷幕出现局部渗漏时应如何处理? … 252

4.7.11 回灌有哪些形式?施工时应注意什么事项? ……… 254

4.8 基坑监测 …………………………………………………… 255

4.8.1 基坑监测的意义是什么? ……………………… 255

4.8.2 基坑监测包括哪些内容? ……………………… 257

4.8.3 编写基坑监测方案及监测报告有何要求? ……… 258

4.8.4 沉降监测中应注意哪些事项? ………………… 258

4.8.5 水平位移监测中应注意哪些事项? …………… 260

4.8.6 倾斜监测中应注意哪些事项? ………………… 261

4.8.7 支护结构应力监测中应注意哪些事项? ………… 262

5 沉井 ……………………………………………………… 263

5.0.1 沉井的适用范围如何? ………………………… 263

5.0.2 沉井制作应注意什么问题? …………………… 264

5.0.3 沉井下沉一般采用什么方法? ………………… 265

5.0.4 沉井施工下沉困难的对策是什么? ……………… 266

5.0.5 沉井施工下沉过快的对策是什么? ……………… 267

  5.0.6 沉井筒体发生偏斜的处理方法有哪些？ ………… 269
  5.0.7 沉井施工中出现涌砂应采用哪些措施？ …………… 270
  5.0.8 如何进行沉井封底？ ……………………………… 271
  5.0.9 沉井施工允许标高偏差和水平位移偏差是多少？ … 272

6 质量检测及验收 ……………………………………… 273

  6.0.1 地基的主要检测方法有哪些？ …………………… 273
  6.0.2 桩基的主要检测方法有哪些？ …………………… 273
  6.0.3 地基基础原材料检验主要有哪些技术标准？ …… 274
  6.0.4 何为见证取样检测？见证取样送样的范围及程序？ …… 279
  6.0.5 施工用混凝土强度评定标准是什么？
     合格评定的方法有哪些？ ………………………… 280
  6.0.6 何谓静力触探？如何根据静力触探试验结果估算
     地基承载力？ ……………………………………… 283
  6.0.7 如何根据动力触探试验结果估算地基承载力？ …… 288
  6.0.8 如何根据标准贯入试验结果估算地基承载力？ …… 291
  6.0.9 如何根据荷载板试验结果确定地基承载力？ …… 294
  6.0.10 基桩静载荷试验主要有哪几种方式？ …………… 298
  6.0.11 如何进行单桩竖向抗压静载试验？ ……………… 298
  6.0.12 如何进行单桩竖向抗拔静载试验？ ……………… 303
  6.0.13 如何进行单桩水平静载试验？ …………………… 305
  6.0.14 什么叫基桩低应变动力试验？ …………………… 308
  6.0.15 什么叫基桩高应变动力试验？ …………………… 316
  6.0.16 钻孔抽芯试验主要检测什么？如何检测？ ……… 320
  6.0.17 声波透射法的主要检测内容？ …………………… 324
  6.0.18 锚杆抗拔试验有哪些主要内容？ ………………… 329
  6.0.19 建筑地基基础分部工程验收的相关规范有哪些？ … 332
  6.0.20 地基基础分部工程验收应具备哪些资料？ ……… 332
  6.0.21 如何组织地基基础分部验收？ …………………… 332

主要参考文献 ………………………………………………… 334

1 基本问题

1.1 一般概念

1.1.1 什么叫地基？地基基本型式有哪些？

建筑物和构筑物的全部荷载都是由它下面的地层来承担,受建筑物和构筑物荷载影响的那一部分地层称为地基。或者说地基是指基础之下承受建筑物和构筑物及其相关荷载的土(岩)层。上部结构的荷载通过基础传给地基。

地基的好坏直接影响着建筑物和构筑物的安全,地基在建设工程施工中相当重要,也是工程建设中相当复杂的问题之一。组成地层的土或岩石是自然界的产物,它的形成过程、物质成分、工程特性及其所处的自然环境极为复杂多变。因此,在设计前,必须进行拟建场地的岩土工程勘察,充分了解、研究地基土(岩)层的成因及构造、物理力学性质、地下水情况以及是否存在(或可能发生)影响场地稳定性的不良地质现象(如滑坡、岩溶、地震等),从而对场地的工程地质条件作出正确的评价,这是做好地基基础设计和施工的先决条件。

从理论上讲,基础荷载可以传到很深和很宽范围内的土(岩)层上,但由于基础荷载在远处地层中产生的应力与土自重相比很小且不足以产生对工程有影响的土的变形,因此,在实用上不必注意这些地方,也就不将这些应力与变形很小的地方包含在"地基"一词的含意之内。如果以竖向应力 σ_z 达到某个小值作为地基的边界,则基础下的 σ_z 等值线的形状像个灯泡,可以粗略地将应力泡看作地基的范围(图1-1)。至于这个范围的具体限定条件,则各国、各规范的规定可能有各种各样,不尽相同,有以 σ_z 达到 1/5 土自重应力为条件,有以 σ_z 达到基底附加应力 1/10 为界。我国地基规范则以限定某个变形为条件,在此深度范围内的所有土(岩)层的厚度(由基础底面算起)称为受压层深度或压缩层深度。《建筑地基基础设计规范》(GB 50007—2002)第 5.3.5 和 5.3.6 条有明确规定。

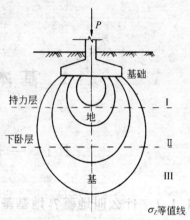

图1-1 地基附加应力 σ_z 等值线示意图

一般说来,地基的深度影响范围是基础宽度(宽度一词是指基础底面尺寸的短边)的 1.5～5 倍左右,宽度影响范围为基础宽度的 1.5～3 倍左右,视基础的结构形式与荷载而异。对于一般独立基础和条形基础,至少要考虑基础底下 5m 深度的土质情况,而对于箱形基础、筏形基础和板式基础则要考虑其基础短边尺寸的一倍以上深度的土质及分布。《建筑地基基础设计规范》GB 50007 指出:地基主要受力层系指条形基础底面下深度为 $3b$(b 为基础底面宽度),独立基础下为 $1.5b$,且厚度均不小于 5m 的范围。

地基范围内所包括的土(岩)层可能有多层,其中基础底面所在的土(岩)层称为持力层,它受到基底直接传给它的荷载,在它下面的土(岩)层则称为下卧层,下卧层可能不止一层,如图1-1中的Ⅱ、Ⅲ层都是下卧层。地基中受力较大的土(岩)层称为主要受力层。由于基底应力向外扩散的缘故,土中应力越往深处、越往远处,则越小,因此主要受力层是含在基底下压力泡内的一个或数个土(岩)层。

一旦建筑物场地选定了,不论其区域内土的性质如何,地基就没有选择的余地了。而对出现的地基问题只有采取地基加固(即建立人工地基)，或改变基础形式的办法来解决。地基依其是否经过加工处理而分为天然地基和人工地基两大类。地基依其应力传递方式又可分为单一地基、复合地基和桩基。

1.1.2 什么叫基础？基础基本型式有哪些？

在建筑工程上，将建筑物和构筑物向地基传递荷载的下部结构称为基础。基础的作用是将上部结构的荷载安全可靠地传给地基，基础是建筑物的一个主要组成部分，基础的强度直接关系到建筑物的安全与正常使用。

基础按其受力形式可分为深基础和浅基础。

基础按构造形式可分为：墙下(柱下)条形基础、柱下独立基础、柱下联合基础、十字交叉梁基础、筏形基础、箱形基础、桩基础、壳体基础以及沉井、沉箱、锚杆基础等。

1.1.3 什么是天然地基？什么是人工地基？

凡在未经加固的天然土(岩)层上直接修筑基础的地基，称为天然地基。天然地基是最简单、最经济的地基，其地基建筑费用仅仅是开挖基坑及基坑抽水(基础底面设于地下水位以下时)的费用。因此在一般情况下，应尽可能采用天然地基。例如岩石类、软石类、碎石类、坚硬土类等土(岩)层均可作为天然地基，另外，较软弱的均匀土层，在上部结构荷载较小的情况下，也可作为天然地基。

在拟建场地的地基范围内，所用的天然地基土应均匀一致，土层厚度也应相差不多才行。如果拟建场地的一端土质很好，另一端土质比较好，那么拟建场地不能采用天然地基，既不能以"很好土质"为标准进行天然基础设计，也不能以"较好土质"为标准进行天然基础设计，如这样做，将会产生不均匀沉降。以"很好土质"为标准进行设计时，会使"土质较好"的那一端产生过大的沉降，以"较好土质"为标准进行设计时，会使"土质很好"的那一端产生过

3

小的沉降,总之,地基都会产生不均匀沉降。因此,应对土质比较好的一端进行处理使之能承担相应的承载力时才能建房,这时土质很好的一端也失去了作为天然地基的意义。我们在山区建设中,可能会遇到一半为岩质土,土质很好,而另一半是山坡风化冲积土,土质较好的情况。这样,只有经过处理使其在受上部结构荷载作用下,能达到沉降均匀的地基时,才能进行建房。

人工地基则是天然土(岩)层不能满足上部结构承载力、沉降变形及稳定性要求的基土,而要经过一定的加固或处理后才能使用的地基。当地基承载力不足或压缩性很大,不能满足设计要求时,可以针对不同情况,对地基采取一些处理措施。处理的目的是提高地基的承载力和稳定性,减小地基的变形。人工地基包括单一地基和复合地基。

1.1.4 什么叫单一地基?

基础下持力层是同一类土层的地基,称为单一地基。该类地基中没有加固体或桩体,如天然地基、预压地基、换填土层、非置换振冲密实、非置换强夯地基等。

1.1.5 什么叫复合地基?复合地基的主要类型有哪些?

复合地基是指天然地基在地基处理过程中土体得到增强、被置换或在天然地基中设置加筋材料,加固区由基体(天然地基土体)和增强体两部分组成的人工地基。整个地基的承载力和变形与天然地基土体和增强体两部分有关,二者共同承受基底荷载。复合地基又分为水平增强体复合地基和竖向增强体(又称桩体)复合地基。

水平增强体复合地基就是在地基中铺设各种水平向的加筋材料,如钢筋、竹筋、土工织物、土工格栅等。它们的作用是增加土的抗剪能力并防止地基土的侧向挤出。由于它是水平铺设的,因此必须是新填土地基或换填土地基才适于采用。这样,也使它在建筑工程中的应用范围受到限制,至今设计理论还不成熟。目前应用较多的水平增强体材料是土工聚合物。水平增强复合地基虽在建筑工程中的应用尚不广,但在铁路与公路的路堤、水利工程、港口工程中的土坝、土堤等工程中应用很广。

复合地基的实际应力分布情况是很复杂的。一般来说,基底处桩土应力比最大,随着深度增加,桩侧摩阻力将荷载传向桩间土,桩身承担的荷载逐渐减少而桩间土承担的荷载逐渐增加,到桩底深度处,桩土应力比值已大大小于基底处的应力比,在水平截面上的应力分布已相对较为均匀,如果到桩底处桩土应力比仍很大,那么桩底以下的土会受到较大的应力,甚至成为土的主要受力区。

图1-2表示三种复合地基中土的竖向应力分布的不同情况,图1-2(a)为刚度小的桩,基底处的桩土应力比小,土的主要受力区在基础下,与天然地基相近;图中(c)为桩身刚度大,直到桩底处桩土应力比仍较大,土的主要受力区在桩尖以下;图1-2(b)为桩身刚度介于图1-2(a)、图1-2(c)之间的情况。

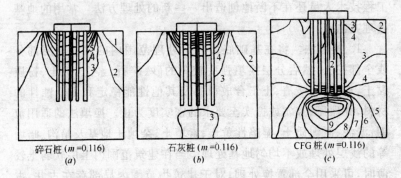

图1-2 三维有限元分析得到的复合地基的垂直应力
等值线分布图(杨军,1990)

注:图中1,2,…9等值线表示0.1,0.2,…0.9倍最大桩间土应力;m—置换率

复合地基中虽然应力分布的情况比天然地基复杂,但实用设计上力求简化,尽可能利用天然地基的应力与变形计算方法,必要时作一些修正。因此复合地基的应力、变形计算方法与天然地基相差不多,但所用参数(承载力、变形模量等)须按复合地基取值。

桩体复合地基根据桩身强度的不同，可分为四种类型：

(1) 散体桩复合地基，如振冲桩、砂石桩、强夯置换墩。

(2) 低粘结强度桩复合地基，如石灰桩、灰土桩。

(3) 中等粘结强度桩复合地基，如夯实水泥土桩、水泥搅拌桩、旋喷桩。

(4) 高粘结强度桩复合地基，如 CFG 桩（水泥粉煤灰碎石桩）、素混凝土桩等。

对于桩基础，钢筋混凝土桩过去常常不考虑桩间土分担基础荷载的作用，而认为全部荷载由桩承担，通过对刚性桩复合地基的深入研究，目前已改变了看法，认为桩间土也能承担少部分荷载，叫做复合桩基。

1.1.6 常用的地基处理方法有哪些？

地基处理技术发展迅速，地基处理（地基加固）方法很多，而且工程技术人员还在不断地创造出一些新的处理方法。常用的地基处理方法有：

1. 换填法。将在基础底面以下处理范围内的软弱土层部分或全部挖去，然后分层换填强度较高的砂、碎石、素土、灰土、粉质黏土、粉煤灰、矿渣、土工合成材料及其他性能稳定和无侵蚀性的材料，并碾压、夯实或振实至要求的密实度为止。换填法的适用范围：淤泥、淤泥质土、湿陷性黄土、素填土、杂填土地基及暗沟、暗塘等的浅层处理或不均匀地基处理。当在建筑范围内上层软弱土较薄时，可采用全部置换处理；对于建筑物范围内局部存在古井、古墓、暗塘、暗沟、或拆除旧基础后的坑穴等，可采用局部换填法处理。换填法的处理深度通常控制在 3m 以内较为经济合理。换填法常用于处理轻型建筑、地坪、堆料场及道路工程等。

2. 预压法。预压法包括堆载预压法、真空预压法、真空-堆载联合预压法、降水预压和电渗排水预压等，后两种预压方法在工程上应用较少。预压法适用于淤泥质土、淤泥和冲填土等饱和黏性土地基。

(1) 堆载预压法。在地基基础施工前,通过在拟建场地上预先堆置重物,进行堆载预压,以达到地基土固结沉降基本完成,通过地基土的固结以提高地基承载力。预压荷载一般等于建筑物的荷载,为了加速压缩过程,预压荷载也可比建筑物的重量大,称为超载预压。堆载预压可分为塑料排水板或砂井地基堆载预压和天然地基堆载预压。通常,当软土层厚度小于 4m 时,可采用天然地基堆载预压法处理;当软土层厚度超过 4m 时,为加速预压过程,应采用塑料排水板或砂井等竖井排水预压法处理地基。

(2) 真空预压法。通过在需要加固的软土地基上铺设砂垫层,并设置竖向排水通道(砂井、塑料排水板),再在其上覆盖不透气的薄膜形成一密封层使之与大气隔绝。然后用真空泵抽气,使排水通道保持较高的真空度,在土的孔隙水中产生负的孔隙水压力,孔隙水逐渐被吸出,从而使土体达到固结。真空预压法一般能形成 78~92kPa 的等效荷载,与堆载预压法联合使用,可产生 130kPa 的等效荷载。加固深度一般不超过 20m。

3. 强夯法。利用近十吨或数十吨的重锤从近十米或数十米的高处自由落下,对土进行强力夯击并反复多次,从而达到提高地基土的强度并降低其压缩性的处理目的。强夯法的适用范围:碎石土、砂土、低饱和度的粉土和黏性土、湿陷性黄土、杂填土和素填土等地基,对于软土地基,一般来说处理效果不显著。强夯法又称动力固结法或动力压实法。当需要时,可在夯坑内回填块石、碎石等粗颗粒材料,用夯锤夯击形成连续的强夯置换墩,称之为强夯置换法。

4. 振冲法。(1) 振冲置换法:利用振冲器或沉桩机,在软弱黏性土地基中成孔,再在孔内分批填入碎石或卵石等材料制成桩体。桩体和原来的黏性土构成复合地基,从而提高地基承载力,减小压缩性。碎石桩的承载力和压缩量在很大程度上取决于周围软土对碎石桩的约束作用。如周围的土过于软弱,对碎石桩的约束作用就差。振冲置换法的适用范围:不排水抗剪强度不小于 20kPa 的黏性土、粉土、饱和黄土和人工填土地基。对不排水剪切强度小于20kPa的地基,应慎重对待。

(2)振冲密实法:其原理是依靠振冲器的强力振动使饱和砂层发生液化,砂粒重新排列,孔隙减少,使砂层挤压加密。振冲密实法适用于黏粒含量小于10%的粗砂、中砂地基。

5. 土或灰土挤密法。由桩间挤密土和填夯的桩共同组成的复合地基。以消除地基的湿陷性为主要目的时选用土桩挤密法;以提高地基的承载力及水、土稳定性为主要目的时,选用灰土桩挤密法。土或灰土桩挤密法的适用范围:湿陷性黄土、素填土和杂填土等地基。

6. 砂石桩法。用振动或冲击荷载在软弱地基中成孔后,将砂石挤压入土中,形成密实砂石桩,达到加固地基的目的。砂石桩法的适用范围:松散砂土、粉土、黏性土、素填土和杂填土等地基。对饱和黏土地基上对变形控制要求不严的工程也可采用砂石桩置换处理。砂石桩法也可用于处理可液化地基。

7. 深层搅拌法。其原理是利用水泥浆、石灰或其他材料作为固化剂,通过特制的深层搅拌机械,在地基深处将软土和固化剂(水泥或石灰的浆液或粉体)强制搅拌,利用固化剂和软土之间产生的一系列物理化学反应,使软土硬结成具有整体性、水稳定性和一定强度的优质地基,从而达到提高地基的承载力和增大变形模量的目的。深层搅拌法的适用范围:淤泥、淤泥质土、粉土、饱和黄土、素填土和黏性土等地基。当用于处理泥炭土或地下水具有侵蚀性时,应通过试验确定其适用性。深层搅拌法是水泥土搅拌法中的一种,又称为湿法。

8. 粉体喷射法。利用生石灰或水泥等粉体材料作为固化剂,通过特制的深层搅拌机在地基深部就地将软土和固化剂强制拌和,利用固化剂与软土产生的一系列物理化学反应,形成坚硬的拌和土体,以置换部分软弱土体,形成复合地基。适用范围同深层搅拌法。但对于含水量较小的黏性土,处理效果欠佳。与深层搅拌法(湿法)相比,在固化过程中,粉体材料能吸收周围土体更多的水分,使土体固结。适合于七层以下的工业与民用建筑,对高层建筑宜试验论证。

粉体喷射法,俗称旋喷法,是水泥土搅拌法中的一种,又称为干法。

9. 高压喷射注浆法。利用钻机把带有喷嘴的注浆管钻到预定深度的土层,以高压喷射直接冲击破坏土体,使水泥浆液或其他浆液与土拌和,凝固后成为拌和柱体。在软弱地基中设置这种柱体群,形成复合地基。高压喷射注浆法的适用范围:淤泥、淤泥质土、黏性土、粉土、黄土、砂土、人工填土和碎石等地基。当土中含有较多的大粒径块石、坚硬黏性土、大量植物根茎或有过多的有机质时,应根据现场试验结果确定其适用程度。

10. 托换法。适用于对已有建筑物的地基和基础进行处理与加固,或在已有建筑物基础下需修建地下工程,以及邻近需要新建工程而影响已有建筑物安全等问题的处理。托换法可分为桩式托换法、灌浆托换法和基础加固法三种。

(1) 桩式托换法。采用桩的形式进行托换。桩式托换法可分为坑式静压桩托换、锚杆静压桩托换、灌注桩托换和树根桩托换四种。桩式托换法的适用范围:软弱黏土、松散沙土、饱和黄土、湿陷性黄土、素填土和杂填土等地基。

(2) 灌浆托换法。采用气压或液压将各种有机或无机化学浆液注入土中,使地基固化,起到提高地基土强度、消除其湿陷性或起到防渗堵漏作用。根据灌浆材料的不同,可分为水泥灌浆法、硅化法和碱液法。适用范围:松散砂土、素填土、杂填土等地基和既有建筑物的地基处理。

(3) 基础加固法。采用水泥或环氧树脂等浆液灌浆加固或加大基础基底面积,或增大基础深度,使基础支承在较好的土层上。基础加固法可分为灌浆法、加大基础托换和坑式托换法三种。基础加固法的适用范围:建筑物基础支承力不足的已有建筑物的基础加固。

11. 灌浆法。是用气压、液压或电动化学原理,把具有充填、胶结性能的材料注入到各种介质的裂缝和孔隙中,以增加其强度和密实度。通过钻孔,将压浆管放入到预定深度的土层,在较高的灌浆压力作用下,使浓浆克服土体的初始应力和抗拉强度,在土体内产生水力劈裂和置换作用,形成交叉的结石网格和较高强度的空间性刚性骨架。在水力劈裂过程中,土体中自由水和毛细水被排走,表面水被吸收,土体发生固化和化学硬化作用,使土体再次得以加固。对粉土、软黏土的处理效果难以预测。

12. CFG桩法。利用一定的成桩机械,施工桩径 $\phi 300 \sim 500mm$、桩身混凝土强度一般为 C15~C30、可配筋也可不配筋的桩,与褥垫层形成复合地基,从而提高地基承载力。适用范围:淤泥、淤泥质土、杂填土、饱和和非饱和的黏性土、粉土。能使天然地基承载力提高70%以上。

此外,还有加筋土、土工织物、树根桩、锚固法、重锤夯实法等。

1.1.7 建筑工程对地基的基本要求有哪些?

为了保证建筑物的安全,地基应同时满足两个基本要求:

1. 地基必须稳定,且具有一定的承载力。在建筑物正常使用期间,不会发生开裂、滑动和塌陷等有害的现象;地基承载力应满足上部结构荷载的要求,保证地基不发生整体强度破坏。

2. 地基的变形(沉降及不均匀沉降)不超过建筑物的允许变形值,保证建筑物不会因地基产生过大的变形而影响建筑物的安全与正常使用。

1.1.8 控制地基变形的主要措施有哪些?

地基变形(特别是不均匀沉陷)会引起房屋结构损坏或影响建筑物的正常使用,因此设法减少地基变形、防止不均匀沉降相当重要。减少地基变形可以选用的措施有:

1. 减小地基承受的附加压力。

(1) 减少填土或采用轻质填料;

(2) 扩大基础底面面积;

(3) 采用空心基础,或在房屋适当部位设置地下室或半地下室；

（4）采用轻型结构、轻质材料，减轻房屋自重。

2．充分挖掘地基潜力。

尽量利用土质均匀、压缩性低的良好表土层作为持力层。

3．选用适当的基础方案。

（1）尽可能采用形式和埋置深度相同的基础；

（2）房屋各基础荷载相差较大时，可按变形控制原则调整基础形式、大小和埋置深度，以减少不均匀沉降；

（3）增强条形基础刚度；

（4）选用十字形、筏形或箱形基础；

（5）合理选用桩基础。

4．控制荷载分布和加荷速率。

（1）合理布置建筑物平面、立面和荷载分布；

（2）对于活荷载占总荷载百分比很大的建筑物或构筑物（如储料仓、仓库等），在使用初期，活荷载应有控制地分期均匀施加；

（3）对大面积地面堆载应划定范围，避免出现荷载局部过分集中等不利情况。

5．施工时应注意的问题。

（1）对深基坑应考虑挖土卸载所引起的坑底回弹和边坡稳定问题，防止建筑物或构筑物产生有害的附加沉降量；

（2）大面积填土宜在建筑物或构筑物施工前完成；

（3）应考虑在基坑、边坡附近堆土、进行井点降水或打桩等可能产生的不利影响，并采取相应措施。

1.1.9 桩的定义及如何分类？

根据《桩基工程手册》，桩是深入土层的柱型构件，桩与连接桩顶的承台组成深基础，简称为桩基。其作用是将上部结构的荷载，通过基桩穿过较软弱地层而传递到深部较坚硬的、压缩性小的土层或岩层。

根据《桩基工程若干热点问题》，桩是垂直或微斜埋置于土中的受力杆件。

桩的上述定义包含了桩的三要素：设置方向、包围介质、结构特性。

(1) 设置方向。桩是垂直或微斜设置的，它的主要用途是传递竖向荷载及少量的水平荷载。如果倾斜度太大，就可能转化为土层锚杆的性质，而不是我们习惯所说的"桩"了。

(2) 包围介质。桩被埋置于土中，包围于桩周的介质是(岩)土，上部结构荷载通过桩传递于(岩)土中，因此，桩的承载力除由桩身材料本身控制外，更重要的是受控于包围桩身介质(岩)土的强度。一般情况下(岩)土的强度对桩的承载力起决定性作用。

(3) 结构特性。桩结构本身是受力杆件，"杆件"的计算在结构力学中最为简单。对于"杆件"而言，受力明确，计算方便。实际上，我们在计算桩身强度时，由于"杆件"的结构特性，无论是受压、受拉或压弯等分析都较为方便。

桩虽然具有最简单的结构特性——"杆件"，但由于包围它的介质——岩土的复杂性构成了单桩承载力这个简单的"谜"，桩的研究者们为寻求谜底进行了不懈努力，至今还没有找到一种较为精确计算桩承载力的方法。上述桩的定义似乎总在告诫桩的设计人员：桩的结构特性非常简单，但包围桩的介质却十分复杂，这是一种特殊的受力杆件。

桩的分类有以下几种方法：

(1) 按承载特性，分为摩擦型桩和端承型桩，见表1-1。

按承载特性分类 表1-1

桩　　名	类　　别	承　载　特　点
摩擦型桩	摩擦桩	在极限承载力状态下，桩顶荷载由桩侧阻力承受
	端承摩擦桩	在极限承载力状态下，桩顶荷载主要由桩侧阻力承受
端承型桩	端承桩	在极限承载力状态下，桩顶荷载由桩端阻力承受
	摩擦端承桩	在极限承载力状态下，桩顶荷载主要由桩端阻力承受

(2) 按使用功能，分为竖向抗压、竖向抗拔、水平受荷、复合受荷等几种，见表1-2。

按使用功能分类 表1-2

桩 名	特 点
竖向抗压桩(抗压桩)	主要承受竖向下压荷载
竖向抗拔桩(抗拔桩)	主要承受竖向上拔荷载
水平受荷桩	主要承受水平荷载
复合受荷桩	竖向、水平荷载均较大

(3) 按桩身材料，分为木桩、混凝土桩、钢桩、组合材料桩等，见表1-3。

按桩身材料分类 表1-3

桩 名	分 类
木桩	近代木桩用得很少
混凝土桩	灌注桩、预制方桩和管桩
钢桩	主要有钢管桩和H型钢桩
组合材料桩	

(4) 按成桩方法，分为非挤土桩、部分挤土桩和挤土桩，见表1-4。

按成桩方法分类 表1-4

桩 名	成 桩 方 法
非挤土桩	干作业法、泥浆护壁法、套管护壁法；(如挖孔灌注桩、泥浆护壁钻孔灌注桩、套管护壁灌注桩等，这类桩在成桩过程中基本上不对桩邻近土产生成桩挤土效应)
部分挤土桩	部分挤土灌注桩、预钻孔打入式预制桩、打入式敞口桩；(如冲孔灌注桩、敞口预应力管桩或钢管桩、H型钢桩等)
挤土桩	挤土灌注桩、挤土预制桩(打入或静压)。(如锤击振动沉管灌注桩、夯扩桩、封口管桩、静压方桩等)

13

(5) 按桩径大小,分为小、中、大桩,见表1-5。

按桩径大小分类　　　　　　　表1-5

桩名	桩径	桩名	桩径
小桩	$d \leqslant 250mm$	大桩	$d \geqslant 800mm$
中桩	$250mm < d < 800mm$		

注:d为桩身设计直径。

1.1.10 什么叫群桩效应?

群桩基础受竖向荷载后,由于承台、桩、土的相互作用使其桩侧阻力、桩端阻力、沉降等性状发生变化而与单桩明显不同,承载力往往不等于各单桩承载力之和,称其为群桩效应。群桩效应受土性、桩距、桩数、桩的长径比、桩长与承台宽度比、成桩方法等许多因素的影响而变化。

实际的桩基础多为群桩,而我们在检测中大多是针对单桩进行试验。因此,必须了解单桩与群桩在荷载作用下的异同。

图1-3即为相同桩径、桩长,在同一土层条件下单桩与群桩的静荷载试验曲线,图中纵坐标为桩基的沉降量(mm),横坐标为作用在每根桩上的平均荷载 $P = \Sigma P_i / n$,n 为承台下的桩数(这里 n 分别为1、4、9,ΣP_i 为作用在各桩上的荷载的总和)。从图1-3的试验曲线可以得出如下重要结论:

(1) 单桩($n=1$)的静荷载试验曲线不能代表群桩的静荷载试验曲线,群桩的桩数(n)愈多,与单桩的差别愈大;

(2) 单桩试验曲线所得的极限荷载最小,群桩中的单桩平均极限荷载比单桩的大,所以用单桩试验曲线来推定群桩中每一根桩的极限荷载是偏于安全的;

(3) 在相同的平均荷载(P)作用下,单桩试验曲线所得的沉降量(s)最小,群桩的沉降量均比单桩的大,所以用单桩试验曲线来推定群桩的沉降量是偏于不安全的。

因此,根据单桩的检测结果,确定单桩承载力,并将此承载力

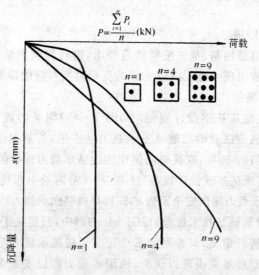

图 1-3 单桩与群桩的静荷载试验曲线

用于群桩时,必须考虑群桩效应会使沉降量增大。

桩的群桩效应,与天然地基(在相同基底压力下)的基础面积效应一样,就强度稳定而言,面积越大越好(所以可用宽度修正),但对沉降而言,则面积越大沉降也越大。

1.1.11 什么是地基、桩基承载力极限值、标准值、设计值、基本值、特征值?

在建筑地基基础工程设计、施工、检测、验收中,与承载力打交道是必不可少的,在几十年的规范演变中,承载力先后有容许值、设计值、极限值、基本值、标准值、特征值等;期间又有国家标准、行业标准,也有地方标准、协会标准。行业标准中不仅有建设行业标准,还有其他行业标准。在这些规范、标准中,往往对承载力的设计计算有不同的规定,对承载力的检测方法也有不同规定。虽然从对大量建筑工程统计分析角度来看,这些规定对承载力可靠度来说是一致的,但具体到某一个单位工程、某一根桩或某一个试验点的数据分析,有时候是不一致的,甚至是非常矛盾的,这是值得

15

注意的。

1. 极限值

极限值是地基、基桩按照规范要求,进行静载荷试验,达到破坏状态前或出现不适于继续承载的变形时所对应的最大荷载。

2. 标准值

《建筑地基基础设计规范》(GBJ 7—89)附录四规定,采用地基土平板载荷试验确定地基土承载力基本值,若基本值的极差不超过平均值的30%,取其平均值作为地基承载力标准值。

《建筑地基基础设计规范》(GBJ 7—89)附录十四规定,将单桩竖向极限承载力除以安全系数2,即得单桩竖向承载力标准值P_k。

在《建筑桩基技术规范》(JGJ 94—94)中,只定义了设计值,未对标准值进行定义,但在附录E中定义了极限承载力标准值。

一般对桩基来说可以认为,极限承载力除以安全系数2为单桩承载力标准值。

3. 设计值

根据《建筑地基基础设计规范》(GBJ 7—89)第5.1.3条,地基承载力标准值经过深度、宽度修正后即为地基承载力设计值。同时指出,当修正后设计值小于1.1倍标准值时,可取为1.1倍标准值。

根据《建筑地基基础设计规范》(GBJ 7—89)第5.1.3条,单桩承载力设计值等于单桩承载力标准值的1.2倍(对于桩数为3根及3根以下的柱下桩台,为1.1倍)。

根据《建筑桩基技术规范》(JGJ 94—94)第5.2.2条,单桩竖向承载力设计值等于单桩竖向极限承载力标准值除分项系数。

4. 基本值

《建筑桩基技术规范》(JGJ 94—94)对基本值没有定义。

《建筑地基基础设计规范》(GBJ 7—89)附录五指出,根据孔隙比e、含水量$w(\%)$、液性指数I_L、液塑I_P、压缩模量E_{s1-2},可查附表5.3～5.7,求出粉土、黏性土、沿海地区淤泥和淤泥质土、红黏土和素填土的承载力基本值,再乘土性指标的回归修正系数得到承载力标准值，回归修正系数小于 1。

5. 允许值（容许值）

《工业与民用建筑地基基础设计规范》(TJ 7—74)第 13 条指出：地基土的容许承载力是指在保证地基稳定的条件下，房屋和构筑物的沉降量不超过容许值的地基承载力。第 17 条指出：根据荷载试验确定容许承载力时，试验压板宽度不宜小于 50cm。对低压缩性土取比例界限为容许承载力，对中、高压缩性土取沉降与压板宽度之比为 0.02 时所对应的压力为容许承载力。附录十单桩静载试验要点：将极限承载力除以安全系数 2.0 后，即为单桩的容许承载力。

《工业与民用建筑灌注桩基础设计与施工规程》(JGJ 4—80)使用了容许值这个概念，第 2.3.3 条指出，单桩的轴向受压容许承载力，应根据单桩垂直静载试验所确定的极限荷载，按式 $P_a = P_u/K_y$ 计算，安全系数 K_y 一般取 2。

6. 特征值

《建筑地基基础设计规范》(GB 50007—2002)（以下简称《设计规范》）首先提出特征值概念。在术语中指出，地基承载力特征值指由载荷试验测定的地基土压力变形曲线线性变形段内规定的变形所对应的压力值，其最大值为比例界限值。

《设计规范》附录 Q 指出，将单桩竖向极限承载力除以安全系数 2，为单桩竖向承载力特征值 R_a。

《设计规范》附录 C 规定了平板载荷试验地基土承载力特征值 f_{ak} 的取值，它小于等于极限值的一半。

《设计规范》5.2.3 条指出，地基承载力特征值可由荷载试验或其他原位测试、公式计算、并结合工程实践经验等方法综合确定，5.2.4 条指出，当基础宽度大于 3m 或埋置深度大于 0.5m 时，尚应进行宽度和深度修正。

《设计规范》条文说明 4.2.2 条，解释了工程特性指标的选取原则。标准值取其概率分布的 0.05 分位值，地基承载力特征值是指由载荷试验地基土压力变形关系线性变形段内不超过比例界限值点的地基压力值,实际即为地基承载力的允许值。

7. 各值关系式

对于极限值、标准值、设计值、基本值、特征值,一般有如下关系:

极限值＞设计值＞标准值≈允许值≈特征值

基本值＞标准值≈允许值≈特征值

值得一提的是,对于岩石地基的承载力,《设计规范》条文说明5.2.6指出,特征值可以根据饱和单轴抗压强度标准值乘以折减系数确定。

8. 示例

以单桩竖向抗压为例进行说明。

(1) 试验。单桩竖向抗压极限承载力指桩在竖向抗压荷载作用下达到破坏状态前或出现不适于继续承载的变形时所对应的最大荷载,但是,如果通过现场静载试验来确定桩的极限承载力,显然与具体的试验方法有密切关系,如:荷载分级——分10级还是15级;稳定标准——快速维持荷载法无需稳定、1h加一级,慢速维持荷载法是一次判稳(GBJ 7—89:在每级荷载作用下,桩的沉降量在每小时内小于0.1mm)还是二次判稳(GB 50007—2002 和 JGJ 94—94:在每级荷载作用下,桩的沉降量连续两次在每小时内小于0.1mm);终止试验条件;极限承载力确定方法等都有密切关系。

每根桩的极限承载力确定后,GBJ 7—89 和 GB 50007—2002规定:参加统计的试桩,当满足其极差不超过平均值的30%时,取其平均值为单桩竖向极限承载力,但对桩数为3根及3根以下的柱下桩台,取最小值。而单桩竖向承载力标准值 R_k 或单桩竖向承载力特征值 R_a 等于单桩竖向极限承载力除以安全系数2。而 JGJ 94—94 规定,需要对 n 根试桩的实测极限承载力进行统计计算,计算平均值为 Q_{um},当标准差为 $S_n \leqslant 0.15$ 时、单桩竖向极限承载力标准值 $Q_{uk}=Q_{um}$,当 $S_n > 0.15$ 时、$Q_{uk}=\lambda Q_{um}$(λ 要通过查表或计算得到)。

(2) 设计。

1) GBJ 7—89 规范规定:桩基中单桩所承载的外力设计值 Q 小于等于单桩承载力设计值 R,单桩竖向承载力设计值 R 为单桩竖向承载力标准值 R_k 的 1.2 倍(对桩数为 3 根及 3 根以下的柱下桩台,取 1.1 倍)。

对工程桩进行静载试验验收检测时,如果设计单位提供的是承载力设计值 R,那么极限承载力达到 $2R/1.2$(对桩数为 3 根及 3 根以下的柱下桩台,达到 $2R/1.1$)时,即可认为满足设计要求;如果设计单位提供的是承载力标准值 R_k,那么极限承载力达到 $2R_k$ 时,即可认为满足设计要求。

2) 按 GB 50007—2002 规定,对工程桩进行静载试验验收检测时,如果设计单位提供的是承载力特征值 R_a,那么极限承载力达到 $2R_a$ 时,即可认为满足设计要求。

3) JGJ 94—94 规范引入了建筑桩基重要性系数 γ_0 和抗力分项系数 γ_{sp},根据建筑桩基安全等级,对于一、二、三级分别取 $\gamma_0=1.1$、1.0、0.9,对柱下单桩应提高一级考虑,对于柱下单桩的一级建筑桩基取 $\gamma_0=1.2$。基桩的竖向承载力设计值 R 等于单桩竖向极限承载力标准值 Q_{uk} 除以抗力分项系数 $\gamma_{sp}(=1.6\sim1.7$,与桩型有关),而在轴心竖向力作用下,要求轴心竖向力作用下复合基桩或基桩的竖向力设计值 N 小于等于桩基中复合基桩或基桩的竖向承载力设计值 R,而且设计值 R 的确定要考虑建筑桩基安全等级以及是否为柱下单桩,这点与 GBJ 7—89 和 GB 50007—2002 是不同的。

显然,对工程桩进行静载试验验收检测时,如果设计单位提供的是承载力设计值 R,那么极限承载力达到 $(1.6\sim1.7)R$,即可认为满足设计要求。如果设计单位提供的是承载力标准值或特征值,那么极限承载力达到和超过 2 倍的(承载力标准值或特征值),方可认为满足设计要求。

另外,基本值在《建筑地基处理技术规范》(JGJ 79—9)中应用过,新修编的《建筑地基处理技术规范》(JGJ 79—2002)已与国标《建筑地基基础设计规范》(GB 50007—2002)一样采用特征值了。

1.1.12 什么叫桩的极限状态?

桩的极限状态分为下列两类。承载能力极限状态:对应于桩基达到最大承载能力或整体失稳或发生不适于继续承载的变形;正常使用极限状态:对应于桩基达到建筑物正常使用所规定的变形限值或达到耐久性要求的某项限值。

桩基承载能力极限状态,以竖向受压桩基为例,由下述三种状态之一确定:

1. 桩基达到最大承载力,超出该最大承载力即发生破坏。就竖向受荷单桩而言,其荷载-沉降曲线大体表现为陡降型(A)和缓变型(B)两类(如图1-4)。Q-s 曲线是破坏模式与特征的宏观反映,陡降型属于"急进破坏",缓变型属"渐进破坏"。前者破坏特征点明显,一旦荷载超过极限承载力,沉降便急剧增大,即发生破坏,只有减小荷载才能恢复继续承受荷载的能力。后者破坏特征点不明显,常常是通过多种分析方法判定其极限承载力。该极限承载力并非真正的最大承载力,因此继续增加荷载,沉降仍能趋于稳定,不过是塑性区开展范围扩大、塑性沉降量增加而已。对于大直径桩、群桩基础尤其是低承台群桩,其荷载-沉降曲线变化更为平缓,渐进破坏特征更明显。由此可见,对于两类破坏形态的桩基,其承载力失效后果是不同的。

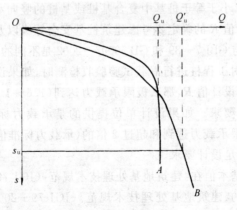

图1-4 荷载-沉降曲线

2. 桩基发生不适于继续承载的变形。如前所述，对于大部分大直径单桩基础、低承台群桩基础，其荷载-沉降呈缓变型，属渐进破坏，判定其极限承载力比较困难，带有一定的随机性，且物理意义不甚明确。因此，为充分发挥其承载潜力，宜按结构物所能承受的最大变形 s_u 确定其极限承载力如图1-4所示，取对应于 s_u 的荷载为极限承载力 Q_u。该承载能力极限状态由不适于继续承载的变形所制约。

3. 桩基发生整体失稳。位于岸边、斜坡的桩基、浅埋桩基、存在软弱下卧层的桩基，在竖向荷载作用下，有发生整体失稳的可能。因此，其承载力极限状态除由上述两种状态之一制约外，尚应验算桩基的整体失稳。

对于承受水平荷载、上拔荷载的桩基，其承载能力极限状态同样由上述三种状态之一所制约。对于桩身和承台，其承载能力极限状态的具体涵义包括受压、受拉、受弯、受剪、受冲切极限承载力。

桩基的正常使用极限状态是指桩基达到建筑物正常使用所规定的变形限值或达到耐久性要求的某项限值，具体指：

（1）桩基的变形。竖向荷载引起的沉降和水平荷载引起的水平变位，可能导致建筑物标高的过大变化，差异沉降和水平位移使建筑物倾斜过大、开裂、装修受损、设备不能正常运转、人们心理不能承受等，从而影响建筑物的正常使用功能；

（2）桩身和承台的耐久性。对处于腐蚀性介质环境中的桩身和承台，要进行混凝土的抗裂验算和钢桩的耐腐蚀验算；对于使用上需限制混凝土裂缝宽度的桩基，应按《混凝土结构设计规范》规定验算桩身和承台的裂缝宽度。这些验算的总目的是为了满足桩基的耐久性，保持建筑物的正常使用功能。

1.1.13 复合地基中柔性桩、半刚性桩、刚性桩的基本概念是什么？

振冲桩、碎石桩等桩身材料是散体，本身强度虽比桩间土高，但高得有限,且若没有桩间土对桩身的约束就无法形成桩体,这类桩称为柔性桩。如果桩身材料强度较高(一般大于C10),如钢筋混凝土桩、素混凝土桩、CFG桩,则称为刚性桩。桩身强度低于刚性桩(小于C10),但仍高于土很多的桩,如水泥搅拌桩、旋喷桩等,一般视作半刚性桩。区分刚性桩、柔性桩主要是为了了解桩的工作机理,地基破坏状态以及选择合理的计算方法。柔性、半刚性与刚性桩的桩土应力比相差很多,见表1-6。对于桩基础,钢筋混凝土桩过去常常不考虑桩间土分担基础荷载的作用,而认为全部荷载由桩承担,目前已改变了看法,认为钢筋混凝土桩的桩间土也能承担少部分荷载。对半刚性桩与柔性桩,一般均按复合地基理论,认为桩间土的荷载分担作用决不能忽视,土与桩共同分担基础荷载。

各类桩的桩土应力比　　　　　　　　　　　　表1-6

桩　类	混凝土桩、CFG桩	水泥搅拌桩、旋喷桩	石灰桩	碎石桩
桩土应力比	>30	3~12	2.5~5	1.3~4.4

柔性桩的破坏型式有三种:鼓胀破坏、剪切破坏和刺入破坏(图1-5)。鼓胀破坏发生在桩身上部,根据试验,其范围在2~3倍

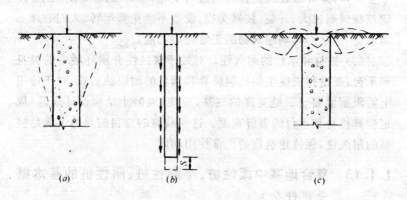

图1-5　柔性桩的三种破坏形式
(a)鼓胀破坏;(b)刺入破坏;(c)剪切破坏

桩径的长度以内,在 $2D$ (D——桩径) 范围内的鼓胀最大。剪切破坏很少能在实际工程中发生,因为有基础压在桩与土上,土不能向上挤出。刺入破坏是桩下端的土屈服,才引起桩身刺入下部土层中,但若桩长大于 $4D$,一般传至桩下端的力较小,不致产生刺入式破坏。

综上所述,柔性桩的破坏是以鼓胀破坏为主,刚性桩的破坏以刺入破坏为主。

1.1.14 地基土(岩)如何分类?

作为建筑地基的土(岩)分成 6 大类:岩石、碎石土、砂土、粉土、黏性土、人工填土。

(1) 岩石应为颗粒间牢固黏结,呈整体或具有节理裂隙的岩体。

(2) 碎石土为粒径大于 2mm 的颗粒含量超过全重 50% 的土。

(3) 砂土为粒径大于 2mm 的颗粒含量不超过全重 50%、粒径大于 0.075mm 的颗粒含量不超过全重 50% 的土。

(4) 粉土为塑性指数 $I_p \leqslant 10$ 且粒径大于 0.075mm 的颗粒含量不超过全重 50% 的土。

(5) 黏性土为塑性指数 I_p 大于 10 的土。

(6) 人工填土是由人为原因形成的土,以区别于上述五类由地质作用形成的天然土。人工填土可以由上述五类土中的任何一类或一类以上的土,经过人为因素形成(杂填,有意识有目的地压实、冲填等)。

此外,有些土是在特殊工程地质环境下生成的,具有特殊的物理力学性质,这些土称为特殊土。

淤泥为在静水或缓慢的流水环境中沉积,并经过生物化学作用形成,其天然含水量大于液量、天然孔隙比大于或等于 1.5 的黏性土;当天然含水量大于液量而天然孔隙比小 1.5 但大于 1.0 的黏性土或粉土为淤泥质土。

红黏土为碳酸盐岩系的岩石经红土化作用形成的高塑性黏土,其液限一般大于 50,红黏土经再搬运后仍保留其基本特征,其液限大于45的为次生红黏土。

膨胀土为土中黏粒成分主要由亲水性矿物组成,同时具有显著的吸水膨胀和失水收缩特点,其自由膨胀率大于或等于40%的黏性土。

湿陷性土为浸水后产生附加沉降,其湿陷系数大于或等于0.015的土。

(1) 岩石。根据岩块的饱和单轴抗压强度可分为坚硬岩、较硬岩、较软岩、软岩、极软岩(见表1-7)。按风化程度分为未风化、微风化、中风化、强风化和全风化。按岩体完整性分为:完整、较完整、较破碎、破碎与极破碎(表1-8)。

岩石坚硬程度的划分 表1-7

坚硬程度类别	坚硬岩	较硬岩	较软岩	软岩	极软岩
饱和单轴抗压强度标准值 f_{rk}(MPa)	$f_{rk}>60$	$60 \geqslant f_{rk}>30$	$30 \geqslant f_{rk}>15$	$15 \geqslant f_{rk}>5$	$f_{rk} \leqslant 5$

岩体完整性划分 表1-8

完整程度等级	完整	较完整	较破碎	破碎	极破碎
完整性指数	>0.75	0.75~0.55	0.55~0.35	0.35~0.15	<0.15

注:完整性指数为岩体纵波波速与岩块纵波波速之比的平方。

(2) 碎石土。可按表1-9分为三个亚类:漂石、块石;卵石、碎石;圆砾、角砾。碎石土的密实度可分为松散、稍密、中密、密实。

碎石土的分类 表1-9

土的名称	颗粒形状	粒组含量
漂石	圆形及亚圆形为主	粒径大于200mm的颗粒含量超过全重50%
块石	棱角形为主	
卵石	圆形及亚圆形为主	粒径大于20mm的颗粒含量超过全重50%
碎石	棱角形为主	
圆砾	圆形及亚圆形为主	粒径大于2mm的颗粒含量超过全重50%
角砾	棱角形为主	

注:分类时应根据粒组含量栏从上到下以最先符合者确定。

(3) 砂土。按表可分为五个亚类：砾砂、粗砂、中砂、细砂和粉砂。砂土的密实度可分为松散、稍密、中密、密实，见表1-10。

砂土的分类　　　　　　表1-10

土的名称	粒组含量
砾砂	粒径大于2mm的颗粒含量占全重25%~50%
粗砂	粒径大于0.5mm的颗粒含量超过全重50%
中砂	粒径大于0.25mm的颗粒含量超过全重50%
细砂	粒径大于0.075mm的颗粒含量超过全重85%
粉砂	粒径大于0.075mm的颗粒含量超过全重50%

注：分类时应根据粒组含量栏从上到下以最先符合者确定。

(4) 黏性土。分两个亚类：塑性指数 $I_p>17$ 为黏土；$10<I_p\leqslant17$ 为粉质黏土。可分为坚硬、硬塑、可塑、软塑、流塑。

(5) 粉土。按孔隙比划分为密实、中密和稍密；按含水量划分为稍湿、湿、很湿。

(6) 人工填土。根据组成与成因，分为三个亚类：素填土、压实土、杂填土和冲填土。

素填土为由碎石土、砂土、粉土、黏性土等组成的填土，其性质视其密实程度而定。较密实的填土可作天然地基。经过压实或夯实的素填土为压实填土。杂填土为含有建筑垃圾（碎砖瓦、泥块、玻璃、混凝土碎块、钢、木等砌房或拆房时的废料）、工业废料、生活垃圾等杂物，随意堆积未经专门压实的填土，工程性质差，不宜作地基。冲填土为由吸泥机等排放的泥水冲填沉积下来形成的填土，含水量大，沉积年代不长，常处于欠固结状态（即土自重作用下的沉降尚未完成），不经处理不宜地基。

1.1.15　如何阅读和使用地质勘探报告？

阅读勘察报告应熟悉勘察报告的主要内容，了解勘察结论和计算指标的可靠程度，从而判断报告中的建议对该项工程的适用性。正确地使用勘察报告，在设计和施工时需要把场地和工程地质条件与拟建建筑物具体情况和要求联系起来进行综合分析,即要根据场地工程的地质条件因地制宜,也要发挥主观能动性,充分发挥有利的工程地质条件,采取效益较好的方案。

在阅读和使用勘察报告时,应该注意所提供的资料的可靠性。有时由于勘察的详细程度有限,以及勘探方法本身的局限性,勘察报告不可能充分地或准确地反映场地的主要特征;在测试工作中,也可能由于现场取样、长途运输、试验操作等过程出现问题而造成勘察数据结果不准确,这些都应该引起注意,认真分析发现问题,并对有疑问的关键性问题设法进一步查清,以便不出差错,发掘地基潜力并确保工程质量。

1. 地基持力层的选择

地基基础设计必须满足地基承载力和基础沉降这两个基本要求,在此条件下,应该充分发挥地基的潜力,使之便于施工,减少造价、缩短工期,尽量采用安全、合理、经济的设计方案。如虽然存在不良地质现象,但不影响建筑物稳定性的土层,仍可选为地基持力层。

2. 场地稳定性评价

对于地质条件复杂的地区,分析的首要任务是综合评价场地的稳定性,然后才是地基的承载力和变形问题。场地的地质构造(断层等)、不良地质现象(滑坡、崩塌、岩溶、塌陷等)、地层成层条件和地震等都会影响场地的稳定性。在勘察工作中必须查明其分布规律、具体条件及其危害程度,以划分稳定、较稳定和危险的地段。在断层等构造地带、地震区、对场地稳定性有直接危害或潜在威胁的地区修建建筑物时,必须特别慎重,在选址过程中,应避开危险场地。如不得不在上述地段中进行建筑时,必须事先采取有效措施,防患于未然,以免中途改变场址或投入高昂的处理费用。

1.1.16 哪些工程应在施工期间及使用期间进行变形观测?

下列建筑物应在施工期间及使用期间进行变形观测:

(1) 地基基础设计等级为甲级的建筑物;

(2) 复合地基或软弱地基上的设计等级为乙级的建筑物;

(3) 加层、扩建建筑物;

(4) 受邻近深基坑开挖施工影响或受场地地底下水等环境因素变化影响的建筑物;

(5) 需要积累建筑经验或进行设计反分析的工程。

建筑物的地基变形允许值,按表 1-11 规定采用。对表中未包括的建筑物,其地基变形允许值应根据上部结构对地基变形的适应能力和使用上的要求确定。

建筑物的地基变形允许值　　　　　　表 1-11

变 形 特 征	地 基 土 类 别	
	中、低压缩性土	高压缩性土
砌体承重结构基础的局部倾斜	$0.002l$	$0.003l$
工业与民用建筑相邻柱基的沉降差:		
(1) 框架结构	$0.002l$	$0.003l$
(2) 砌体墙填充的边排柱	$0.0007l$	$0.001l$
(3) 当基础不均匀沉降时不产生附加应力的结构	$0.005l$	$0.005l$
单层排架结构(柱距为 6m)柱基的沉降量(mm)	(120)	200
桥式吊车轨面的倾斜(按不调整轨道考虑)		
纵向	0.004	
横向	0.003	
多层和高层建筑的整体倾斜		
$H_g \leqslant 24$	0.004	
$24 < H_g \leqslant 60$	0.003	
$60 < H_g \leqslant 100$	0.0025	
$H_g > 100$	0.002	
体型简单的高层建筑基础的平均沉降量(mm)	200	

续表

变形特征	地基土类别	
	中、低压缩性土	高压缩性土
高耸结构基础的倾斜		
$H_g \leqslant 20$	0.008	
$20 < H_g \leqslant 50$	0.006	
$50 < H_g \leqslant 100$	0.005	
$100 < H_g \leqslant 150$	0.004	
$150 < H_g \leqslant 200$	0.003	
$200 < H_g \leqslant 250$	0.002	
高耸结构基础的沉降量(mm)		
$H_g \leqslant 100$	400	
$100 < H_g \leqslant 200$	300	
$200 < H_g \leqslant 250$	200	

注：1. 本表数值为建筑物地基实际最终变形允许值；
2. 有括号者仅适用于中压缩性土；
3. l 为相邻柱基的中心距离(mm)；H_g 为自室外地面起算的建筑物高度(m)；
4. 倾斜指基础倾斜方向两端点的沉降差与其距离的比值；
5. 局部倾斜指砌体承重结构沿纵向 6~10m 内基础两点的沉降差与其距离的比值。

1.1.17 如何进行沉降观测？沉降观测点设置的要点是什么？

沉降观测的主要内容有：地基的沉降量与沉降速率。一般房屋的最终沉降量，在施工期间可以部分或全部完成。对于砂土可认为已完成 80% 以上；对于其他低压缩性土可认为已完成了 50%~80%；对于中压缩性土可认为已完成了 20%~50%；对于高压缩性土可认为已完成了 5%~20%。未完成的部分在建筑物建成后继续沉降。在软土地基上对于活荷载较小的建筑物，竣工时的沉降速率大约为 0.5~1.5mm/月。在工程竣工后的半年到1年的时间内，不均匀沉降发展最快。在一般情况下，沉降速率应逐渐减慢。如沉降速率减少到 0.05mm/月以下时，可认为沉降已趋向稳定，这种沉降称为减速沉降。如出现等速沉降，就有导致地基丧失稳定的危险。当出现加速沉降时，表示地基已丧失稳定。此时，应及时采取措施，防止建筑物发生工程事故。

沉降观测要点如下：

1. 设置原则

基点设置以保证其稳定可靠为原则。宜设置在基岩上，或设在压缩性较低的土层上，并应保证其不受干扰，如冻胀、振动、堆载、滑坡、扩建等。水准基点的位置应尽量靠近观测对象，但必须在建筑物所产生的压力影响范围以外，一般为30～80m，可用附近固定不变的物体或标志代替水准点，或与附近已有的永久水准点挂钩。水准基点不应埋设在道路、仓库、河岸、新填土、将建设或堆料的地方，以及受振动影响的范围之内。在一个观测区内，水准点应不少于3个。水准基点的帽头宜用铜或不锈钢制成，如用普通钢代替，应注意防锈。

2. 观测点的设置

应能全面反映建筑物的地基变形特征并结合地质情况及建筑结构特点确定。一般不少于6点。观测点宜设在下列各处：

（1）建筑物的四角、大转角处及沿外墙每10～15m处或每隔2～3根柱基上。

（2）高低层建筑物、新旧建筑物、纵横墙等交接处的两侧。

（3）建筑物裂缝和沉降缝两侧、基础埋深相差悬殊处、人工地基与天然地基接壤处、不同结构的分界处及填挖方分界处。

（4）宽度大于等于15m或小于15m而地质复杂以及膨胀土地区的建筑物，在承重内隔墙中部设内墙点，在室内地面中心及四周设地面点。

（5）邻近堆置重物处、受振动有显著影响的部位及基础下的暗浜（沟）处。

（6）框架结构建筑物的每个或部分柱基上或沿纵横轴线设点。

（7）筏形基础、箱形基础底板或接近基础的结构部分之四角处及其中部位置。

(8) 重型设备基础和动力设备基础的四角、基础式或埋深改变处以及地质条件变化处两侧。

(9) 电视塔、烟囱、水塔、油罐、炼油塔、高炉等高耸建筑物,沿周边在与基础轴线相交的对称位置上布点,点数不少于4个。

如有特殊要求,也可根据建筑物类型与基础型式,适当增设观测点,使之能观测水平位移,基础转动,建筑物倾斜和裂缝变化等。为测定基础下不同土层的变形可埋设深层变形观测点,测点宜设在基础中心。

沉降观测的标志,可根据不同的建筑结构类型和建筑材料,采用墙(柱)标志、基础标志和隐蔽式标志(用于宾馆等高级建筑物)等型式。各类标志的立尺部位应加工成半球形或有明显的突出点,并涂上防腐剂。标志的埋设位置应避开雨水管、窗台线、散热器、上下水管、电气开关等有碍设标与观测的障碍物,并应视立尺需要离开墙(柱)面和地面一定距离。最简单的观测点可用铆钉、角钢等埋在混凝土中,或钢柱底座,突出的角隅(图1-6)。

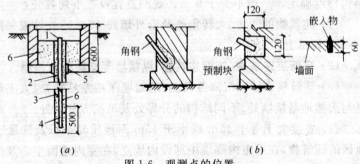

图1-6 观测点的位置
(a)永久水准点;(b)各种观测点
1—水准标志;2—铁管 $\phi 30\sim 50$;3—$\phi 60\sim 100$ 的套管;
4—现浇混凝土;5—油毛毡二层;6—木屑

3. 观测

沉降观测宜采用精密水平仪。对每一观测对象宜采用固定测量工具,人员也宜固定。观测前应严格校验仪器。测量精度宜采用Ⅲ级水准测量。最好采用不转站直接测定法,视线长度一般为20～30m,视线高度不低于0.3m。水准测量应采用闭合法。沉降观测的周期和观测时间,可按下列要求并结合具体情况确定。

(1) 建筑物施工阶段的观测,应随施工进度及时进行。一般建筑,可在基础完工后或地下室砌完后开始观测,大型高层建筑,可在基础垫层或基础底部完成后开始观测。观测次数与间隔时间应视地基与加荷情况而定。民用建筑可每加高1～5层观测一次;工业建筑可按不同施工阶段(如回填基坑、安装柱子和屋架、砌筑墙体、设备安装等)分别进行观测。如建筑物均匀增高,应至少在增加荷载的25%、50%、75%和100%时各测一次。施工过程中如暂时停工,在停工时及重新开工时应各观测一次。停工期间,可每隔2～3个月观测一次。

(2) 建筑物使用阶段的观测次数,应视地基土类型和沉降速度大小而定。除有特殊要求者外,一般情况下,可在第一年观测3～4次,第二年观测2～3次,第三年后每年1次,直至稳定为止。观测期限一般不少于如下规定:砂土地基2年,膨胀土地基3年,黏土地基5年,软土地基10年。

(3) 在观测过程中,如有基础附近地面荷载突然增减、基础四周大量积水、长时间连续降雨等情况,均应及时增加观测次数。当建筑物突然发生大量沉降、不均匀沉降或严重裂缝时,应立即进行逐日或几天一次的连续观测。

(4) 沉降是否进入稳定阶段,应由沉降量与时间关系曲线判定。对重点观测和科研观测工程,若最后三个周期观测中每周期沉降量不大于$2\sqrt{2}$倍测量中误差可认为已进入稳定阶段。一般观测工程,若沉降速度小于0.01～0.04mm/d,可认为已进入稳定阶段,具体取值宜根据地基土的压缩性确定。

在基坑较深时,可考虑开挖后的回弹观测。观测时应同时记录气象资料。

4. 观测过程处理

观测后应及时填写、整理沉降观测记录表,并需附有沉降观测点及水准基点的平面位置图,以便出现问题时能复查。资料的内容为:计算每个观测点的每次和累计沉降量。必要时可绘制时间-沉降曲线,计算建筑物平均沉降,计算基础转动,水平位移等。

如需要,可按下列公式计算变形特征值:

(1) 基础倾斜 α:

$$\alpha=(s_i-s_j)/L \tag{1-1}$$

式中 s_i——基础倾斜方向端点 i 的沉降量(mm);
s_j——基础倾斜方向端点 j 的沉降量(mm);
L——基础两端点(i,j)间的距离(mm)。

(2) 基础局部倾斜 α 仍可按(1-1)式计算。此时取砌体承重结构沿纵墙 6~10m 内基础上两观测点(i,j)的沉降量为 s_i、s_j,两点(i,j)间的距离为 L。

(3) 基础相对弯曲 f_c:

$$f_c=[2s_k-(s_i+s_j)]/L \tag{1-2}$$

式中 s_k——基础中点 A 的沉降量(mm);
L——i 与 j 点间的距离(mm)。

注:弯曲量以向上凸起为正,反之为负。

(4) 柱基间吊车轨道等构件的倾斜,仍按(1-1)式计算。

5. 观测成果

应将计算结果编写出观测分析报告。沉降观测记录为工程技术档案的资料之一,应归档妥善保存。观测工作结束后,应提交下列成果:

(1) 沉降观测成果表;
(2) 沉降观测点位分布图及各周期沉降展开图;
(3) v-t-s(沉降速度、时间、沉降量)曲线图;
(4) p-t-s(荷载、时间、沉降量)曲线图(视需要提交);
(5) 建筑物等沉降曲线图(如观测点数量较少可不提交);
(6) 沉降观测分析报告。

1.1.18 地基基础工程质量有哪些主要控制点?

在施工过程中,要对那些重要的或影响整个工程的技术对象、技术关键和有关问题进行重点控制，以避免发生重大差错，影响工程的质量和使用。

地基基础工程质量控制的主要内容有：

（1）建筑物（或构筑物）的定位。包括轴线桩、水平桩、龙门板、轴线、标高等。

（2）原材料。对原材料应严格按照设计和规范要求进行检验。

（3）施工机具。应根据施工工艺要求合理选择施工机具，施工机具应性能良好，需要进行计量检定的器具应按规定定期进行检定，检定合格后方可使用。

（4）基础位置及标高。应严格控制桩位位置，以及承台底、桩顶、桩底等各类标高。

（5）模板。包括模板的位置、标高和尺寸、预埋件和预留孔、模板的牢固程度及清理工作等。

（6）钢筋混凝土。包括混凝土的配合比，骨料的质量和水泥强度等级、钢筋规格及型号、配筋数量及搭接长度，以及预制吊装构件的位置、标高、型号等。

（7）钢筋笼制作

（8）其他。包括水下混凝土、泥浆制备、降水措施、支护等。

1.1.19 建筑地基与基础工程方面的现行规范、规程和标准常用的有哪些？

常用的建筑地基与基础工程有关的现行规范、规程和标准有：
《工程测量规范》(GB 50026—93)；
《建筑变形测量规程》(JGJ/T 8—97)；
《岩土工程勘察规范》(GB 50021—2001)；
《建筑地基基础设计规范》(GB 50007—2002)；
《建筑桩基技术规范》(JGJ 94—94)；
《建筑地基处理技术规范》(JGJ 79—2002)；
《建筑基坑支护技术规程》(JGJ 120—99)；

《建筑边坡工程技术规范》(GB 50330—2002);
《膨胀土地区建筑技术规范》(GBJ 112—87);
《湿陷性黄土地区建筑规范》(GBJ 25—90);
《土工试验方法标准》(GB/T 50123—99);
《建筑基桩质量检测规范》(JGJ 106—2002);
《建筑工程施工质量验收统一标准》(GB 50300—2001);
《建筑地基基础工程施工质量验收规范》(GB 50202—2002)。

1.2 常见质量问题

1.2.1 常见地基基础工程事故有哪些?

在建筑物的设计与施工过程中,地基基础是很复杂、很重要的一部分。要保证建筑物的安全与正常使用,首先必须保证建筑物基础具有足够的强度和稳定性,而建筑物基础的稳定性一方面与它的形状以及按其作用力所拟定的尺寸有关,另一方面又与支承基础的地基土性质有关。同一场区各类土在竖向和水平向的分布往往很不均匀,甚至同一幢房屋也可能坐落在性质差别很大的地基土上,有时还会遇到滑坡、岩溶土洞、古墓、暗河等不良工程地质情况。基础施工又常会遇到地下水、边坡失稳、流砂等复杂问题。地基问题的最终表现是:产生不均匀沉降、沉降过大或其他变形,地基丧失稳定。地基不均匀沉降可使房屋结构产生新的附加应力,出现裂缝、倾斜,削弱和破坏结构的整体性、耐久性,不能正常使用,需要加固或拆除,严重时可导致构件破坏和结构倒塌。地基丧失稳定包括在竖向荷载作用下丧失稳定和在水平力作用下丧失稳定两种情况。前者实质上是地基强度破坏,其表现是基础下的土从旁边挤出而使房屋一侧地面升高,房屋另一侧随之迅速倾斜下沉,在软弱地基上荷载较大时可能发生这种情况,其危害性很大,可导致房屋迅速倾覆。后者可见于挡土墙及建造在斜坡上的房屋,其地基土在滑动力矩作用下沿近似于圆弧形的滑动面或斜面滑移破坏。忽视地基基础的强度和稳定性会留下严重隐患,严重时会造成建筑物倒塌。常见的基础工程事故在第 1.2.2～1.2.6 题中详细介绍。

1.2.2 地基基础工程质量事故出于岩土工程勘察方面的原因有哪些?

地基基础工程质量事故出于工程勘察方面的原因一般有:

(1) 勘察时钻孔间距太大,不能全面准确地反映地基的实际情况。由于这个原因造成事故的实例,在丘陵地区的建筑中较多。例如,某单层厂房修建在丘陵地区,地基中的基岩面起伏变化较大,水平方向大达 0.5m/m,而地质勘察资料未提供这些数据。由于基础下的可压缩土层厚度变化相差甚大,造成厂房出现较大的不均匀沉降,引起砖墙裂缝,裂缝长度达 5m 多,宽度达 6mm。钻孔间距太大,可能无法发现断裂带,无法发现局部不良地质情况,无法弄清岩溶分布情况,会导致基础选型错误,造成施工难度大,给建筑物带来安全隐患。

(2) 勘察时钻孔深度不够,地基较深范围内的软弱层、墓穴、孔洞等没有查清,仅根据地基表面或基础面以下深度不大范围内的地基情况进行基础设计。这样会造成明显的不均匀沉降,导致建筑结构开裂,甚至不能投入使用。例如某五层住宅,1/3 建在水塘岸边,2/3 建在由水塘回填而成的地基土上,地质勘察时未查明基底下 0.4m 处有一层稻壳灰,厚度约 0.4～4.4m,施工到第五层时,基础板断裂,砖墙和圈梁也产生裂缝,一年多后裂缝仍在不断发展,致使该住宅不能交付使用。

(3) 土层判断不准确,如将残积土判断为强风化岩,将强风化岩判断为中风化岩,未对夹层作出准确判断等,导致采用错误的基础构造方案。如某单层厂房采用爆扩桩基础,桩下持力层土的含水量接近液限,饱和度大于 80%,稠度大于 0.75,压缩系数大于 0.5,属于高压缩软塑状态土,这种土不适宜作爆扩桩的持力层,加上基岩埋藏深度较浅,岩面坡度起伏较大,桩下可压缩的土层厚度差别甚大等原因,造成明显的不均匀沉降使厂房整体倾斜,砖墙开裂。

(4) 参数选择不恰当,勘察报告应提供详细的土性指标,包括孔隙比、含水量、液性指数、液塑、压缩模量以及密实度等各类参数在不同土层中的取值,参数选择不恰当会导致设计要求与实际情况不符,从而导致工程质量隐患。

(5) 未认真进行工程地质勘察,提供的地基土质、承载力大小、地下水位高低、土层分布不准确。某新建住宅楼,由于对地基未进行勘察,土质不明,致使该工程正好建在一条暗河沟上,造成基础沉陷、地基失稳,建筑物倒塌。又如某市的一栋高层建筑,建造前仅在主楼范围内钻了一个孔进行勘察,基础设计要求钻孔灌注桩桩尖进入中风化的花岗岩层,但在抽检的9根桩中就有4根并未进入中风化的花岗岩层中,造成设计与实际不符。

1.2.3 地基基础工程质量事故出于设计方面的原因有哪些?

地基基础工程质量事故出于设计方面的原因有:

(1) 持力层选择不当。设计选用的地基持力层不能承受上部荷载,造成上部结构产生不良变形,以至倾斜、开裂、甚至倒塌。

(2) 对地基认识不足。如对大面积回填土、湿陷性黄土、新近堆积黄土、膨胀土、滑坡未予查明和认识,因而造成基础沉陷过大或差异沉降过大、墙体开裂、柱子倾斜等。对湿陷性大孔土、回填土地基处理不当或不均匀。过重堆积物堆置在厂房柱边,由于地面荷载过大,使基础局部承载过大。地基开挖与设计假定不符时,未提出来研究,亦未处理。

软土地基压缩模量很小,在荷载作用下变形较大,因此在软土地基上建造房屋就必须注意减小基础的沉降,使之控制在允许范围内。通常除了对房屋的建筑与结构采取措施外,还要对软土地基进行适当处理。但是,有些房屋却直接建在未经处理的软土地基上,造成基础严重沉陷,危及房屋的安全与使用。

(3) 基础类型不适当。由于对地基情况及上部结构抗变形能力了解不清,设计所选用的基础型式不能有效传递荷载,形成超过允许值的变形,使建筑物开裂、甚至倒塌。

(4) 设计计算不准确。建筑物的基础应根据地基土性质、外荷载、基础材料和形状进行设计,确定基础底面尺寸,使基础底面应力小于地基承载力特征值,使地基土的变形值小于允许变形值,从而保证建筑物上部结构的安全和正常使用。但是,有一些建筑物的基础设计并未经过计算,或对作用在建筑结构上的荷载考虑不完全,漏算荷载或荷载作用点计算差错,造成地基基础变形、倾斜、甚至破坏,出了问题以后才发现基础的强度和稳定性严重不足。

房屋各部荷载差异过大或地基条件差异过大(如既有岩石层,又有粉质黏土、回填土或淤泥层)时,未采取必要措施,产生过大沉降或过大差异沉降。

(5) 建筑结构构造不合理。如沉降缝、后浇带、伸缩缝设置位置不当、缝宽等构造设计不合理,使建筑物在温度变形和地基不均匀沉降的影响下,造成损伤。

(6) 忽视寒冷地区地基土的冻胀。寒冷地区基础埋置的最小深度要根据地基土冻胀程度确定,以免基础遭到冻害。但是,寒冷地区的有些工程的设计与施工却未考虑地基的冻胀,其基础埋置深度太浅,遭到冻害而造成严重后果。基础埋置深度的确定除了在寒冷地区要考虑地基土的冻胀程度外,还要考虑工程地质和水文地质条件,考虑相邻建筑物或构筑物的基础埋置深度,而且还与基础的型式和构造有关,与传给地基的荷载大小和性质有关,必须经过计算,在安全可靠和最经济的条件下予以确定,一般不得小于 500mm。

1.2.4 高层建筑的后浇带设置应注意什么问题?

《建筑地基基础设计规范》(GB 50007—2002)第 8.4.15 条中规定,当高层建筑与相连的裙房之间不设置沉降缝时,宜在裙房一侧设置后浇带,后浇带的位置宜设在距主楼边柱的第二跨内。这是因为,当高层建筑与裙房相连且不设置沉降缝时,由于裙房空间结构刚度影响,高层建筑的荷载要向裙房部分扩散。在此情况下,如果后浇带位置离高层建筑过近(后浇带两侧的地下室底板厚度相差悬殊),没有离开应力扩散区,一旦后浇带施工完毕,则由高层建筑扩散出的地基反力往往造成后浇带附近的地下室底板开裂。

1.2.5 高层建筑筏基内筒形式对地基基础的影响是什么?

高层建筑筏形基础如采用筒中筒、内筒外框结构形式,一般情况下其内筒荷载超过总荷载的 40%,特殊情况下,甚至在 60%以上。因此,在地基基础设计中,对此问题要给予足够的重视。

对内筒下的复合地基、桩基,要加大置换率(密布桩),提高地基承载力,使其尽量接近上部荷载集度。

对筏基底板、地下室底板的冲切验算,要给予足够的重视。一方面,内筒下冲切临界截面周长较大,内筒下筏板的受冲切承载力降低(见《建筑地基基础设计规范》GB 50007—2002);另一方面,由于上部结构的空间刚度作用,内筒下的实际轴力值往往大于设计值,故地基规范中内筒下冲切验算公式的安全度大于常规筏基底板的抗冲切验算(见《建筑地基基础设计规范》公式(8.4.8)和公式(8.4.5-1)),前者比后者多了 η(η 为内筒冲切临界截面周长影响系数,$\eta=1.25$)。

工程实例:20 世纪 80 年代,北方某大城市一幢高层建筑,采用天然地基、内筒外框结构,限于当时的设计理论,对内筒荷载的认识不足。建成后至今,其内筒沉降量已大于 60mm,而外框沉降量小于 10mm,是一个典型的"碟形"沉降,其沉降差远超过现行规范要求。只是由于该建筑是一个标志性建筑,配筋量足够多,抵抗差异沉降的能力较强,至今未发现裂缝,但现有的沉降差已足够让有关设计人员担忧了。

1.2.6 地基基础工程质量事故出于材料及构配件方面的原因有哪些？

由于材料和构配件不合格或使用不当，会造成地基基础承载力不能满足设计要求，地基稳定性差，地基沉降或沉降差超过规范规定的要求，导致结构承载能力下降，使钢筋混凝土结构产生过大的裂缝，甚至倒塌。主要表现在以下几个方面：

（1）钢筋。钢筋的物理力学性能不合格，钢材型号选择不当，导致结构承载能力下降，或产生脆性断裂破坏。

（2）水泥。水泥受潮、过期、结块，使用劣质水泥，水泥物理力学性能不合格，如水泥安定性不合格，造成结构的混凝土爆裂。

（3）骨料。砂、石中的有害物质含量及含泥量过大；混凝土中石子粒径太大，造成钢筋密集部位出现蜂窝、露筋；混凝土中石子粒径太小，水泥用量增加，导致混凝土收缩量的加大，产生收缩裂缝。

（4）水。混凝土拌和用水不符合要求，沿海地区有些建筑工程，使用工地上的井水作拌和水，受季度和涨潮的影响，海水回灌，导致混凝土中含有大量的氯离子，致使钢筋锈蚀。

（5）掺合料。掺合料虽然掺量较少，但对混凝土的物理力学性能影响很大，应引起高度重视。

（6）防水材料。防水材料目前品种很多，性能参差不齐，是产生质量通病的主要因素之一。

（7）其他材料。如保温、隔热材料的容量，达不到设计要求，湿度太大，影响建筑物理性能，造成结构超载，影响结构安全使用。

（8）混凝土制品。钢筋混凝土制品质量不良。例如：1）板厚、构件重量超过设计要求，造成承受这些构件的结构超载；2）预应力冷拔钢丝空心楼板底面蜂窝、露筋，使预应力值降低，影响钢丝与混凝土共同工作，降低构件承载能力，甚至引起构件突然断裂。

(9) 混凝土和砂浆。混凝土和砂浆配合比不经设计,任意套用,配料不过秤,施工中随意加水,造成混凝土和砂浆强度的降低;在早已超过水泥初凝时间的砌筑砂浆中加水继续使用,造成砌体强度的降低。

(10) 运输、保管。材料构件运输、保管不善。例如:1)水泥保管不善,过期,结硬,强度降低;2)钢筋保管不善,严重锈蚀,品种混杂,影响使用;3)钢筋混凝土预制桩构件的运输、堆放方法不当,造成构件处于不正常受力状态而开裂、损坏。

(11) 检验。未按规定对进场材料和制品进行检查验收。例如,钢筋进场不按规定抽样试验,引起错用,造成事故。

1.2.7 地基基础工程质量事故出于施工技术管理方面的原因有哪些？

地基基础工程质量事故出于施工技术管理方面的原因主要有:

1. 图纸未会审、未按图施工

(1) 图纸未经会审,仓促施工。例如:土建图与水电设备图有矛盾,基础方案与实际地质情况有矛盾,以及建筑结构方案与施工条件有矛盾等,如果这些矛盾未妥善解决就仓促施工,则往往会酿成事故。

(2) 未认真学习和熟悉图纸,盲目施工。如:四川省重庆市某挡土墙壁工程,未按图纸要求做倒滤水层和排水孔,结果在地下水压力及土压力共同作用下,挡土墙出现裂缝和倾斜。

(3) 未经设计单位同意乱改设计。例如:施工柱与基础连接节点、梁与柱连接节点时,任意改变原设计的铰接或刚接方案,造成事故;随便用光圆钢筋代替变形钢筋,造成钢筋混凝土结构出现较大裂缝等等,这些均应禁止。

(4) 不按设计图纸施工。基础不牢固,上部结构再坚固亦会出问题。因此,保证基础质量,勘察、设计、施工部门都应认真对待。但是,有的工程的地基基础施工,未按设计图纸进行,擅自缩短桩长、降低混凝土强度、减少配筋量、造成质量低劣。

2. 未按有关施工及验收规范施工

例如:灌注桩应通长配筋却没有通长配筋,应使用水下混凝土浇注却没有使用水下混凝土浇注,预制桩焊接后间歇时间不够,混凝土、砂浆试块不按规定进行制作和养护等。

软弱淤泥地层的沉管灌注桩,在其沉管和拔管过程中,对周围土体扰动、土体液化,造成大量超灌,地面大幅度隆起,形成严重缩颈或断桩。有的成桩后,开挖基坑的方法和措施不当,造成基坑周边土体滑动,甚至坑底隆起,导致大量的桩移位、倾斜。

3. 施工方案不当

(1) 施工方案考虑不周。例如,大体积混凝土浇注方案不当,造成蜂窝、孔洞;浇注强度考虑不周,形成不容许的施工缝;温度控制和管理方案不完善,造成温度裂缝等。

(2) 施工顺序错误。如挤土打入式桩不是从中心往四周打或沿着一个方向施工,施打顺序不当,造成挤土严重,导致成桩质量问题和邻近建筑物损坏。

(3) 施工中未注意采取季节性措施。例如:对雨期施工截水、排水措施,放坡的坡度系数等考虑不周;基坑开挖后基础不能及时施工时,未预留保护层;冬期施工中未采取适当防冻措施等。地基基础应尽量避免在雨期施工,必须在雨期施工时,应采取措施防止地面水流入基坑。已流入基坑的水要及时排出。如地下水位高于基坑(槽)底面时,亦应采取排水或降低地下水位的措施,使基坑(槽)保持没有积水状态。被水浸泡的地基表层土要将其松软部分铲去。基础施工完后,应分层夯实回填土。遇有湿陷性土质时,还要采取一些必要措施来加固和防护地基。但是,有些工程的地基基础施工不按施工顺序进行,致使地基遭水浸泡而发生质量事故。另外,土方开挖、降水等导致邻近建筑物倾斜的事故也时有发生。

(4) 缺乏熟练称职的施工技术人员,技术人员更换频繁。例如,有些工长或施工人员不知道应该做哪些主要施工技术工作,更不知道应该怎样做好这些工作。在更换第一线技术人员时,交接不清，酿成事故。

（5）未建立各级技术责任制。技术工作没有实行统一领导和分级管理，造成一些工作重复劳动和出现一些无人管的真空地带，导致出现事故。

（6）技术交底不认真或交底不清。例如，对设计和施工比较复杂或有特殊要求的部位交底不清；又如在采用新结构、新材料、新技术和新施工方法时，不进行必要的技术交底。

4. 质量事故调查处理不认真

对事故不认真调查分析就匆忙处理，治标不治本。例如，现浇结构表面出现蜂窝、麻面后，不调查分析，就用水泥砂浆涂抹，给结构留下严重缺陷。出了事故后，应该认真调查事故的全部情况；认真分析事故产生的原因，补救和防范措施的选择，要立足于治本；应从事故中总结经验教训，立案查考，避免类似事故重复发生。

5. 施工质量检查不规范

施工质量差，不认真进行质量检查验收。例如，基坑（槽）开挖前，不对测量放线进行复查；基础施工前，不认真验槽；基坑（槽）回填前，不对基础进行检查验收等，都会造成事故或留下隐患。有时钢筋混凝土基础的混凝土强度过低，基础冲切强度不够，基础轴线偏移，个别钢筋混凝土基础或地基漏放钢筋也未能及时检查出来。

1.2.8 地基基础工程质量事故出于使用不当方面的原因常有哪些？

地基基础工程质量事故出于使用不当方面的原因常有：

（1）在原有建筑物上任意加层，原有地基及基础未经核算，承受不了新增加的荷重而出现工程事故。在原有房屋上加层必须在加层设计前认真核算地基基础及主体结构的强度，绝不能不调查、不核算而盲目加层。但是，盲目加层的情况仍有，因加层后基础底面压力大大超过了地基承载力特征值，造成倒塌房屋的事故亦有发生。设计上由于临时性改变而缺乏必要的地质勘测资料，假定的地质条件与实际有出入，或漏算基础上部的回填土重，少算上部结构所传来的外荷重，也会造成超过地基承载能力。

（2）随意改变建筑物使用条件和性质，超载或改变了构件受力性质，使地基基础在不利条件下工作，而造成事故。

（3）相邻建筑物基础施工未采取保护邻近建筑物的措施，而造成事故。例如，深基础基坑开挖，其基坑支护方法和降水不当，造成开裂、垮塌等事故，而危及相邻建筑物安全，又如使用挤土类型的桩基，施工时因挤土效应，使相邻建筑物产生破坏。

1.2.9 地基工程冬期施工的薄弱环节？相应的技术措施是什么？

众所周知，地基基础冬期施工，要采取防止地基土受冻害措施，比如：加盖防寒草席、覆盖防冻土层等措施。冬期施工对地基土防冻有一个薄弱环节：高层建筑施工、绑扎底板钢筋的施工周期内，施工有以下特点：

（1）在此工期内，地基土以上，一般只有约100mm厚C10素混凝土垫层和50～60mm的防水层，其总厚度不超过200mm，防冻保护层厚度不够；

（2）此施工周期内，钢筋用量大，绑扎难度大，地下室集水坑井、电梯井较多，施工周期长；

（3）由于地板混凝土浇灌质量的要求，要保证垫层（或防水层）表面清洁、无杂质；在密布的钢筋网下，也不能采用常规草帘覆盖、电热毯养护等防冻措施。

因此，冬期施工在上述施工段内，地基土往往受到冻害影响。应采取相应的技术措施：

（1）尽量让地下室底板钢筋绑扎工段避开当地严寒时段；

（2）如果工期要求必须在严寒期施工，可在施工场地土搭设类似农村"蔬菜大棚"的施工大棚，并在大棚内生火保温。

1.2.10 基础工程中混凝土的冬期施工有哪些基本要求？相应的技术措施是什么？

如果温度达到 $-2℃ \sim -3℃$ 以下，新浇混凝土中的自由水被冻结，混凝土受到所谓初期冻害。这种冻害应与混凝土硬化后的冻融作用区别考虑。混凝土未充分硬化时受到冻害，形成冰晶体，混凝土的组织将变得脆弱起来，即使以后再在适宜的温度下养护，得到的也是强度、耐久性和其他性质低劣的混凝土。冻结的时间越早，初期冻害越严重，若抗压强度达到了 $3.5 \sim 7.0 \text{MPa}$，即使受到一次冻结也不会有多大的损害。

另外，尽管混凝土未冻结，但混凝土温度低于 $4℃$ 时，凝结硬化将显著推迟，从而使拆模等工程延缓。

冬期混凝土施工的基本要求如下：

(1) 避免遭受初期冻害；
(2) 模板拆除不能太晚，确保早期强度；
(3) 尽早达到一定荷载及冲击不能造成损害的强度；
(4) 为实现第(1)和第(2)项而提供适当的保温、供热养护；
(5) 养护期间以及养护完成后一段时间内，不能有急剧的温度变化。

从材料及配合比上考虑，为适应早期强度的需要，可使用早强水泥或超早强水泥。并且一定要使用加气或加气减水剂。由于使用氯化钙有引起钢筋生锈及后期强度下降的可能，故原则上不宜使用。促凝型减水剂也基于同样考虑而不宜使用。配合比与一般混凝土没有什么大的变化仅单位用水量稍微减少。水泥用量从早期强度的角度出发也应适当增加一点。

技术措施：

(1) 混凝土搅拌温度需保持在 $10℃$ 以上，且浇筑后至少 3d 内要保持在 $10℃$ 以上，再以后的 3d 内要保持在 $0℃$ 以上。
(2) 为确保搅拌温度，骨料中不得混入冰雪，必要时，可对水或骨料进行适当加温，水泥不得加热。骨料加热温度控制在 $65℃$

以下,骨料和水混合后的温度在40℃以上为宜。水的加热最为简单,因其比热大而非常有效。搅拌时,水泥与加热了的水一接触,有可能急剧凝结,所以,水泥应最后投入。

(3) 浇筑前必须做好准备工作,参考以往施工实例,研究制定寒冷季节施工方法,就施工程序、养护方法、机械设备及养护材料等提出计划。与热相关的计算往往假定很多,难以与实际结果相吻合,所以,在制定计划时最好留有富余。寒冷季施工特别是需供热养护时工程费将增加很多,因此,必须考虑费用问题。

(4) 浇筑时,浇筑地点的地基、基岩及模板、钢筋等不得粘附冰雪。在浇筑过程中为防寒风,可以覆盖。必要时还可设置暖棚,在浇筑后为保证所需温度,暖棚必须保留一段时间。养护结束时,必须防止混凝土温度急剧下降,并且要保证不使其受到寒风的侵袭。

(5) 作为养护方法,仅保温就可解决,可使用帆布、塑料盖席。在供热养护时,可用供热线及有供热线的盖席环绕、覆盖,其间利用蒸汽、散热器、保温罩等布置成暖棚。小规模时使用煤油炉即可。除蒸汽养护外的其他供热养护,有必要防止干裂。另外,因加热引起火灾的可能性也存在,因此还要注意防火。

1.2.11 基础工程冬期施工中现场钢筋焊接应注意什么问题?

冬期气候寒冷,焊接冷却速度快,容易产生裂纹,故应注意下列几点:

(1) 露天作业时,应设置防风棚或防护板等,以防风吹,影响焊接质量;

(2) 在焊接前应除去焊缝两侧的霜、冰、雪及其他污染物,焊缝处的潮气可用气焊火焰烘烤;

(3) 焊条或焊剂在使用前应按规定方法很好地干燥,并存放在防潮的干燥箱内,以免施焊时造成气孔等缺陷;

(4) 不宜用重锤锤击焊缝,尤其在焊接的冷脆范围内更不宜这样做;

(5) 采用闪光对焊时应增加预热次数,减缓闪光速度。

1.3 施工组织设计的相关内容

1.3.1 编制施工组织设计应具备哪些资料?

地基基础工程施工前所需要的资料,一般来说,需要有以下几方面的资料。

1. 勘察设计资料

与编制施工组织设计相适应的设计资料及其所要求的资料,拟建场地的岩土工程勘察资料等。

2. 项目建设要求资料

建设项目的工期、质量要求和其他特定要求资料。

3. 自然条件资料

(1) 拟建场地的地形地貌资料。拟建场地和邻近区域的建(构)筑物、高空障碍物、地下管线、地下构筑物的构造、分布、使用状况等资料;应有拟建地区的区域地形图和建设工地的工程位置地形图。前者用来选择施工用地,安排工人居住区和建筑生产基地的位置。后者用来布置施工总平面图。

(2) 工程地质资料。应满足工程设计、施工的需要,其作用主要用来拟定特殊地基的施工方法和技术措施;复核地基基础的设计;选择土方工程的施工方法等。主要包括:

1) 拟建地区钻孔布置图;

2) 工程地质剖面图,表明各土层类别及其深度;

3) 土的物理力学性质,如天然含水量、天然孔隙比、塑性指数等;

4) 土的压缩试验和土的承载能力的结论报告书;

5) 有关古墓、洞穴及地下构筑物等的钻探报告。

(3)水文地质资料。包括地下水和地面水两部分：

1）地下水资料。要有最高和最低的地下水位及其时间；地下水的流向、流速及流量；水质资料分析等。以便确定降低地下水位的方法；各地层渗透性及地下水、地面水的补给关系。

2）地面水资料。要有邻近处的江河湖泊水的流速、流量及水位变化情况；冻结的始终日期及冻结深度；通航能力及水质分析资料。以便于考虑临时给水、航运等。

(4)气象资料。

1）气温资料。要有最低和最高温度以及持续天数。以便考虑冬期施工及防暑降温措施。

2）降雨资料。要有雨期起止时间、年降雨量及月平均降雨量等资料。以便制定雨期施工措施和工地排水设施。

3）风力资料。要有风向玫瑰图及大于8级风的时间，以便布置临时设施位置和考虑吊装措施。

(5)工程施工弃土、弃水、排浆的条件。

4. 工程所在地的技术经济条件资料

(1)地方建筑生产企业情况。如砂石采料场、各种建筑材料厂、各种配件和构件生产厂等的数量及市场供应情况。

(2)地方资源情况。如砂石蕴藏量，石灰岩、石膏石、工业废料等分布情况。

(3)交通运输条件。与工程生产、生活有关的公路、铁路、水运、航空的运输情况，有无铁路专用线、起重能力和存贮能力如何，公路等级、允许最大载重量及途经桥涵等级；河道水运吨位、码头卸货能力、取得船只的可能性，以及上述各种方式的运价及运距等。

(4)给排水及供电条件。供水源与工地连接的可能性，供水量和水压；电源位置，允许供电容量和电压、接线距离；当地通讯设施情况等。

5. 企业资源资料

施工企业自身的设备、生产能力等资料。可供支配的生产设备、机械，可供支配的劳动力数量和质量，可供利用的房屋数量和面积,后勤服务的能力,以及协作单位的专项技术能力等。

1.3.2 地基基础施工组织设计的主要内容有哪些?

施工组织设计是全面规划和指导施工活动的重要技术和经济文件,是沟通工程设计和施工之间的桥梁,对整个施工起着战略和战术安排的双重作用。施工组织设计根据建筑工程的生产特点,科学合理地安排人力、资金、材料、机械和施工方法这五个主要施工要素,按照客观的经济技术规律,进行有效的资源和成本控制,科学地做出合理安排,制定严格的质量与安全措施,确保优质安全,文明施工。使之在一定的时间和空间内,得以实现有组织、有计划、有秩序的施工,从而保证顺利完成施工任务。

编制施工组织设计的内容包括以下几个方面:工程概况及其特点;施工方案的选择;施工进度计划;施工准备工作计划;劳动力、材料、构件、加工制品、施工机械等物资资源需要量计划;施工平面图;保证质量、安全以及冬雨期施工的技术措施;技术经济指标。单位工程施工组织设计的内容,可根据具体工程的复杂程度以及施工人员对工程的施工经验和熟悉程度而舍取。最简单的单位工程施工组织设计通常应包括一案、一表、一图、一措施。即:施工方案的选择、施工进度计划表、施工平面图和质量、安全技术措施。地基基础工程条件多变,一个工程一个样,一定要针对工程的特点、难点、关键技术所在,写出有针对性、实用性、可操作性的技术方案,真正反映单位的水平和能力,不要把施工组织设计搞成形式化,千篇一律。

地基基础工程在施工前,应根据工程规模及复杂程度,编制分部工程的施工组织设计。大致可按以下步骤进行:

1. 收集编制依据文件和资料

(1) 工程项目设计施工图纸;

(2) 工程项目所要求的施工进度和要求;

(3) 施工定额,工程概(预)算及有关技术经济指标;

(4) 施工中可配备的劳力、材料和机械装备情况;

(5) 施工现场的自然条件、相关技术经济资料。

2. 编写工程概况

主要阐述工程的概貌、特征和特点,以及有关要求等。

3. 施工工艺选择

根据工程地质条件、设计要求、机械设备情况、施工环境、工期及造价等,综合考虑选用合适的施工工艺。

4. 机械设备的选择

施工机械设备应根据工程地质条件、工程规模、基础形式、工期、动力与机械供应以及施工现场情况等条件进行选择。

5. 设备和材料供应计划

制定出设备、配件、工具、所需材料的供应计划。

6. 基础施工方法与进度要求

应明确基础施工方法和进度要求。主要确定对工程施工的先后顺序、选择施工机械类型及其合理布置,明确工程施工的流向及流水参数的计算,确定主要项目的施工方法等(总设计还需先做出施工总体部署方案),包括对分部分项工程量的计算、绘制进度图表、对进度计划的调整平衡等。如对于预制桩,要考虑桩的预制(现场预制时,制桩场地表面整平加固、制桩现场的施工总平面布置)、吊运方案与设备、堆放方法、沉桩方法、沉桩顺序及接桩方法等;对于灌注桩,要考虑成孔方法、钢筋笼的安放、混凝土的灌注、泥浆制备、使用和排放、清理孔底等。

7. 施工作业与劳动力计划

制定施工作业计划和劳动力组织计划。计算施工现场所需要的各种资源需用量及其供应计划(包括各种劳力、材料、机械及其加工预制品等)。

8. 制定各种技术措施

制定保证基础工程质量、安全生产、减少对周围邻近建筑物或地下管线影响和适应季节性施工的技术措施。

9. 编制基础施工平面图

在图上标明桩位、间距、编号(数量)、施工顺序;水电线路、道路和临时设施的位置;桩顶标高的设计要求;沉桩控制标准;当桩施工需制备泥浆时,应标明泥浆制备设施及其循环系统的位置;材料及预制桩的堆放位置。

10. 地基基础试验

如无试桩资料而设计单位要求试桩时,应制定试桩(包括静载与动测试桩)计划。

11. 其他

针对有关工程的质量通病和易于发生安全问题的环节,订出防治措施,制定降低成本(如节约劳力、材料、机具及临时设施费等)的具体措施要求等。

1.3.3 施工准备工作有哪些内容?

施工准备工作要贯穿在整个施工过程的始终,开工前要有工程的总体准备,施工过程要坚持"打一看二备三四"的施工组织方法,既要抓好正在施工的工作,又要抓好下一工序做准备,同时看到第三、四步的需求,提前做必要的准备工作,以便顺利衔接,使施工作业有条不紊,直至完工清场。根据施工顺序的先后,有计划、有步骤、分阶段进行。按准备工作的性质,大致归纳为五个方面:

1. 技术准备工作

(1) 搜集勘察设计资料,摸清情况。搜集当地的自然条件资料和技术经济资料;深入实地摸清施工现场情况。调查和分析研究有关技术、经济资料。

(2) 阅读熟悉设计图纸和勘察报告等有关资料。设计内容与施工条件能否一致,各工种之间搭接配合有否问题等。同时应熟悉有关设计数据,结构特点等资料。

(3) 编制施工组织设计和施工图预算,全面规划部署工程施工。

(4) 材料、构件、施工机具和生产设备的准备。

(5) 设计交底,图纸会审。

2. 施工现场准备

(1) 测量控制网点的确定。按照总平面图要求布置测量点，设置永久性的经纬坐标桩及水平桩，组成测量控制网。

(2) 做好平整场地，修通道路，通水通电等"三通一平"工作（路通、电通、水通、平整场地）。修通场区主要运输干道。接通工地用电线路，布置生产生活供水管网和现场排水系统。按总平面确定的标高组织土方工程的挖填、找平工作等。

(3) 修建各种生产、生活所需的临时设施，包括各种附属加工场、仓库、食堂、宿舍、厕所、办公室以及公用设施等。

(4) 组织各种材料、构件、机具设备的进场。

(5) 做到文明施工方面的准备和计划。

3. 物资准备

(1) 做好建筑材料需要量计划和货源安排，对特殊材料要组织人员提早采购。

(2) 对钢筋混凝土预制构件等做好加工委托或生产安排。

(3) 做好施工机械和机具的准备。对已有的机械机具做好维修试车工作；对尚缺的机械机具要立即订购、租赁或制作。

4. 施工队伍准备

(1) 任命项目经理，组建项目经营管理班子。

(2) 健全、充实、调整施工组织机构。做好各专业施工队伍分批进场的安排与相应的准备工作。

(3) 进行技术、安全交底。

(4) 安排好职工生活、劳动保护、医疗保健等后勤保障准备工作。

5. 冬雨期施工准备工作

(1) 针对防洪排水工作，做好施工项目进度安排。在安排施工进度计划时，要将土方工程、混凝土预制工程、砖砌体工程、室外粉刷工程、屋面防水工程和施工道路工程等尽可能安排在晴暖季节完成。

(2) 组织好雨期或冬期施工所必需的防雨、防冻器材，如防雨油布、保温稻草、麻袋草绳和劳动防寒用品等。并修建防雨或防冻所必需的临时设施。所有的排水管线,能埋地面以下的,都应埋深到冰冻线以下土层中。外露的排水管道,应用草绳或其他保温材料包扎起来,免遭冻裂。沟渠应做好清理和整修,保证流水畅通。

在冬雨期到来之前,应对所有施工用道路全面进行检查,路面不结实或坑凹不平的要进行修整加固(如加铺碎石、炉渣等)。加大路面坡度和清理路边排水沟,保证不积雪不积水。

(3) 制定合理有效的冬雨期施工技术措施,做好冬雨期施工的进度安排。

(4) 加强防雷电、防火等方面的安全教育,并制定出相应的安全措施。

1.3.4 什么叫施工方案?施工方案包括哪些内容?如何编写?

施工方案是指为完成某项建筑工程的施工任务,所应采取的一些必要措施的一套计划设想。

选择合理的施工方案是既快又好的完成施工任务的关键内容。在拟定施工方案时应着重解决以下三个问题:

(1) 确定各分部分项工程之间或施工过程间的先后施工顺序。

(2) 确定工程中主要施工过程的施工方法和施工机械。

(3) 确定工程施工的流向和流水组织。

建筑工程因类型繁多,结构复杂,因此合理的施工顺序,应根据实际情况和具体条件来确定,但一般是按照下述四条原则来确定的。一是先地下,后地上:即先安排地面以下的工程,后安排地面以上的部分;二是先主体,后围护:即先安排建筑工程的主要骨架工程,如混合结构的墙体与楼板,装配结构的钢筋混凝土构件的预制与安装等,然后安排其他一些围护工程;三是先土建,后设备:先安排土建工程,后进行设备安装;四是先结构,后装修:先安排墙、柱与梁板工程后安排室内外装修工程。

编写施工方案应包括如下内容:

1. 施工顺序

(1) 总的施工部署安排,包括:

1) 整个工程分为几期,每期包括哪些单位工程项目;

2) 各期工程大致安排的施工时间;

3) 各期工程相互联系以及有关注意事项等。

(2) 施工顺序安排:对施工组织总设计应根据施工布置安排的第一期工程项目,进行流水段划分,对单位工程施工组织设计,应明确将建筑物划分为哪几个主导施工阶段,每个主导施工阶段分几个施工过程。前后的程序如何安排。每个施工过程又由哪几个分项组成的等。

(3) 划分施工段和施工层:单位工程各主导施工过程(或施工阶段)应划分几个施工段和施工层,各施工段的具体位置和施工层的高度如何等。

2. 施工方法及流水组织

应根据结构特点分述各主导施工过程的主要做法:

(1) 基础工程要说明土方开挖方式,排水要求等注意事项。

(2) 预制工程要说明预制构件的种类及其方法,并用平面布置图说明预制构件的位置和布置方法,模板种类和方式,钢筋的配合要求,以及混凝土浇注的注意事项。

(3) 吊装工程要说明吊装方法,绘出构件就位平面图和运装行驶路线图,吊装顺序安排及其吊装机械的选择。

(4) 砌筑工程要阐述层段施工流水的流向安排。

1.3.5 什么是施工进度计划? 如何绘制施工进度计划图表?

根据对工程项目所提出的计划要求和具体的施工条件,在制定合理的施工顺序和对工程进行科学的日程安排之下,编制的一种建筑工程生产计划,称为施工进度计划。

根据工程项目的规模大小和性质,可分为施工总进度计划、单位工程进度计划、分部分项工程施工计划和准备工程进度计划等,

施工进度计划应与施工组织设计相适应。具体编制方法应视其类型而有所不同,一般可按以下步骤进行:

(1) 根据施工方案,进一步划分工序,确定各工序间的连接关系和施工顺序以及合理流水。

(2) 根据划分的工序或工段,计算工程量。

(3) 根据综合性施工定额、历史资料或同类型工程施工经验,按各工序工段的工程量计算所需的劳动力和机械台班量。

(4) 编制施工进度图表。

(5) 检查、调整、修正施工进度计划,使之满足控制工期的要求。

根据施工工程内容的繁简程度,一般采用横道图法、垂直图法和网络图法(有双代号和单代号网络图),还可采用时间坐标网络图,以及搭接网络图等。对工程内容较简单,或概括性较强的计划,一般多采用横道图和垂直图法;对工程内容较复杂,或要求精确度较高的计划,多采用网络图法。

横道图是用横线条表示施工进度计划的一种图表,最早是由美国某兵器工厂顾问甘特于1917年首先应用的,故又称为甘特图。它的主要优点是简明、形象、易懂,最大的缺点是不能确切反映各施工过程间的内在联系和相互作用,关键问题不突出,薄弱环节不明显,不能预见各工序变化引起的不平衡。

垂线图是相对横道图来说的,它是将横道图中的横线改为由下而上垂直方向绘制的一种图形。它的纵坐标表示各施工段,横坐标仍表示时间,绘出来的指示线一般为斜线或折线。

网络图是指某项工程中的各道工序,用结(或节)点和箭线,按照一定逻辑关系和流向,连成一种网络形状。它是我国著名数学家华罗庚教授于1965年首先应用的,他认为网络图从某一角度出发,含有"统筹兼顾、合理安排"的意义,故取名为统筹法。网络法的主要特点是能够反映出各工序之间相互依赖和相互制约的关系,能明确工程中的关键所在和主次地位,能够加快计划速度和应用计算机技术。目前常用的网络图有单代号网络图和双代号网络图两种。

2 地 基

2.1 一般问题

2.1.1 地基处理应综合考虑哪些因素？处理原则如何？

我国地基处理技术发展很快，对于各种不良地基，经过地基处理后，一般能满足建造大型、重型、高层建筑的要求。在地基处理的设计和施工中，首先必须认真贯彻执行国家的技术经济政策，做到安全适用、技术先进、经济合理、确保质量、保护环境。

1. 地基处理应综合考虑下列因素

（1）地基处理除应满足工程设计要求外，还应做到因地制宜、就地取材、保护环境、节约资源等；

（2）应根据工程的要求和天然地基存在的主要问题，确定地基处理的目的、处理范围、处理后应达到的各项技术经济指标等，并进行技术经济比较；

（3）应考虑地基处理形式对建筑物使用、安全、耐久性等方面的影响，考虑上部结构的整体性、安全度、使用要求等具体情况对地基基础变形的适应性；

（4）应根据具体工程情况和施工条件，结合当地工程经验，确定地基处理方案；

（5）在确定地基处理方案时，应考虑上部结构、基础和地基的共同作用，是选择处理地基、还是选择加强上部结构，或选择处理地基和加强上部结构相结合的方案；

（6）应根据规范要求，对处理后的地基进行变形验算和沉降观测。

2. 地基处理的原则

（1）要符合工程要求，即符合工程结构类型、荷载大小、使用等级要求，又与拟建场地的地形、地貌、地层结构、岩土条件、地下水特性、周围环境相适应。应根据结构类型、荷载大小、使用要求，结合地形地貌、地层结构、土质条件、地下水特征、环境情况、对邻近建筑物和构筑物的影响等因素进行综合分析，初步选出几种可供考虑的地基处理方案，包括选择两种或多种地基处理措施组成的综合处理方案。

（2）对初步选出的各种地基处理方案，分别从加固原理、适用范围、预期处理效果、耗用材料、施工机械、工期要求、环境影响等方面进行技术经济分析和比较，选择最佳的地基处理方法。

（3）对已选定的地基处理方法，宜按建筑物地基基础设计等级和场地复杂条件，在有代表性的场地上进行相应的现场试验或试验性施工，并进行必要的测试，以检验设计和处理效果。如达不到设计要求，应查明原因，修改设计参数或调整地基处理方法。

（4）当地基处理用于既有建筑物的加固时，要确保既有建筑物的安全。如果地基基础变形已稳定或趋于稳定，一般可不作地基或基础的加固。地基基础不均匀沉降尚未趋于稳定，一般考虑"等待沉降稳定"、"加速沉降稳定"、"制止沉降"三种方法处理。等待沉降稳定的目的是不对地基基础进行处理，而仅对上部结构进行相应修补维护。加速沉降稳定可缩短消极等待沉降稳定所需时间，一般适用于独立基础下的地基处理，具体做法是增加临时荷载、人为有控制地进行地基浸水等。制止沉降的目的是终止地基和上部结构变形的发展，具体措施是上部结构减载或加固、加大基础底面积、加固地基等。加固方法应在充分了解地基范围内的地质情况下选定，加固后应做质量检查，加固前后均应做沉降观测。这些措施有时可单独采用、有时需要多种措施综合采用，这些措施的选择，往往需对上部结构和地基基础作全面考虑，同时应根据有关措施的适用条件，提出不同的方案，进行经济和技术的比较，从而选定合理的方案，必要时尚应针对地基基础缺陷形成的原因及现实，从使用和维护上采取相应的防范措施。

2.1.2 哪些方法适合于浅层地基处理？

处理浅层地基的方法，主要有换填垫层法、机械碾压法、振动夯实法、重锤夯实法、灰土挤密桩法和土挤密桩法、预压法、夯实水泥土桩法、石灰桩法等。

(1) 换填垫层法是先将基础底面下一定范围内的软弱土层挖去，然后回填强度较高、压缩性较低、并且没有侵蚀性的材料，如中砂、粗砂、碎石、卵石、灰土、素土、矿渣等，再分层夯实，作为地基持力层。换填垫层的厚度不宜小于 0.5m 也不宜大于 3m。此法对于解决荷载不大的中小型建筑物的地基问题比较有效，也可处理不均匀地基。

当换填材料为灰土时，叫灰土地基；当换填材料为砂和砂石时，叫砂和砂石地基；当换填材料为土工合成材料时，叫土工合成材料地基；当换填材料为粉煤灰时，叫粉煤灰地基。

换填垫层法施工应根据不同的换填材料选择不同的施工机械。粉质黏土、灰土宜采用平碾、振动碾或羊角碾，中小型工程也可采用蛙式夯、柴油夯；砂石等到宜用振动碾；粉煤灰宜用平碾、振动碾、平板振动器、蛙式夯；矿渣宜用平碾、振动碾、平板振动器。

机械碾压法是采用压实机械压实松散土的方法。此法常用于大面积填土的压实及杂填土地基的处理。碾压效果主要取决于被压实土的含水量是否符合最佳含水量要求及压实机械的压实能量。

振动压实法是用振动压实机在地基表面施加振动力以振实浅层松散土的方法。此法用于处理砂土地基及无黏性土的填土地基效果良好。振动压实效果与填土成分、振动时间等有关。振实范围应从基础边缘放出 0.6m 左右，先振基槽两边，再振中间，地下水位过高应先降低，然后进行振实。

(2) 重锤夯实法是利用起重机械将重锤提到一定高度后，锤体自由落下，重复夯打击实浅层填土地基，使表面形成一层较为均匀的硬层来承受上部荷载。此法适用于处理各种黏性土、砂土、湿陷性黄土、分层填土和杂填土地基。在夯实影响范围内有软土存在时，不宜采用此法。重锤夯实效果与锤重、锤底直径、落距、夯实遍数、土的含水量有关。

(3) 预压法，在原状土上加载，使土中水排出，以实现土的预先固结，减少建筑物地基后期沉降和提高地基承载力。按加载方法的不同，分为堆载预压、真空预压、降水预压等三种不同的预压地基，必要时也可采用真空—堆载联合预压法。预压法适用于处理淤泥质土、淤泥和冲填土等饱和黏性土地基。

(4) 石灰桩法，利用打桩机成孔过程中，沉管对土体的挤密作用和新鲜的生石灰成桩时对桩周土体的脱水挤密作用使周围土体固结；同时由于一系列的物理-化学反应，桩身与桩周土硬壳层组成变形量较大的桩体，以置换部分软土，同原地基土形成复合地基，从而提高了地基承载力。适用于渗透系数适中的软黏土、杂填土、膨胀土、湿黏土、湿陷性黄土。不适合地下水位以下的渗透系数较大的土层。当渗透系数太小时，软土脱水加固效果不好、对有酸碱侵蚀的土层宜慎重使用。一般适用于七层以下的工业与民用建筑。

(5) 土挤密桩法和灰土挤密桩法，利用在成孔过程中，沉管对土的横向挤压作用，使孔内的土挤向周围，使得桩间土得以挤密。再将准备好的素土或灰土分层填入桩孔内，分层捣实形成桩体与桩周土共同组成复合地基。适用于地下水位以上的湿陷性黄土、素土、杂填土，但当含水量大于24%及饱和度超过65%时，挤密效果较差。该法不适用于地下水位以下的土层。

2.1.3 哪些方法适合于处理深层地基？

处理深层地基的方法，主要有强夯法、振冲法、砂石桩法、水泥粉煤灰碎石(CFG)桩法、水泥搅拌桩法、高压旋喷法、硅化加固法、柱锤冲扩桩法、注浆法、树根桩法、锚杆静压法等。

强夯法是将几十吨重的锤，从几十米的高处自由落下，对设计位置地基土层进行夯实的方法。对砂土地基、黏土地基、湿陷性黄土地基、回填土地基等均适用。对于不同的地基土,此法有不同的处理效果:对砂土和黏土,主要是防止液化;对湿陷性黄土,主要是消除湿陷性;对填土地基,主要是提高其承载力。对于大面积建筑场地,夯击点的布置,一般按正方形或梅花形网格排列,其间距通常为4~15m。对于单个工程,则可根据夯击坑形状、孔隙水压力变化情况、基础结构特点及平面形状来确定。强夯法施工一般要夯1~5遍,两遍之间的间歇时间取决于孔隙水压力消散速度,一般为1~4周。强夯效果的检验,可在最后一遍夯完后两周进行。

振冲法是利用振冲器在土中形成振冲孔,并在振动冲水过程中向振冲孔内回填砂或碎石等材料,形成振冲桩以加固地基的方法。此法的加固深度可达20m,用于砂土地基效果良好。

高压旋喷法是利用喷射化学浆液与土混合搅拌来处理地基的方法。化学浆液应根据土质条件和工程设计要求来选择,目前是以水泥浆为主。此法一般只适用于标准贯入击数小于10的砂土及标准贯入击数小于5的黏性土,亦可用于建筑物的事后补强。

硅化加固法是利用压力或电渗作用将硅酸钠溶液(水玻璃)和氯化钙溶液注入土中,两种溶液作用后产生硅胶,将土粒胶结起来的方法。硅化加固效果与所用化学溶液浓度、土的透水性、压力有关。对于渗透系数小于10^{-6}m/min的黏性土,地下水的pH值大于9的土,已渗入沥青、油脂和石油化合物的土,此法不宜采用,此法一般用于处理已建工程。

2.1.4 地基局部处理的基本原则是什么? 一般处理措施有哪些?

地基局部处理的原则是:使处理后的地基基础沉降比较均匀,防止局部产生过大或过小的沉降。

一般处理措施有:

(1) 将井、坑、沟、墓等连同其周围的松土(或过硬的土及砌体),全部或部分挖除,用适当的材料(土、灰土、砂、石、煤渣等)回填,使回填土的压缩性与周围地基土的压缩性接近。

(2) 采取前一措施的同时，必要时可将基础局部深埋。
(3) 局部加大基础的底面面积，减小基底压力。
(4) 增设地基梁及上部结构的圈梁或配筋带。
(5) 改变基础结构，采用过梁、挑梁跨越局部地段。
以上措施可联系实际综合采用。

2.1.5 基坑（槽）开挖前应做好哪些技术准备工作？

基坑（槽）开挖前应做的技术准备工作如下：
(1) 做好现场施工准备，主要搞好"三通一平"，即水通、电通、道路通和场地平整。
(2) 根据建筑总平面和基础平面图，进行基础定位放线工作。
(3) 做好建筑物四周地面排水工作，以免基槽积水。
(4) 建筑物基坑（槽）开挖前应掌握岩土工程勘察报告，查清工程地质、水文地质，相邻建筑物和地下设施类型、管线、洞穴等分布及结构质量情况，以及季节气候变化情况。熟悉工程设计图纸要求，合理选择施工方法，拟定施工技术措施。
(5) 做好基坑（槽）排水或降低地下水以及土壁加固的机具准备，以保证基坑（槽）开挖顺利进行。
(6) 设置测量控制网，包括基线和水准点，所有网点要求设在不受基础施工所影响的范围之内。

2.1.6 基础放线的具体方法和步骤是什么？

建筑物基础放线是指根据已测设好的主轴线，再详细测设出建筑物各轴线交点位置，并用木桩（叫中心桩，桩顶钉小钉）标志出来，再根据中心桩位置，用白灰撒出基槽开挖边界线。但由于在基槽开挖时，中心桩要被挖掉，因此在基槽外各轴线的延长线上，应钉设施工控制桩（引桩），作为开槽后各施工阶段确定轴线位置的依据。控制桩一般钉在槽边 2～4m 处，不受施工干扰并便于引测和保存桩位的地方。为了保证控制桩的精度，在大型建筑物的放线中，控制桩是与中心桩一起测设的，有的甚至是先测设控制桩，再根据控制桩测设中心桩。在一般小型建筑物放线中,控制桩多根据中心桩测设。

在施工场地条件允许的情况下,为了方便基础施工,常在基槽外一定距离处设龙门板,见图 2-1。

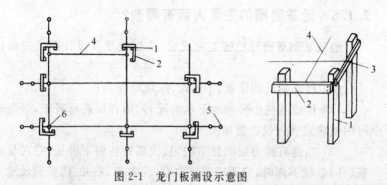

图 2-1　龙门板测设示意图
1—龙门桩;2—龙门板;3—轴线钉;4—线绳;5—引线;6—轴线桩

钉设龙门板的步骤如下:

(1) 在建筑物四角与纵横隔墙两端基槽外边约 1.0~1.5m 的地方定设龙门桩。龙门桩要钉得竖直、牢固,桩面与基槽平行。

(2) 根据建筑场地水准点的高程,在每个龙门桩上测出室内(或室外)地坪设计标高线,即±0.000 标高线。

(3) 根据龙门桩上测出的高程线钉设龙门板,这样龙门板顶面的标高就在一个水平面上了。

(4) 用经纬仪将墙、柱中心线引测到龙门板顶面上,并钉上小钉子以表明,叫中心钉。

(5) 中心钉钉好之后,应该用钢尺沿龙门板顶面校核中心钉间的距离,经校核合格后,以轴线钉为准将墙宽、基槽宽标在龙门板上,最后根据基槽宽度拉上准线,在实地撒出基槽灰线。

2.1.7　天然地基施工中发现与设计文件及勘察报告不符合的情况时,如何处理?

天然地基施工中发现有与设计文件及勘察报告不符合的情况

时,应暂停施工,将不符合(或异常)的情况以工程联系函的形式通知监理或建设单位,由监理或建设单位组织设计、勘察等有关单位共同分析情况,提出技术处理方案,解决问题,消除质量隐患。最终完成后应形成相关技术文件资料存档。

2.1.8 地基验槽的主要内容有哪些?

地基基础基槽开挖施工完成后,依据规范及设计图纸应做以下检验:

(1) 检查基坑的位置、平面尺寸、坑底标高;

(2) 检验基坑土质和地下水情况,采用钎探进行普查,必要时可用袖珍式贯入仪作为辅助手法;

(3) 当遇有持力层明显不均匀、浅部有软弱下卧层、空穴及古墓(井)性状不详时,应明确基坑内空穴、古墓、石井、防空洞及地下埋设物的位置、深度、性状,并作出处理;

(4) 填写有关验槽记录、钎探记录等,进行隐蔽工程验收。

2.1.9 地基基础施工中出现橡皮土应如何处理?

地基基础施工中出现橡皮土的原因有:

(1) 地下水;

(2) 地表水;

(3) 雨水影响;

(4) 机械碾压。

出现了橡皮土时,可采用以下几种方法处理:

(1) 暂停一段时间施工,使橡皮土含水量逐步降低。必要时将上层土翻起进行晾槽,亦可在上面铺垫一层碎石或碎砖后进行夯击,将表土层挤紧。这种方法一般适用于橡皮土情况不严重或是天气比较好的季节和地区,但应注意这时地下水位应低于基槽底。

(2) 换土。挖去橡皮土,重新填好土或级配砂石等。这种方法常用于工程量不大、工期比较急的工程。

(3)掺干石灰粉末,将土层翻起来并粉碎,均匀掺加消解不久的干石灰粉末。这种方法大多在橡皮土情况比较严重以及气候情况不利,不宜晾槽的情况下采用。使用这种方法应注意石灰不宜消解太早,以免降低石灰与土的胶结作用而降低强度。

(4)打石桩。将毛石依次打入土中,一直打到打不下去为止,最后在上面满铺厚度50mm的碎石后再夯实,石桩亦称石柱,一般入土深度为1～1.5m,间距为0.40～0.50m。

在回填施工时,为预防橡皮土的出现,可用一层聚乙烯薄膜覆盖基坑底部(以止住地下水上渗),然后用原土回填。此法经济、简便,采用时要注意回填过程中必须有效地防止雨水入坑,回填土的含水量以不大于塑限为宜。

2.2 复合地基

2.2.1 振冲桩的适用范围及施工要点?

振冲桩适用于处理砂土、粉土、粉质黏土、素填土和杂填土等地基。对于处理不排水抗剪强度不小于20kPa的饱和黏性土和饱和黄土地基,应在施工前通过现场试验确定其适用性。不加填料振冲加密适用于处理黏粒含量不大于10%的中砂、粗砂地基。参见《建筑地基处理技术规范》(JGJ 79—2002)、第7.1节。

置换振冲法以起重机、自行井架式施工平车或其他合适的设备吊起振冲器,启动潜水电机后带动偏心块,使振冲器产生高频振动;同时开动水泵,使高压水通过喷嘴喷射高压水流,在边振边冲的联合作用下,将振冲器沉到土中的预定深度;经过清孔后,就可从地面向孔中逐段填入碎石,每段填料均在振动作用下被振挤密实,达到所要求的密实度后提升振冲器,如此重复填料和振密,直至地面形成桩体。在制桩过程中,填料在振冲器的水平振动力作用下挤向孔壁,从而桩体直径扩大。当这一挤入力与土的阻力平衡时,桩径不再扩大。显然,原土土质越软,也就是抵抗填料挤入的阻力越小,造成的桩体就越粗。但如果原土的强度太过软弱,以至于土阻力始终不能平衡填料挤入孔壁的力,则始终不能形成桩体,振冲法也不再适用。

置换振冲桩施工质量主要控制水、电、料三个参数。

1. 水的控制

水的控制主要是控制水量和水压。水量要充足,使孔内充满水,这样才可防止塌孔,使制桩工作得以顺利进行;同时水量也不宜过多,过多时可能把填料带出流走。水压控制,视土质及其强度而定。一般来说,对于强度较低的软土,水压要小些,土的强度较高,水压宜大。成孔过程中,水压和水量宜大,当孔深接近设计加固深度时,要降低水压,以免破坏孔底以下的土。在加料振密成桩过程中,水压和水量均宜小。

2. 电的控制

密实电流可根据现场制桩试验确定,在制桩时,值得注意的是不能把振冲器刚接触填料的瞬时电流值作为密实电流,瞬时电流有时可能很高,但只要振冲器停止下沉,电流值立即变小。可见瞬时电流不能真正反映填料的密实程度,只有振冲器在固定深度上振动一定时间(称为留振时间),而电流稳定在某一数值,这一稳定电流才能代表填料的密实程度。要求稳定电流达到或超过规定的密实电流值,成桩质量才有保证。

3. 填料的控制

填料要坚持"少吃多餐"的原则。即要勤加料,每批不宜加得太多,值得注意的是在制作最深处的桩体时,为达到规定密实电流所需的填料量远比制作其他部分桩体多。这是因为开始阶段加的料有相当一部分从孔口向孔底下落过程中被粘留在沿深度的孔壁上,只有少量落到孔底;另一个原是由于水压力控制不当,成孔可能造成超深,从而使孔底填料数量剧增;第三个原因是孔底遇到了事先不知的局部软弱土层,这也能使填料数量超过正常用量。

归纳起来,所谓施工质量控制就是要掌握好填料量、密实电流和留振时间这三个要素,要使每段桩体在这三个方面都达到规定值。

2.2.2 置换振冲桩的常见质量问题及处理方法有哪些？

置换振冲桩法的常见质量问题及处理方法如下：

(1) 缩颈

当地基中夹有黏性土薄层时，由于阻尼作用和黏聚力增大阻碍着土粒在振动作用下的移动和重新排列，黏粒含量的增加使振冲器的振动能量传递迅速衰减，难以振冲扩孔，在这种土层中桩孔直径突然缩小，出现"缩颈"现象。缩颈处由于孔径狭小影响填料的下落和通过，成桩后该处直径也较小，影响加固效果。处理方法是在黏性土处增加振冲扩孔时间，或将振冲器提出孔口，待桩孔水满后快速放入孔内，并且上下通孔数次，使孔中泥水喷出，起到洗孔和扩孔作用。也可在黏土层成桩时适当加长制桩时间，将石料更多地挤入周围土内，扩大孔径。

(2) 孔径小

当地基土原始密度较高，或有硬土夹层以及较厚的黏土层时，振冲后成孔直径一般比较小，在小孔内填料的落入十分困难。当填料粒径稍大时还容易卡孔，此时需要扩孔。方法是加大水压力和喷水流量，加长冲洗孔时间或反复提降振冲器通孔，待扩大孔径后再填料。成孔直径小的另一个原因是成孔时振冲器贯入速度太快，此时应降低贯入速度。

(3) 填料窜孔

布桩过密或在松散砂土、粉土中成桩，有时会发生邻近已制好的桩的石料随同桩间土一起窜流到正在振冲的桩孔内。处理方法是继续大量向桩孔填石料成桩。然后酌情对邻近发生塌陷窜孔的桩孔补入填料振冲挤密。

(4) 干砂层

当地基土地下水位很低时，振冲通过厚砂层成孔比较困难，也容易发生淤塞，此时应加大喷水压力和喷水流量，放慢贯入速度进行成孔，根据实际情况可适当增添黏性土造浆，护住孔壁，以防坍塌淤孔，减少孔内施工用水流失。

(5) 塌孔

厚砂层的砂粒较粗，黏粒含量又很少时，振冲施工易发生孔壁坍塌淤孔，有时甚至无法成孔制桩。除可采用黏性土泥浆护壁成孔外，还可以在振冲器上增设下料套管，使石料经套管内落入孔底。

2.2.3 砂石桩的适用范围及施工要点？

砂石桩法适用于挤密松散砂土、粉土、黏性土、素填土、杂填土等地基。对饱和黏土地基上对变形控制要求不严的工程也可采用砂石桩置换处理。砂石桩法也可用于处理可液化地基。参见《建筑地基处理技术规范》(JGJ 79—2002)、第 8.1 节。

碎石桩、砂桩和砂石桩总称为砂石桩，砂石桩填料也由砂扩展到砂、砾及碎石。

砂石桩与振冲桩所用的桩料和作用原理大致相近。在液化砂土、粉土中用的很多，主要起挤密作用。在加固黏性土时，以置换作用为主，挤密作用次之。桩体材料可用碎石、卵石、角砾、圆砾、粗砂、中砂或石屑等硬质材料，含泥量不得大于 5%，并不宜含有大于 50mm 的颗粒。

砂石桩和振冲桩的不同主要在施工方法上。砂石桩的施工可采用振动沉管、锤击沉管、冲击成孔或干振成孔等成桩法。桩径比振冲桩控制得好，也没有泥浆排放问题，但有相当程度的噪声和振动。由于没有泥浆排放问题，因此往往比振冲桩更受欢迎。当用于消除粉细砂及粉土液化时，宜采用振动沉管成桩法。

1. 振动沉管成桩法

采用振动沉管桩机施工砂石桩，桩尖有钢制活瓣桩尖和一次性钢筋混凝土预制桩尖两种。振动沉管法的施工步骤为：

(1) 沉管达到设计标高。

(2) 向桩管的进料口灌入成桩的粗颗粒（砂、砾、碎石或矿渣)。

(3) 边振边拔管,此时管下端的活瓣桩靴打开(如果采用预制桩头则桩管拔起),桩料下落于桩管外土中,并在振动下变密。在振动成桩过程中又可采用:

1) 一次拔管法,即灌满砂石料后,边振边拔,一次成桩;

2) 多次拔管法,即拔至一定高度后,停拔留振若干秒,再拔起,如此多次拔管成桩;

3) 反插扩桩法,桩管拔起一定高度后,将桩管反插沉入一段距离,挤压桩料使桩径扩大,同时再酌情补充桩料。

(4) 成桩。

(5) 成桩后如果实际投料量低于设计要求可以复打。所谓复打是将桩管在原位重新沉入、投料、振动拔管成桩。

2. 锤击沉管法

工艺大体上与振动沉管相同。只是沉管采用一般的锤击式打桩机(柴油锤或蒸气锤)。由于用卷扬机拔管时没有进行振动,桩本身的密度不足,因此多采用双管法施工,其步骤为:

(1) 将桩管与芯管一起锤击沉入土中。

(2) 拔出芯管,向桩管中填入一定量的桩料。

(3) 放下芯管压住桩料,并将桩管提起至填入的桩料顶面,锤击芯管,夯密桩料并不断扩大桩径。

(4) 重复步骤(2)、(3)直至成桩。

3. 冲击成桩法

也就是夯扩桩法。采用带有两个卷扬机的简易桩架,一根钢桩管,其长度根据所需加固地基的深度而定,桩管内有一个吊锤,重量 $10 \sim 20$ kN。施工时首先将桩管立于桩位处,通过加料口向桩管内填入一定量的桩料,然后用吊锤夯击桩料,靠桩料与桩管间的摩擦力将桩管带到设计深度,然后分段向桩管内填入并夯实桩料,同时向上提拔桩管,直至成桩。

4. 干振成桩法

采用一个类似大型插入式混凝土振捣棒的干振成孔器,振动挤土成孔至设计加固深度,使原孔位的土体全部挤到周围土体中去,之后提起振孔器,向桩孔中填入约1.0m高的桩料,再放下振孔器挤密碎石,直至达到密实电流,并且留振适当的时间,再提起振孔器填料,如此反复进行,直至成桩。干振成孔法只能用于地下水位以上的地基加固处理。

砂石桩的施工顺序。对砂性土地基应从外围或两侧向中间进行;对黏性土地基宜从中间向外围或隔排施工;在既有建(构)筑物邻近施工,应背离建(构)筑物方向进行。砂石桩施工后,应将基底标高下的松散层挖除或碾压密实,并应在其上铺设300~500mm的砂石垫层,以改善桩、土受力状态并使通过桩身竖向的排水通道相互连接通。

砂石桩法施工应根据沉管和挤密情况,控制填砂石量、提升高度和速度、挤压次数和时间、电机的工作电流等施工参数,并如实做详细记录。

2.2.4 砂石桩的常见质量问题及处理方法有哪些?

砂石桩的常见质量问题及相应处理方法为:

1. 施工工艺选择不当

砂石桩法对土的加固作用主要是挤密效应,而挤密的效果与土的性质具有密切关系。从挤密效果来看,土的黏粒含量越大,桩间土的振密和挤密效应越差,所以加固地基的效果也越差。此外除了土的挤密性外,土的密实度也对土的挤密效果影响很大,也就是"松砂振密,密砂振松"现象。曾有某工程,地基土为粉质黏土,选用挤密碎石桩复合地基加固方案,采用振动沉管成桩法施工。竣工后场地地表隆起(密土振松)300~500mm,通过现场复合地基与天然地基的对比静载荷试验,经过加固的复合地基的承载力比原场地的天然地基承载力还要低25%。

对于饱和黏土地基,其可挤密性更差,砂石桩只能做置换处理。而且施工中如果措施不当,由于打桩引起的超孔隙水压不能很快消散,还会导致场地土隆起、上涌,使复合地基的变形量急剧增加。某软土地基上的油罐工程，地基处理方案采用振动沉管法施工的碎石桩复合地基，施工后场地土隆起严重，未引起有关单位的注意。在油罐建成后试水加载至70%，仅10余天后沉降量已超过500mm，并以日均约4mm的速率不断发展，最终油罐只能以50%的装载量维持运行。

因此对于砂石桩复合地基，在施工前，一定要查明场地土的性质，选择适当的施工方案，并按规范要求在施工前进行成桩工艺和成桩挤密试验。在施工过程中，要对场地土的隆起上涌有足够的认识，加强施工监测。

2. 缩颈、断桩

成桩过程中，在软、硬土层的交接处，以及在相对软土层内，极易产生缩颈，严重时甚至会断桩。对于振动沉管法、干振成孔法，要保证足够的填料量、确保达到振动密实电流、通过留振适当降低拔管速率、反插，必要时复打。对于锤击沉管、冲击成孔法，在易缩孔的地层，应加强夯扩桩径。

2.2.5 水泥粉煤灰碎石桩(CFG桩)的适用范围及施工要点？

水泥粉煤灰碎石桩是由水泥、粉煤灰、碎石、石屑或砂加水拌和形成的高粘结强度桩(简称CFG桩)。水泥粉煤灰碎石桩与素混凝土桩的区别仅在于桩体材料的构成不同，而在其受力和变形特性方面没有什么区别。

水泥粉煤灰碎石桩(CFG桩)法适用于处理黏性土、粉土、砂土和已自重固结的素填土等地基。对淤泥质土应按地区经验或通过现场试验确定其适用性。参见《建筑地基处理技术规范》(JGJ 79—2002)、(J220—2002)第9.1节。

CFG桩的施工工艺有以下几种：

(1) 振动沉管法。该工法属于挤土成桩施工工艺。它具有施工操作简便、施工费用低廉、对桩间土的挤密效果好等优点。振动沉管桩施工工艺为CFG桩复合地基的发展和推广应用起到了十分重要的作用。

(2) 长螺旋钻孔、管内泵压灌注 CFG 桩法（以下简称为"压灌法"）。该工法施工机械由长螺旋钻机、混凝土搅拌机、混凝土泵和配套的混合料输送管道组成。工艺流程为：长螺旋钻机就位→钻孔至设计深度、同时搅拌混合料→搅拌好的混合料从搅拌机中经溜槽输送到混凝土泵的贮料斗→混凝土泵泵送混合料，经过刚性管、高强柔性管、钻机动力头内腔管、中空钻杆内部、钻头上的出料口→压力泵送到桩孔内，同时拔管成桩，参见图 2-2。

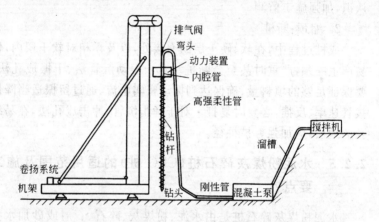

图 2-2　长螺旋钻孔、管内泵压灌注 CFG 桩工艺示意图

除了上述两种常用的 CFG 桩施工工艺外，还可根据地层条件、设备条件采用以下工艺：

(3) 长螺旋钻孔灌注成桩：适用于地下水位以上的 CFG 桩施工。优点是设备简单，造价低廉。

(4) 泥浆护壁钻孔灌注成桩：传统工艺。主要优点是可在施工场地狭窄（限高、限宽）的条件下施工。

(5) 人工洛阳铲成孔：适用于地下水位以上的浅层地基处理（一般不超过 6m）施工。主要优点是可以在施工场地很小的条件下施工、对施工用水、电要求低、造价低。

2.2.6 振动沉管 CFG 桩的缩颈、断桩的原因有哪些？如何处理？

1. 振动沉管法施工的 CFG 桩，经常出现缩颈或断桩事故。究其原因有以下几条：

(1) 在饱和软土中成桩，桩机的振动力虽然较小，但连续施工作业时，新施工桩对已成桩会产生较大的挤压力，导致已打桩局部被挤扁为椭圆形或不规则形状，出现缩颈甚至断桩。

(2) 在饱和土中打桩，由于土的可挤密性差，挤土成桩产生的挤压力引起的超孔隙水压不能很快消散，会导致场地上隆起、上涌，并连带拔起土中的桩，将其拉断。

(3) 在较硬的土层中，或有硬土夹层的土中成桩时，桩机的振动力较大，对已打桩的影响主要是振动破坏。如采用隔桩跳打工序，新打桩产生的振动力，通常会使已完成初凝，但桩身强度又不高的已打桩被振裂。

(4) 保护桩长设置不当、开挖原因产生缩颈、断桩等，以下另行解答。

2. 针对上述产生缩颈、断桩的原因，可采取以下措施：

(1) 加大桩距

对于缩颈、断桩最有效的解决办法是加大桩距。振动沉管 CFG 桩属于挤土成桩工艺，在施工中要将与桩同体积的土强行挤到桩周土体中，除了处理液化土、挤密效果好的土以外，这种振动和挤压效应对刚成形的桩都是不利的，加大桩距可以使地基土的挤土率降低，同时使已成桩离施工产生的挤压力、振动源远一些，所受的不利影响也小一些。实际上，对于 CFG 桩，尤其是振动沉管法施工的桩，一般来说，在设计中布桩的原则宜"长而疏（大桩长、大桩距）"，不宜"短而密（短桩长、小桩距）"。

(2) 施工顺序

振动沉管 CFG 桩施工，一般来说均不宜从外向内施工，因为这样限制了桩间土向外的侧向变形，加剧了沉管施工的挤压影响，容易造成大面积土体隆起,断桩的可能性增加。应该采用从内向外、或从一边到另一边的顺序施工。

在软土中施工,可考虑采用隔桩跳打的措施,一方面可以让已打桩有一定的凝固时间,桩有了一定强度后,受挤压的影响会较小;另一方面,跳打增加新、旧桩之间的施工时间间隔,有利于挤压引起的超孔隙水压消散。

(3) 施工监测

如前所述,场地土的隆起、上涌、新施工桩对已成桩的振动、挤压等,会造成缩颈、断桩。因此在施工过程中进行严格的监测,对于发现和处理缩颈、断桩事故是很有必要的。施工监测措施为:

1) 施工场地标高监测。施工前要测量场地的标高,并随机设置足够数量和代表性的监测点。施工过程中随时监测场地地面是否隆起,并注意保护监测点;

2) 桩顶标高的监测。施工中,抽取部分已成桩设置标高监测点,施工过程中对桩顶标高的变化进行监测。监测点要重点抽取布桩密集区域。

(4) 辅助施工措施

1) 长螺旋钻预引孔

实际工程中如果因为承载力要求或地层限制,必须采用较小的桩距,可以采用螺旋钻预引孔的辅助施工措施。即在振动沉管施工前,在每一桩位用长螺旋钻预引孔,取走一部分土,以尽量减少振动沉管时对桩的振动、挤压影响。引孔的直径(一般要小于沉管的外径)、引孔的深度等视桩距和土性而定。

2) 静压振拔技术

在饱和软土地区,浅层土的强度较低,往往仅在桩管的自重作用下,桩管就能沉入土中一定深度,而浅层土正好也是受振动挤压影响最大的区域。所谓静压振拔技术首先是在桩机上增加配重、同时减小桩机的电机振动功率;其次在施工中,沉管之初不启动电机,通过卷扬系统将桩机前半部分的自重,包括配重等挂在桩管上,将桩管尽可能深地静压入土中,当桩管不再下沉后再启动电机,桩机自重加振动力沉管至预定标高。之后加料振动拔管成桩。

采用静压振拔技术的目的,是尽量缩短施工中的桩机的振动时间,避免上述振动对于施工的不利影响。

3)限制施工速率

在饱和软土中施工时,还可以采取限制施工速率的措施,即规定每台班日的最高施工桩数。目的在于,增加超孔隙水压(导致场地隆起)消散时间。

4)"跑桩"技术

CFG 桩是不配钢筋的刚性桩。CFG 桩复合地基通过褥垫层的调整,由桩、桩间土共同工作,承担垂直和水平荷载。由于 CFG 桩的置换率低,一般不超过 10%;不配钢筋其水平刚度低,故复合地基的水平抗力取决于土。如果 CFG 桩桩身存在水平或近于水平的裂缝,只要裂缝是闭合的,桩的垂直承载力不会受到影响、地基的沉降变形也不会受影响。因此从复合地基的垂直、水平承载力和变形模量的角度考虑,CFG 桩桩身存在闭合的水平裂缝是可以的。

实际工程中,不管采取多少措施,只要是振动沉管工艺施工的 CFG 桩,完全杜绝断桩是不可能的。在 CFG 桩没有开发出"压灌桩"工艺以前,其工程检测技术规定一直不引入低应变动测技术就是这个原因。

对通过施工监测和检测发现有断桩可能的工程,且数量超过一定值,可以采用"跑桩"技术进行补救。所谓"跑桩"技术就是逐桩快速静压,以消除可能出现的断桩对复合地基承载力造成的影响。这一技术在沿海一带被广泛采用。

"跑桩"施工,是在沉管桩机上按设计要求加装一定配重,利用卷扬系统将荷载挂到带盲板的桩管上,并在正式施工前,用千斤顶核定桩管提供的垂直静压力,其值一般为设计单桩承载力 1.2~1.5 倍。其施工步骤为:沉管桩施工完毕、桩身达到一定强度后→核定"跑桩"荷载→"跑桩"机逐桩移动到桩位→桩管对中压到桩顶→卷扬系统提升桩机至悬空→维持静压时间 3min→记录桩号、压沉量→转下一根桩。

"跑桩"施工的目的是将可能的断桩，及已因场地隆起拉断的桩接起来，使之能正常承担垂直荷载。必须指出的是，"跑桩"技术只能处理因为振动挤压等原因发生断桩，及因场地隆起被拉开的、桩身形状完整、裂缝水平或近于水平（不宜超过 20°）的桩。对于因为挤压使桩身挤扁、缩颈、断桩的，"跑桩"施工是无能为力的。

"跑桩"技术对保证复合地基能正常工作和处理桩的施工质量问题是很有实用价值的。

2.2.7 振动沉管 CFG 桩的其他质量问题如何处理？

1. 桩体强度不均匀

沉管灌注成桩施工拔管速度应按匀速控制，拔管速度应控制在 1.2～1.5m/min 左右，如淤泥或淤泥质土，拔管速度应适当放慢。现有国产桩机的卷扬系统提升桩管速度一般都太快。施工中为控制平均速度，施工单位往往采用提升一段距离，停下留振一段时间。在成桩过程中的非留振桩段，拔管速度太快可能导致缩颈断桩；在留振的桩段，有可能因为过度的振动而使桩体材料产生离析；此外对留振和非留振桩时段而言，单位桩体积的振动功率不一致，造成桩身强度不均匀。

解决的方法可通过增加卷扬系统中滑轮组的数量来降低拔管速率，也可通过改造电动机、变速箱系统来实现。

2. 桩身夹泥

出现桩身夹泥的原因有两个，原因之一是前面提到的桩身出现裂缝，并被隆起的场地土拉开，则土中的水和少量泥浆会浸入裂缝。这种情况可通过"跑桩"施工进行处理。原因之二是采用活瓣桩靴成桩时，桩靴开口打开的程度不够或只有部分打开，混合料下落不畅，一方面造成桩端与土的接触不密实，桩底虚；同时成桩后桩体不规则、桩径较小。如果采用反插方法，活瓣桩尖很容易插入桩体内，并将土带入桩体，导致桩身掺土等缺陷。

因此采用带活瓣桩尖的沉管法施工不宜采用反插工艺。

2.2.8 压灌 CFG 桩发生堵管的原因有哪些？如何处理？

堵管是压灌 CFG 桩施工中最常遇到的主要问题。它直接影响 CFG 桩的施工效率，增加工人劳动强度，还会造成材料浪费。并且由于造成堵管的因素很多，如果初次堵管后处理措施不力，重新开工后，或者因复打的桩孔坍塌，钻头进泥、或者因搅拌好的桩料失水或结硬等，增加了再次堵管的几率，给施工带来很多困难。

产生堵管有以下原因：

1. 配合比不合理

压灌法施工，混合料的配合比非常重要。在通过试验确定了配合比以后，施工中必须坚持原材料计量过泵。当混合料中的粗、细骨料比例失调，混合料的和易性不好，施工中常发生堵管。此外，施工材料进场，对石料粒径、砂石料的含泥量等都要严格检查。

2. 搅拌质量缺陷

在 CFG 桩施工过程中，混合料由混凝土泵通过刚性管、高强柔性管、弯头达到钻杆芯管内。混合料在管线内是以圆柱体形状，借助水和水泥砂浆润滑层与管壁摩擦通过管线的。因此所设计和搅拌的混合料必须确保混合料圆柱体能顺利通过刚性管、高强柔性管、弯管和变径管而达到钻杆芯管内。

坍落度太大的混合料，易产生泌水、离析，在管线内水浮到上面，在泵压的作用下，水先流动，骨料与砂浆分离，摩擦力剧增，从而导致堵管。

施工时坍落度宜控制在 160～200mm，若混合料可泵性差，可适量掺入泵送剂。

搅拌好的混合料通过溜槽注入到混凝土泵储料斗时，需经一定尺寸的过滤栅，否则混入到粗骨料中的大块石和片石有可能漏入到储料斗中，泵送混合料时，大块石或片石可能在管线内或动力头内腔管处堵塞，造成堵管。

3. 混凝土泵设置

在高层建筑地基处理时，CFG 桩施工通常在开挖后的基坑底进行。泵送混合料的混凝土泵应尽量放置在基坑底,即将搅拌好的 CFG 桩混合料先通过溜槽输送到混凝土输送泵,再泵送灌注施工。不宜将混凝土泵放置在地表直接泵送施工。

这样做的原因在于,如果将混凝土泵放置在地表,则输送混合料的高强柔性管势必从地表沿着基坑壁到基坑底,再连接至桩机。施工时,被混凝土泵泵出的混合料,沿着输送管,带着泵送压力和混合料的自重下落力量,俯冲下落到基坑底,这个很大的下砸力可能使混合料离析造成堵管;且到基坑底后混合料圆桩体马上要在输送管道内转一个近 90°的直角,进入水平输送状态,这也很容易发生堵管。现场实际施工中发现,如果混凝土泵放置在地表,则输送管道在基坑底向上约 1.0m、水平 1.0m 的范围内,是呈现堵管的高发区。参见图 2-2 压灌注 CFG 桩工艺示意图。

实际施工中,如果因场地条件限制,混凝土泵不得不放置在地表,则输送软管一定要搭架架起来,避免垂直向下泵送,并尽量减缓管道的转角。

4. 设备问题

弯头是连接钻杆与高强柔性管的重要部件,当泵送混合料时弯头曲率半径以及弯头与钻杆的连接形式,对混合料的正常输送起着至关重要的作用。若弯头的曲率半径不合理,会发生堵管;弯头与钻杆垂直连接,也将发生堵管。

混合料输送管无论是刚性管还是高强柔性管,施工结束后应及时清洗。若清洗不彻底,管道内附着的混合料会结硬成块,妨碍润滑砂浆流动,导致堵管。

管道磨损、接头连接不好,也会导致水泥砂浆流失,造成堵管。

钻头密封性不好,或施工中磨损过度密封不严,在具有承压水的粉细砂中成桩时,承压水带着砂通过钻头间隙进入钻杆芯管。有时形成长达 500mm 的砂塞,当泵入混合料后,砂塞堵住了钻头阀门,造成堵管;在高水头下,钻头阀门进水,泵入混合料后,使混合料离析,在钻头阀门处形成碎石散体,堵塞阀门,也会造成堵管。在高水头下和有承压水的粉细砂中成桩时,应改进钻头的密封性,采用"密封钻头",即在钻头阀门里边增设'O'形密封圈。

5. 冬施措施不当

冬期施工时,混合料输送管及弯头均需做防冻处理,一旦保温效果不好,混合料常在输送管和弯头处结冻,造成堵管。

6. 施工操作不当

钻杆进入土层预定标高后,开始泵送混合料,管内空气从排气阀排出,待钻杆芯管及输送管内充满混合料、介质是连续体后,应及时提钻,保证混合料在一定压力下灌注成桩。若注满混合料后不及时提钻,混凝土泵一直泵送,在泵送压力下会使钻头处的水泥浆液挤出,同样可使钻头阀门处产生无水泥浆的干硬少浆的混合料塞体,使管线堵塞,混合料不能下落。

2.2.9 如何对待 CFG 桩的保护桩长问题?

所谓保护桩长是指为了保证成桩质量,施工中必须比设计桩顶标高多施工的一段桩长,在基坑开挖、基础施工时须将其凿掉。

保护桩长是基于以下因素而设置的:

(1) 刚施工未凝固的桩体,桩顶部分的桩如果没有一定的上覆压力,桩体密实度不够,强度较低。而沉管施工的桩,由于振动影响,桩顶总会有一定不含骨料的浮浆(规范要求浮浆厚度不宜超过 200mm)存在,影响桩体强度。

(2) 前面已经说过,沉管法施工时,已施工桩在未凝固前,正在施工的桩可能使已打桩受振动挤压,混合料上涌使桩径缩颈。

除了正常设置的保护桩长以外,如果设计桩顶标高远低于施工作业面(比如带地下室的高层建筑,未开挖前先在地表施工 CFG 桩,竣工后开挖基坑),桩顶以上的空孔太长,由于空孔侧壁的土压力影响,未凝固的桩的桩径被挤压缩颈的程度更严重,甚至断桩。在此情况下,保护桩长要适当加长,并且保护桩长以上的空孔部分必须要求用石料填实,压住桩顶。但在实际工程中,砂石料填塞空孔有一定的难度,砂石料填入后很容易溅落在并挂在孔壁上,并很快形成拱状空腔,达不到填塞压顶的目的。某工程带 2 层地下室，粉质黏土地层，采用沉管法施工CFG桩，在天然地表施工，设计桩顶标高低于地表约6.0m，设计要求留保护桩长1.2m，其上用砂石料回填。由于砂石料填塞空孔的质量问题，基础开挖后发现，原设计桩径420mm的桩，全部缩颈，最大桩径不超过300mm，且有约1/3的桩被挤断，约有1/4的桩更是连桩头都找不到。基于以上原因，工程中最好避免留过多空孔进行CFG桩施工。

凿除CFG桩的保护桩长也是一个经常容易出质量事故的施工环节。由于CFG桩竣工后，还要开挖施工保护土层，之后才是凿桩头，故一般情况下，凿桩头的工作均由土建施工单位完成。按施工要求，凿桩头不能使用机械也不能用大锤横击凿桩。正确的做法是，先清除桩周土，漏出CFG桩后，找出桩顶标高位置，在同一水平面对称放置2个或4个钢钎，同时击打，将桩截断。桩头截断后，用手锤、钢钎从四周向中间修平。实际工程中，凿桩头往往不能按上述施工要求进行，故凿桩后，经常出现断桩。CFG桩施工单位和土建施工单位经常为断桩的责任问题纠缠不清，桩施工单位认为断桩是不正确的凿桩造成的，土建单位认为桩本来就是断的。对于这个问题，在工程中，可以采用在CFG桩竣工后，先进行小应变动测（对采用压灌法施工的、允许进行动测检验的桩）检验，再凿桩头的验收程序区分责任。对于凿断的桩的处理，可采用以下方法：先找出断桩桩头→将表面剔平凿毛→按设计桩径扩大100mm（半径扩大50mm）、搭接100mm（低于断桩面100mm）→用高于桩体强度等级一级的细石混凝土，接桩至桩顶设计标高，参见图2-3。

开挖造成的断桩，其断桩位置均较浅，一般很少超过2m，可直接人工开挖找出断桩面按上述方法处理。但是如果地下水位较高、而地基土又是砂土，则可能会一边开挖一边塌孔，一方面不能挖出断桩头进行处理，另一方面还会破坏周围地基土的强度。实际工程中，可采用套筒套挖的方法处理。其处理顺序为：先通过钎探查明断桩深度、位置→切割适当长度的套筒（桩径小于500mm，

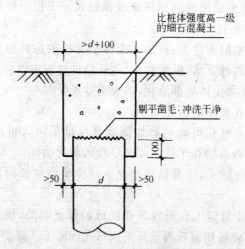

图 2-3 断桩处理示意图

可直接用废汽油桶)→套筒对准桩位→边掏土边摇动下套筒至断桩面以下 100mm→处理桩断面后直接在套筒内灌注混凝土接桩。

　　这里介绍一个凿除保护桩长的"扫桩"技术，是新疆建筑设计研究院西北岩土工程咨询有限公司开发的技术。所谓"扫桩"，就是在压灌法施工 CFG 桩后，在桩尚未凝固前，测准桩顶设计标高，用钻机从保护桩长顶部正转下钻杆至设计桩顶标高，然后反转拔起钻杆。即扰动破坏了保护桩一段的桩体，同时不将此段桩体的混合料带出，保持其对桩顶的覆盖压力。经过扫桩处理，保护桩段的结构破坏、桩体夹泥，强度极低，基坑开挖后，保护桩段一推即倒，且断面平齐。

2.2.10　如何防止压灌法施工的"窜孔"问题？

　　在饱和粉土、粉细砂层中进行压灌法施工 CFG 桩常遇到这种情况，打完一根桩 A，接着施工相邻桩 B 时，随着钻杆的钻进，发现已打完尚未凝固的 A 桩桩顶混合料液面突然下落，甚至达 2～3m 之多。而当 B 桩开始泵入混合料后，能使 A 桩下降的桩顶液面有所回升，在泵入 B 桩的混合料泵送压力足够高、泵入量足够多时，A桩甚至能恢复到原桩顶液面标高。工程中称这种现象叫"窜孔"。

窜孔发生的条件为：被加固土体中有松散饱和粉土、粉细砂，同时有丰富的地下水，桩距较小，钻杆钻进过程中螺旋叶片对土体的扰动，使桩周土体局部液化，出现流砂现象。

防止窜孔发生的措施如下：

（1）对有窜孔可能的被加固地基尽量采用大桩距的设计方案。增大桩距目的在于使已成桩尽量远离扰动区。

（2）改进钻头，提高钻进速度。减少单位桩长内的施工扰动时间。

（3）减少每施工台班在窜孔区域的作业时间，快速通过窜孔区域。待已成桩初凝后再重新进入窜孔区施工。减少一次作业的扰动时间。

（4）必要时采用隔桩、隔排跳打方案。

对已发生窜孔的桩，其处理方法是：在窜孔桩未凝固前，移动桩机到窜孔桩桩位→开机钻进至可能的窜孔土层以下2m（防止对窜孔土层深度的估计误差；同时确保钻杆螺旋叶片上附带的土，在废弃的混合料中钻进时被清理干净）→泵送混合料重新成桩至设计高程。

如果窜孔桩已经凝固，当然就只能补桩了。

此外，钻机的钻杆在施工中磨损，到一定程度后，钻杆的刚度不够，旋转钻进过程中，钻杆呈弧形甩晃，所成桩孔随土质情况，忽大忽小，尤其是在可能的窜孔土层中，由于土的局部液化失去强度，其桩径更大，增加了窜孔的可能性，而且浪费桩料。因此在窜孔区最好换用新的、刚度好的钻杆施工。

2.2.11 "正常"施工造成CFG桩承载力偏低的原因有哪些？

工程检测中，会发生个别桩承载力偏低的现象。除了地质条件变化、违章施工等原因外，还有一些是在"正常"施工时也会发生的问题。举例如下：

1. 压灌 CFG 桩施工

压灌桩施工当钻孔到设计标高后，钻头阀门没有及时打开。可能的原因有：

（1）桩端持力层位于砂、卵石层里，钻头阀门外侧被卵石挤住；或者阀门被砂粒、小卵石等卡住，无法及时开启。

（2）当桩端落在透水性好、水头高的砂土或卵石层中时，阀门外侧除了土侧向压力外，水的侧压力很大。阀门内侧的混合料压力小于阀门外的侧压力，致使阀门打不开。

但是问题在于，这种暂时性的阀门打不开，没有丰富的施工经验是无法及时发现的。随着正常施工程序，提拔钻杆到一定高度后，钻头下会有一个空腔，原本挤住阀门的卵石没有了，土的侧压力减小了很多，甚至没有，当然水的侧压力还在，但总的说来阀门外侧压力在减小，管内混合料压力保持不变。当管内压力大于管外压力时，阀门突然开启，管内混合料下落。施工也进入正常的程序，看起来一切正常，也不堵管。

当然这种略为拔起一点高度（不超过 200mm）钻头开启，混合料下落是正常的，也不影响桩的质量。问题在于如果这种阀门突然开启发生在钻杆拔起了相当的高度后才出现，则钻头以下的空腔可能已经因为桩壁坍塌而部分淤塞了，这种情况下所施工的桩，是"虚脚"桩，其桩端承载力肯定偏低。

要防止这种情况出现，就需要施工人员加强责任心，在施工中注意观察。如果及时发现阀门未开，可以暂停拔管继续泵送，加大泵送压力，使阀门开启。如果阀门确实打不开或在拔管中途才打开，那只能拔起钻杆后，处理完阀门再及时补桩。关键在于要及时发现问题。对这一问题，还可采用或者改进阀门的结构形式；或者调整桩端持力层，避开高渗透性、高水头的土层等措施，来避免这一情况的发生。

2. 沉管 CFG 桩施工

采用沉管法施工 CFG 桩，可能会由于预制钢筋混凝土桩头的强度不够，或桩头的几何尺寸有误，在剧烈的振动沉管过程中，预制桩头挤入钢制桩管内被卡住。随着桩管上拔，桩端土压力消失、灌满桩管的混合料质量随着桩机振动产生周期性的下冲挤压力，预制桩头突然掉下，混合料下落振动成桩。这种情况下也可能导致出现"虚脚桩"。解决这个问题的方法，只能是保证预制桩头的施工质量。预制桩头进场时加强检验。还有就是第2.2.7条提到的钢桩靴问题这里不再赘述。

2.2.12 如何处理压灌桩施工的排气问题？

压灌桩施工时，在钻杆钻进成孔，未泵送混合料之前，钻杆内以及相当一部分输送管道内，充满空气。当钻孔到设计标高开始泵送混合料后，一定要保证钻杆顶部的排气阀工作正常，使空气通过阀门排出。如果管内的空气没有排出或没有彻底排出，形象的说，残留的空气，由于泵送压力作用，会像一条蛇一样，在桩体内到处乱钻，待桩体凝固后就会形成空洞等桩身质量问题。

因此施工中经常检查、清理排气阀是非常重要的。实际上，发现排气阀是否正常工作是很容易的，正常施工时，只要一开始泵送混合料成桩，可以听见非常清晰的、阀门排气的"嘶，嘶"声。

2.2.13 如何处理CFG桩褥垫层的施工问题？

在CFG桩复合地基中，褥垫层是极为重要的一部分。柔性密实的褥垫层，通过褥垫材料的蠕变流动，协调桩及桩间土的相对变形，确保复合地基中桩和桩间土共同工作。褥垫层的施工质量，一方面按规范要求，保证褥垫层的密实度（通过夯填度控制）自不待言。但是切不可忽略褥垫材料还必须具有流动性这一要求。一般来说，褥垫层上面都是100mm厚C10素混凝土垫层。而这层素混凝土垫层施工时，一定要控制坍落度，如果坍落度过大，水泥浆液浸入下面的褥垫层，就会影响褥垫层的流动性。严重时，如褥垫层薄一些、C10素混凝土的水泥浆液多一些，甚至会使褥垫层不起作用。作者在工程中曾有过这样的例子：某工程，土建施工单位急于创造优质工程,由于担心单一砂石铺设褥垫层的密实度难以保证且施工现场不整洁,主动提出愿意无偿提供水泥、砂料,将原设计的褥垫层改为再作一层素混凝土垫层。而且这种错误做法,得到了建设单位、监理单位的认可,并认为这样改动对工程有利,幸好在一次生产例会上被及时发现,予以纠正,否则,该工程将铸成大错。

2.2.14 夯实水泥土桩的适用范围及施工要点?

夯实水泥土桩法适用于处理地下水位以上的粉土、素填土、杂填土、黏性土等地基。处理深度不宜超过10m。参见《建筑地基处理技术规范》(JGJ 79—2002)、(J 220—2002)第10.1节。

夯实水泥土桩的施工,应按设计要求选用成孔工艺。挤土成孔可选用沉管、冲击等方法;非挤土成孔可选用洛阳铲、螺旋钻等方法。

夯填桩孔时,宜选用机械夯实。分段夯填时,夯锤的落距和填料高度应根据现场试验确定,混合料的压实系数 λ_c 不应小于0.93。

土料中的有机质含量不得超过5%,不得含有冻土或膨胀土,使用时应过10~20mm筛,混合料含水量应满足土料的最优含水量 w_{op},其允许偏差不得大于±2%。土料与水泥应拌合均匀,水泥用量不得少于按配比试验确定的重量。

垫层材料应级配良好,不含植物残体、垃圾等杂质。垫层铺设时应压(夯)密实,夯填度不得大于0.9。采用的施工方法应严禁使基底土层扰动。

成孔施工应符合下列要求:

(1) 桩孔中心偏差不应超过桩径设计值的1/4,对条形基础不应超过桩径设计值的1/6;

(2) 桩孔垂直度偏差不应大于1.5%;

(3) 桩孔直径不得小于设计桩径;

(4) 桩孔深度不应小于设计深度。

向孔内填料前孔底必须夯实。桩顶夯填高度应大于设计桩顶标高200~300mm,垫层施工时应将多余桩体凿除,桩顶面应水平。

施工过程中,应有专人监测成孔及回填夯实的质量,并做好施工记录。如发现地基土质与勘察资料不符时,应查明情况,采取有效处理措施。

雨期或冬期施工时,应采取防雨、防冻措施,防止土料和水泥受雨水淋湿或冻结。

2.2.15 夯实水泥土桩的常见质量问题有哪些?如何处理?

夯实水泥土桩的常见质量问题有:

(1)夯实孔底。夯实水泥土桩施工,其孔底夯实是一个关键点。尤其是长螺旋成孔的桩,当钻杆拔出后,孔底有很厚的虚土,如果孔底不夯实,势必形成"虚脚桩",不能通过检测验收。

(2)成孔质量。成孔质量问题主要发生在人工洛阳铲成孔施工,经常会出现上大下小的"萝卜头"桩孔和桩长不够的情况。这也是检查人员需要重点检查的环节。检查时,先查看桩孔形状,夜里用手电筒,白天可用小镜子反射阳光查看;外观检查后,用量孔器上下通孔检查桩径,同时测量桩长。

(3)夯填质量。机械夯填主要是控制填料速率,并注意均匀填料。人工填料是保证每次填料高度不得超过施工组织设计要求,以及每次填料后的夯击次数。

2.2.16 水泥土搅拌桩的适用范围及施工要点?

水泥土搅拌桩分为深层搅拌法(以下简称湿法)和粉体喷搅法(以下简称干法)。水泥土搅拌法适用于处理正常固结的淤泥与淤泥质土、粉土、饱和黄土、素填土、黏性土以及无流动地下水的饱和松散砂土等地基。当地基土的天然含水量小于30%(黄土含水量小于25%)、大于70%或地下水的pH值小于4时不宜采用干法。

冬期施工时,应注意负温对处理效果的影响。参见《建筑地基处理技术规范》(JGJ 79—2002)第11.1节。

1. 加固原理及特点

湿法(也叫深层搅拌法)是利用水泥或石灰(应用较少)等材料做固化剂,通过特制的深层搅拌机将液状的固化剂送入土中与土拌和,固化剂与土产生一系列物理化学反应,使土硬化结成一整体,形成桩体,其强度视掺入的水泥(或石灰)量而定。

干法(也叫粉体搅拌法,或粉喷桩法)。与湿法不同之处是将干水泥粉或石灰粉用专用机具送入搅动破坏的土中,与土拌和形成加固体。但与湿法相比,干法的施工工艺尚不太过关,易出质量问题。

水泥土搅拌法施工期短,无公害(振动、噪声与排污),对相邻建筑无影响,造价不太高、适用范围广,因而应用越来越多,特别是近年来我国在城市中不容许采用振冲等有排污与振动噪声的加固方法以后,水泥土搅拌法应用得更多。

水泥土搅拌法形成的水泥土搅拌单桩,可与周围土体形成竖向承载的复合地基;也可由相邻单桩搭结成壁状或格栅状的加固体作为基坑工程围护挡墙、防渗帷幕;也可将相邻单桩纵横双向搭结成块状加固体,作为大体积水泥稳定土或挡土结构的被动区加固体。

水泥土搅拌法不宜用于欠固结黏性土,因欠固结土对加固体会产生负摩擦力,降低加固体的承载力。

当用于处理泥炭土、有机质土、塑性指数 $I_p>25$ 的黏土或地下水具有腐蚀性时,必须通过试验确定其适用性。因为这类土或会对水泥土桩加固体产生腐蚀,或者会因土的黏性大,使机械在土中旋转搅拌困难。

2. 水泥土的工程性质

(1) 水泥土中水泥掺量一般以10%～25%(重量比)为宜,掺量过小则水泥土的强度不高。采用上述掺量时水泥土的无侧限抗压强度为0.3～4.0MPa,比天然软土大几十倍至几百倍。对强度小于 2.0MPa 的水泥土破坏时呈现塑性破坏,强度大于 2.0MPa 的水泥土则呈脆性破坏特征。

(2) 水泥土的强度随龄期增长,其硬凝反应约需 3 个月才基本完成,此后强度增长缓慢。因此,对竖向受力的水泥土桩应采用 90d 的立方体强度为其标准强度,但对受水平力的水泥土桩要求较高,宜取 28d 的立方强度。

(3) 水泥土强度随水泥强度而提高,水泥强度等级每提高 10MPa,水泥土的强度约增加 20%～30%。

(4) 软土的含水量大,则水泥土的强度降低。

(5) 有机质对水泥土不利,因有机质使土的塑性和酸性提高,膨胀性增大,渗透性降低,这些因素都有碍水泥化学反应的进行,使水泥土的强度比不含有有机质的水泥土强度低。

(6) 外掺剂对水泥土的影响。木质素磺酸钙主要起减水作用;石膏、三乙醇酸有增加强度作用;粉煤灰省水泥又可提高强度。

(7) 水泥土的抗拉强度。当抗压强度为 0.5～4.0MPa 时,抗拉强度为抗压强度的 15%～25%。

(8) 水泥土的抗剪强度。当水泥土的抗压强度为 5.0MPa 时,水泥土的黏聚力 $c=1.0～1.5$MPa,内摩擦角为 20～30°。

(9) 水泥土的弹性模量 $E_0=(120～150)q_u$。

(10) 水泥土的抗冻性。在地温不低于 $-10℃$ 时,可以进行冬期施工。

3. 水泥土搅拌加固的设计要点

(1) 宜选用强度等级为 32.5MPa 及以上的硅酸盐水泥。水泥掺量宜为被加固湿土重的 12%～15%,块状加固时可用 7%～10%。湿法的水泥浆水灰比可选用 0.45～0.55。

(2) 水泥土搅拌桩的设计,主要是确定搅拌桩的置换率和加固深度。设计图纸应注明设计的桩身强度、单桩承载力和复合地基承载力。竖向承载搅拌桩的桩长应根据上部结构对承载力和变形的要求确定,宜穿透软弱土层到达强度相对较高的土层;为提高抗滑稳定性而设置的搅拌桩,其桩长应超过危险滑弧以下 1m。

湿法的加固深度不宜大于20m;干法不宜大于15m。水泥土搅拌桩的桩径不应小于500mm。

(3)竖向承载水泥土搅拌桩复合地基特征值宜通过现场单桩或多桩复合地基载荷试验确定。

(4)水泥土搅拌桩桩身材料决定的单桩承载力R_K宜大于由土抗力决定的单桩承载力。

竖向承载搅拌桩复合地基在基础和桩顶之间应设置褥垫层。褥垫层厚度可取200~300mm。其材料可选用中砂、粗砂、碎石或级配砂石,最大粒径不宜大于30mm。桩长超过10m时,可采用变掺量设计。在全桩水泥总掺量不变的前提下,桩身上部1/3桩长范围可适当增加水泥掺量及搅拌次数;桩身下部1/3桩长范围可适当减少掺量。

当搅拌桩置换率较大(一般$m>20\%$)时,应将搅拌桩群体与桩间土视为一个假想的实体基础,进行下卧层地基强度验算并考虑侧面的摩阻力。

4. 施工准备

(1)清除地下障碍,包括挖去表层土中的大石块及树根等杂物。

(2)完成固化材料掺合比的室内试验,确定设计掺合比。

(3)完成一至两根桩的现场工艺试验,确定可以满足设计要求的施工参数。当桩侧为成层土时,应对相对软层增加搅拌次数或增加水泥掺量。

(4)对于重要的工程,宜先做试桩,检测工作完成后,修正设计及施工参数。施工参数包括输浆量、走浆时间(灰浆自泵出至达到喷浆口的时间)、来浆时间(浆液自喷浆口喷出时的时间)、停浆时间(一根桩规定使用的浆液全部喷入土中的时间)、总喷浆时间(停浆时间与来浆时间的时间差)、搅拌轴提升速度等。同时要决定采用何种工艺流程。

5. 浆液的制备与输送

(1)固化材料必须符合设计要求,水泥不过期,无结块。

(2) 严格控制水灰比（0.45～0.5：1），拌和时间不得少于3min。

(3) 掺入合适的减水剂、塑化剂等，改善固化材料浆液的和易性。

(4) 水泥浆从拌合机倒入储浆桶时，需过滤，清除杂物。储浆桶容量要适当，不会造成因浆液不足而断桩，又能避免多余浆液在桶内沉淀，浪费材料。

(5) 输浆泵压力约0.4～0.6MPa。

6. 水泥土搅拌桩的施工要点

搅拌头翼片的枚数、长度、高度、倾斜角度、搅拌头的转数、提升速度应相互匹配，以确保加固深度范围内土体的任何一点均能经过20次以上的搅拌。

竖向承载搅拌桩施工时，停浆（灰）面应高于桩顶设计标高300～500mm。在开挖基坑时，应将搅拌桩顶端施工质量较差的桩段用人工挖除。

(1) 水泥土搅拌法施工主要步骤为：

1) 搅拌机械就位、调平。搅拌轴垂直度偏差不得超1%。桩机对中误差不得超过20mm。

2) 预搅下沉至设计加固深度。

3) 边喷浆（粉）、边搅拌提升至预定的停浆（粉）面。

4) 重复搅拌下沉至设计加固深度。

5) 搅拌深度误差不得大于100mm，时间记录误差不得大于5s。

6) 根据设计要求，喷浆（粉）或仅搅拌提升直至预定的停浆（粉）面。

7) 关闭搅拌机械。

8) 开挖基坑时，基底标高以上300～500mm，宜用人工开挖，以防断桩。

在预（复）搅下沉时，也可采用喷浆（粉）的施工工艺，但必须确保全桩长上、下再重复搅拌一次。

(2) 湿法施工时应注意：

1) 施工前应确定灰浆泵输浆量、灰浆经输浆管到达搅拌机喷浆口的时间和起吊设备提升速度等施工参数，并根据设计要求通过工艺性成桩试验确定施工工艺。

2) 所使用的水泥都应过筛，制备好的浆液不得离析，泵送必须连续。拌制水泥浆液的罐数、水泥和外掺剂的用量以及泵送浆液的时间等应有专人记录。

3) 当水泥浆液达到出浆口后，应喷浆搅拌30s，在水泥浆与桩端土充分搅拌后，再开始提升搅拌头。

4) 搅拌机预搅下沉时不宜冲水，当遇到硬土层下沉太慢时，方可适量冲水，但应考虑冲水对桩身强度的影响。

5) 施工时如因故停浆，应将搅拌头下沉至停浆点以下0.5m处，待恢复供浆时再喷浆搅拌提升。若停机超过3h，为防止浆液硬结堵管，宜先拆卸输浆管路，并妥为清洗。

6) 壁状加固时，相邻桩的施工时间间隔不宜超过24h。如间隔时间太长，与相邻桩无法搭结时，应采取局部补桩或注浆等补强措施。

(3) 干法施工时应注意：

1) 喷粉施工机械必须配置国家计量部门确认的具有瞬时检测功能的粉体计量装置及深度检测器。

2) 搅拌头每旋转一周，其提升高度不得超过16mm。

3) 搅拌头的直径应定期复核检测，其磨耗量不得大于10mm。

4) 当搅拌头到达设计桩底以上1m时，应即开启喷粉机进行喷粉作业。当搅拌头提升至地面下500mm时，喷粉机应停止喷粉。

5) 成桩过程中因故停止喷粉，应将搅拌头下沉至停灰面以下1m处，待恢复喷粉时再喷粉搅拌提升。

6) 需在地下水位以上喷粉成桩时，应采用地面注水搅拌工艺。

7. 质量检验要求

(1) 水泥土搅拌桩的质量控制应贯穿在施工的全过程,并应坚持全过程的施工监理。施工过程中必须随时检查施工记录和计量记录,并对照规定的施工工艺对每根桩进行质量评定。检查重点是水泥用量、桩长、搅拌头转数和提升速度、复搅次数和复搅深度、停浆处理方法等。

(2) 水泥土搅拌桩成桩 7d 后,采用浅部开挖桩头(深度宜超过 1.5m),目测检查搅拌桩身的均匀性,量测成桩直径。检查量为总桩数的 5%。

(3) 搅拌桩身初凝后 3d 内,可用轻型触探(N_{10})检查桩身的均匀性。检验数量为施工总桩数的 1%。

(4) 竖向承载的水泥土搅拌桩应采用单桩载荷试验、单桩或多桩复合地基载荷试验检验其承载力。载荷试验宜在成桩 28d 后进行,每项单体工程不宜少于 3 点。

2.2.17 水泥土搅拌桩(干法)的常见质量问题有哪些?如何处理?

水泥土搅拌桩(干法)的常见质量问题及处理方法如下:

1. 桩顶、桩底质量问题

干法施工中,每根桩的上、下端部最容易出现桩体疏松或断粉现象,因此在施工中必须加强这两个部位的质量控制。有效的措施是在下旋至设计深度开始上旋喷粉前,先检查调整储料罐的气压;通过观察电子计量设备确认已经喷粉后,在端部 1.0~1.5m 范围进行上下两次搅喷;顶端 1.5~2.0m 范围由于土自重压力的减小,极容易因泄气减压而造成喷粉不均,一般当见到钻杆四周出现徐徐烟雾时,喷孔出口的压力肯定已经减弱,因此水泥射束已不可能到达设计桩径外边缘,即使能到达,其喷射程内的水泥量也极不均匀。此时应减慢上旋速度,增大喷粉强度。待达到设计桩顶标高后重新下旋至原出现烟雾深度以下 0.5m,然后再上旋喷粉。第二次达到桩顶标高后关闭粉喷机。钻头原地旋转 1~2min。

当然，桩体其余段断粉也是不允许的。一旦电子计量设备显示断粉情况，应立即停止上旋。查明原因并排除故障，然后自断粉部位下旋 0.5m 后重新上旋喷粉施工。

2. 机械磨损影响

粉喷机械的叶片尺寸决定粉喷桩的直径，但叶片容易磨损，特别是在杂填土或粉土类土中更易磨损，大约每进尺 1000～1500m 直径磨损 10mm。假设原置换率为 0.2～0.25，则实际置换率比设计置换率要减少 0.01 左右；在淤泥质土中叶片的磨损较少，约进尺 2000～2500m，直径减少 10mm。作为施工单位应随时检查叶片磨损情况，而设计人员在布桩时也应考虑这种施工中必然会出现的置换率变化。

3. 桩顶下沉及泌水现象

当在局部含水量、孔隙比均较高的软弱土夹层中施工时，桩位处经过搅旋喷粉后易出现桩顶面下沉及泌水现象，一般下沉量及泌水量与夹层土的厚度、孔隙比及含水量有关。出现这种情况时，可在成桩后 12h 内采用回填加喷措施。当选用细砂或粉砂作回填料时，应预先加 5%～8%的水泥，拌匀后填入桩位孔内，然后再进行下旋，下旋深度应根据电流值的变化决定。一般在有沉陷泌水的桩孔内复打时，开始段电流接近空载电流，以后电流会出现忽高忽低的现象。当电流值均匀上升或突然上升时即可开始上旋喷粉，喷粉量及上旋速度根据泌水现象消失情况而定。当回填料采用经加工的、松散的粉土或粉质黏土时，可不必预先加水泥，但是，重复旋喷时应适当增加喷粉量。对这种桩，在回填后经上下两次搅拌后，成桩质量一般可满足设计要求。

另外，在正常土层中因施工原因造成桩身段断灰时，也会出现桩顶沉陷现象，但很少伴有泌水现象。处理时也可采用上述方法，处理深度也以下旋电流为准控制，实际施工中在断灰深度处，施工电流值会急剧下降。

2.2.18 高压喷射注浆(高压旋喷)法的适用范围及施工要点?

高压喷射注浆法适用于处理淤泥、淤泥质土、流塑、软塑或可塑黏性土、粉土、砂土、黄土、素填土和碎石土等地基。能被喷射流切割得开的土均可加固。当土中含有较多的大粒径块石、大量植物根茎或有较高的有机质时，以及地下水流速过大和已涌水的工程，应根据现场试验结果确定其适用性。高压喷射注浆法也可用于既有建筑和新建筑地基加固，深基坑、隧道等工程土层加固或防水。参见《建筑地基处理技术规范》(JGJ 79—2002)、(J 220—2002)第12.1节。

高压喷射注浆法是通过高压喷射水泥浆、空气或水流，利用高压破坏被加固土并将水泥浆与土混合，生成固结体的加固方法。它与水泥土搅拌法所生成的加固体类似，但施工工艺与所用机具均不同。由于过去旋转式喷用得多，因而也叫"旋喷法"，实际目前喷射的方式有多种：旋喷、摆喷(像钟摆样在某一弧度范围内摆动喷射)、定喷等。加固形状可为桩式、壁式或块式等。

高压喷射法根据工艺不同可分为：

单管法。用一根管喷高压水泥浆。此法成桩直径较小，一般为 0.3~0.8m。

二重管法。用同轴双通道二重注浆管，分别喷水泥浆与压缩空气，空气流裹在水泥浆流之外成为复合喷射流。成桩直径在1m左右。

三重管法。同轴三重注浆管，复合喷射高压水、压缩空气与水泥浆。由于高压水使地基中部分土粒随水、气排出地面，高压水泥浆即填补其空缺。成桩直径较大，可达 1~2m，但强度较低(0.9~1.2MPa)。

1. 高压喷射注浆的设计

(1) 加固体的强度和范围(直径或形状)应通过现场试验或有类似土质条件的施工经验确定。

(2) 按桩式布置时,可仅在基础范围内布置。处理后的地基按复合地基考虑。其承载力由现场复合地基载荷试验确定。

(3) 单桩竖向承载力特征值 R_K,可通过现场载荷试验确定。

2. 施工要点

(1) 注浆时的转速、压力等参数应由试验或经验决定。一般单管法及双管法的水泥浆压力及三重管的高压水压力宜大于 20MPa。

(2) 高压喷射注浆的主要材料为水泥,对于无特殊要求的工程,宜采用强度等级为 32.5MPa 的普通硅酸盐水泥。根据需要可加入适量的外加剂及掺合料。外加剂和掺合料的用法,应通过试验确定。

(3) 水泥浆液的水灰比应按工程要求确定,可取 0.8~1.5,常用 1.0。

(4) 当喷射注浆管贯入土中,喷嘴达到设计标高时,即可喷射注浆。在喷射注浆参数达到规定值后,随即分别按旋喷、定喷和摆喷的工艺要求,提升喷射管,由下而上喷射注浆。喷射管分段提升的搭接长度不得小于 100mm。

(5) 对需要局部扩大加固范围或提高强度的部位,可采用复喷措施。

(6) 在高压喷射注浆过程中出现压力骤然下降、上升或冒浆异常时,应查明产生的原因并及时采取措施。

(7) 高压喷射注浆完毕,应迅速拔出喷射管。为防止浆液凝固收缩影响桩顶高程,可在原孔位采用冒浆回灌或第二次注浆等措施。

(8) 当处理既有建筑地基时,应采用速凝浆液、跳孔喷射和冒浆回灌等措施,以防喷射过程中地基产生附加变形和地基与基础间出现脱空现象。同时,应对建筑物进行沉降观测。

(9) 施工中应如实记录高压喷射注浆的各项参数和出现的异常。

3. 质量检测

可用标准贯入、静力触探、开挖、静载试验、取芯等方法检测施工质量,特别是在荷载较大的部位或施工中有异常情况的部位,或对喷射质量无把握的部位应检验,检验点数为施工桩数的5%且不少于3点。

2.2.19 如何加强高压喷射注浆(高压旋喷)法的质量控制和施工管理?

1. 质量控制

高压喷射注浆加固地基或防渗止水,都是隐蔽工程,虽在施工时不能直接观察到它的质量,但可通过施工过程中的各工序操作、工艺参数和浆液浓度等因素的实际情况和土层的各种反应(冒浆量大小和冒浆浓度、冒浆的通道位置、土开裂状态等),来控制高压喷射注浆的质量。

(1) 孔位。应专人负责孔位的放线定位工作,钻孔前需复核孔位,误差不得大于50~100mm。

(2) 钻孔和注浆管插入深度。钻孔时应记录钻孔深度,孔的垂直度必须满足设计要求,注浆管的插入深度应与钻孔深度相符。

(3) 水泥浆浓度。用比重称或比重计来抽查拌制的水泥浆,水泥浆浓度应符合设计要求。

(4) 冒浆。可通过冒浆出现的时间、冒浆中含土的种类和数量,水泥的含量和冒浆的多少等现象,间接了解高压喷射注浆质量,这是在施工中调整高压喷射注浆参数的重要依据之一。并应及时清除桩孔周围冒浆,保持现场干净。

(5) 喷射方向、提升速度和旋转速度要严格控制,提升速度应匀速缓慢,不能时快时慢,应有专人抽查。应尽量采用仪器监测,实现自动化管理。

(6) 压力和流量的控制。当出现压力下降至低于控制值和压力骤增至超过控制值时,都表明了注浆管的状态有异常现象,或是有漏浆的地方或是接头松动甚至脱落,或是堵孔等,必须立即停机检查,修复后方可继续施工直至喷完成桩为止。

2. 施工管理

(1) 材料管理

注浆材料的优劣是高压喷射注浆质量的关键问题之一。水泥进场时应有出厂生产合格证并按要求送检。在现场对水泥要严加保管不得淋雨受潮。

(2) 喷射参数的管理

施工时要对各孔的喷射参数进行检查，对进行控形和复喷的位置要重点检查，以确保固结体的质量。

(3) 处理既有建筑物地基的管理

高压喷射注浆处理地基时，在浆液未硬化前，有效喷射范围内的地基因受到扰动而强度降低，容易产生附加变形，因此在处理既有建筑物地基或在邻近既有建筑旁施工时，应防止施工过程中，在浆液凝固硬化前导致既有建筑物的附加沉降。通常采用控制施工速度、施工顺序和加快浆液凝固时间等方法防止或减小附加变形。

(4) 资料管理

应在专门的记录表格上，如实记录下施工的各项参数和详细描述喷射注浆时的各种现象，以便判断加固效果并为质量检验提供资料。要做到每孔高压喷射注浆都有记录。

2.2.20 高压喷射注浆（高压旋喷）法的常见质量问题有哪些？如何处理？

高压旋喷注浆法常见质量问题及处理方法为：

1. 凹穴

当水泥浆液与土混合后的凝固过程中，由于浆液的析水作用，一般均有不同程度的收缩，造成在固结体顶部出现凹穴。凹穴的深度随土质、浆液的析水性、固结体的直径和桩长等因素不同而异，一般深度在 0.3～1.0m 之间。这种凹穴现象对于地基加固极为不利。因此应在旋喷完毕后，开挖出固结体顶部，对凹穴灌注混凝土或直接从旋喷孔中再次注入浆液，填满凹穴。

2. 冒浆

旋喷作业中一部分土粒、水泥浆液沿着注浆管壁冒出地面，称为冒浆。通过对冒浆的观察，可以及时了解土层状况、旋喷效果和旋喷参数的合理性等。一般冒浆量小于注浆量20%者为正常现象。超过20%属于冒浆量过大，完全不冒浆时也不正常。

完全不冒浆：若由于注浆管或喷嘴堵塞所致，应拔管冲洗后，再重新进行插管和旋喷；若由于地层中有较大的裂隙所致，可在浆液中掺入适量的速凝剂，使浆液在一定的土层范围内凝固；也可在地层空隙地段增大注浆量，填满空隙后再继续正常旋喷。

冒浆量过大的原因，一般是有效喷射范围与注浆量不匹配，注浆量大大超过旋喷固结所需的浆量所致。减少冒浆量过大的措施有：

(1) 提高喷射压力；
(2) 适当减小喷嘴孔径；
(3) 加快提升和旋转速度。

3. 浆液沉淀

浆液沉淀，会使浓度降低，影响固结体强度。为了防止浆液沉淀，应在储浆筒内不断搅拌或适量掺加不影响固结体强度的防沉淀剂或者悬浮剂。

4. 脱节

在旋喷中出现的固结体脱节问题，会影响承载力。为了防止固结体脱节，在拆卸钻杆继续施工时，应保持有100～200mm的搭接长度。

5. 钻孔垂直度

垂直施工时，钻孔的倾斜度不得大于1.5%。但是由于有的钻机无导向杆装置，再加上施工不当，会导致钻杆垂直度偏差超过规定值。因此施工中宜选择有导向杆装置的钻机，同时加强对施工人员的管理和操作技术培训。

6. 水灰比

施工中往往出现水灰比例失调，影响旋喷固结体的强度。因此施工中要严格计量，确保按照设计要求的水灰比计量投料。

7. 桩体上下直径不匀

在长桩施工中常出现桩体直径不匀，影响承载力或抗渗作用。其产生原因是地层土质情况沿着深度变化较大，在土质种类、密实程度、地下水情况等有明显差异的情况下,旋喷施工过程中没有调整旋喷参数,采用单一的固定旋喷参数所致。处理措施为:应按地质剖面图及地下水等资料,在不同深度,针对不同地层土质情况,选用合适的旋喷参数,才能保证所施工的桩均匀密实。

2.2.21 石灰桩的适用范围及施工要点?

石灰桩适用于处理饱和黏性土、淤泥、淤泥质土、素填土和杂填土等地基;用于地下水位以上的土层时,宜增加掺合料的含水量并减少生石灰用量,或采取土层浸水等措施。参见《建筑地基处理技术规范》(JGJ 79—2002)、(J 220—2002)第13.1节。

1. 石灰桩的加固原理

石灰桩的加固原理最主要的是吸水胀发作用,但还有其他一系列作用,简述如下:

(1) 吸水作用。生石灰遇水则产生化学反应生成熟石灰并大量放热。吸水作用使桩周 $0.3d$(d——桩径)范围内的土的密度大增,含水量下降。在桩间距为 $3d$ 时可使桩间土的含水量平均降低 5%~9%,使土的承载力提高 15%~20%,1kg 生石灰可吸水 0.8~0.9kg,其中约 1/3 是化学反应所需,其余水分为熟石灰吸水所致。

(2) 胀发作用。熟石灰生成时体积比生石灰胀出许多,生石灰块越细小,含的活性钙越多则体积胀发越大,但掺入粉煤灰越多则胀发越小;土对桩的侧压力大也会减少胀发。在 50~100kPa (相当于 8m 以内桩长,土所提供的侧向约束力)侧压下,桩体胀发后为 1.2~1.5 倍原体积,桩的胀发使桩间土挤密与排水,强度提高。

(3) 打桩的挤密作用。当采用挤土成孔法(振动沉管或锤击沉管成孔等),对非饱和土或渗透性较大的土有明显挤密效果。

(4) 熟石灰中的 Ca^{++} 离子吸附在土颗粒表面使土中 1~4μm 的颗粒团聚形成大团粒,改善了土的力学性质。

(5) Ca^{++} 离子与土中的 SiO_2,Al_2O_3 化合形成 $CaO \cdot SiO_2 \cdot$

$n\text{H}_2\text{O}$(碳酸钙水化物)和 $\text{CaO} \cdot \text{Al}_2\text{O}_3 \cdot n\text{H}_2\text{O}$(铝酸钙水化物)及 $\text{CaO} \cdot \text{Al}_2\text{O}_3 \cdot \text{SiO}_2 \cdot 6\text{H}_2\text{O}$(铝钙硅长石水化物)等物质,这些物质形成纤维胶凝物将土胶结在一起,土的强度大大提高并在桩周形成 20~100mm 的硬壳。

石灰桩的主要固化剂为生石灰,如桩材料中掺粉煤灰、火山灰、钢渣、黏土等掺料则可生成更多的各种坚硬的 CaO 水化物,其胶结作用使桩身强度高于无掺料的纯石灰桩。生石灰与掺合料的配合比宜根据地质情况确定,生石灰与掺合料的体积比可选用 1:2 至 1:2,对于淤泥、淤泥质土等软土可适当增加生石灰用量。桩顶附近生石灰用量不宜过大。若掺加石膏和水泥时,掺加量为生石灰重量的 3%~10%。

(6) 钙化作用。石灰与土中二氧化碳化合生成硬质的碳酸钙,加强了桩身硬壳的形成。由于上述各种作用,如能同时保证石灰桩的填充密度与土覆压力(不小于 50kPa),桩体就能有相当高的强度,不会出现牙膏状的软桩心。国内外试验证明,在保证成桩质量前提下,石灰桩的桩土应力比可达 3~15。桩身模量约为土的 4~6 倍,被加固土的塑性指标越大,桩土应力比也越大。石灰桩体的强度约 0.3~1.0MPa。

2. 石灰桩的施工工艺

石灰桩的施工工艺,国内主要有管外投料法、管内投料法、长螺旋成孔法和人工洛阳铲成孔法。洛阳铲成孔时桩长不宜超过 6m;机械成孔管外投料时,桩长不宜超过 8m,螺旋钻成孔及管内投料时可适当加长。

(1) 管外投料法

采用多种打入、振入、压入的灌注桩机施工,其工艺流程为:桩机定位→沉管→提管→填料→压实→再提管→再压实,反复几次,最后填土封口压实成桩。为防止拔管时孔内负压造成塌孔,桩尖采用活瓣桩尖。

(2) 管内投料法

管内投料施工法适用于地下水位较高的软土地区。其施工工艺与振动沉管灌注桩类似。在振动沉管后,灌入不小于设计用量的桩料,用盲板将桩管底封住(或者用封闭的活瓣桩尖),将桩料压下约0.8~1.0m,然后用黏土将桩孔填平夯实,以阻止石灰向上胀发。

(3) 洛阳铲成孔法

利用特制的洛阳铲掏土成孔,填料后人工或机械夯实成桩。

(4) 长螺旋钻成孔法

采用常规的长螺旋钻机成孔,填料后人工或机械夯实成桩。处理深度一般不宜超过8m。长螺旋钻成孔法还有一种"ZFZ"工法,先用长螺旋钻成孔至设计深度,之后提起钻杆,同时清理钻杆,之后将钻杆放入孔内,钻杆开始反转,拌合好的桩料从孔口填入,桩料沿反转的螺旋叶片流入孔底,由钻机自重提供反力,桩料由反转的螺旋叶片压实,并逐步拔管成桩。

3. 施工要点

(1) 对重要工程和缺少经验的地区,施工前应进行桩身材料配比、成桩工艺及承载力试验。材料配比试验宜在原位土中进行。

(2) 石灰材料应选用新鲜生石灰块,有效氧化钙含量不宜低于70%,粒径不应大于70mm,含粉量(即消石灰)不宜超过15%。当使用生石灰粉时应有配套的环保和施工技术措施。

(3) 掺合料应保持适当的含水量,使用粉煤灰或炉渣时含水量为30%左右。无经验时宜进行成桩工艺试验,确定密实度的施工控制指标。

(4) 填料时必须分段压(夯)实,人工夯实时每段厚度不得大于400mm。管外投料或人工成孔填料时应采取措施减小地下水渗入孔内的速度,成孔后填料前应排除孔内积水。灌料量一般不小于1.5倍桩孔体积。

(5) 石灰桩施工应尽量采用封闭式,即从外圈向内圈施工。桩机宜向前施工,即刚打完的桩处于桩机下方,以机身重量增加覆盖压力,减少地面隆起量。

(6) 为避免生石灰膨胀引起邻近孔塌孔,宜隔排、隔行施工。

2.2.22 石灰桩的常见质量问题有哪些？如何处理？

石灰桩的常见质量事故及处理方法为：

1. 桩芯不结硬

石灰桩常见的质量事故是桩芯不结硬，呈牙膏状。这种现象曾被误认为是石灰属于气硬性材料，在水下不能硬化所致。实际上早在20世纪30年代，前苏联建材专家И·В·斯米尔诺夫就研究证明，生石灰在水化过程中是可以迅速结硬的。解决桩芯不结硬的办法，除了设计上采用掺入粉煤灰等掺加剂外，在施工中可采取的措施为：

（1）大块的生石灰在使用前要加工破碎成50mm以下的小颗粒。

（2）保证桩体的密实度。

（3）保证石灰桩的封顶质量，确保桩体的上覆压力，防止地表水早期浸泡桩顶。

2. 桩径、桩长误差过大

在软土中施工，易出现塌孔或缩孔现象，导致桩径、桩长误差过大。解决的办法一般有：

（1）对于管外投料，沉管压入的深度要经过现场试验后确定。施工中严格计量压入深度，确保质量。

（2）对于人工成孔，必须确保当天成孔当天成桩。每批孔填料夯实成桩前，先用量孔器量测孔径和桩长，验孔合格后，尽快夯填成桩。

3. 地表隆起

生石灰遇水会膨胀，当上覆压力不足时，会因胀发使地表隆起，如果隆起胀发深度低于桩顶标高，会严重影响复合地基的承载力，加大地基的变形量。解决办法除了确保封口质量外，必要时可采取增加封口高度、减少桩顶部生石灰用量等措施。

4. 冲孔

冲孔的原因是桩料内含有过量空气，空气遇热膨胀，产生爆发力。因此，防止冲孔的主要措施是保证桩料填充的密实度。要求孔内不能大量进水，粉煤灰、炉渣等掺合料的含水量不宜大于35%。

2.2.23 灰土挤密桩法和土挤密桩法的适用范围及施工要点？

灰土挤密桩法和土挤密桩法适用于处理地下水位以上的湿陷性黄土、素填土和杂填土等地基，可处理地基的深度为 5~15m。当以消除地基土的湿陷性为主要目的时，宜选用土挤密桩法。当以提高地基土的承载力或增强其水稳性为主要目的时，宜选用灰土挤密桩法。当地基土的含水量大于 24%、饱和度大于 65%时，不宜选用灰土挤密桩法或土挤密桩法。参见《建筑地基处理技术规范》(JGJ 79—2002)第 14.1 节。

施工工艺、施工控制措施等参见"夯实水泥土桩法"。

2.2.24 灰土挤密桩法和土挤密桩法的常见质量问题有哪些？如何处理？

参见"夯实水泥土桩法"。

2.2.25 柱锤冲扩桩法的适用范围及施工要点？

柱锤冲扩桩法适用于处理杂填土、粉土、黏性土、素填土和黄土等地基，对地下水位以下饱和松软土层，应通过现场试验确定其适用性。地基处理深度不宜超过 6m，复合地基承载力特征值不宜超过 160kPa。参见《建筑地基处理技术规范》(JGJ 79—2002)第 15.1 节。

柱锤冲扩桩法宜用直径 300~500mm、长度 2~6m、质量 1~8t 的柱状锤(柱锤)进行施工。在锤击能量和地质条件一定的情况下，夯锤底面积越小，其贯入深度越大，加固深度也越大。一般柱锤对地表的静压力为 100~150kPa。

起重机具可用起重机、步履式夯扩机或其他专用机具设备。

柱锤冲扩桩法施工可按下列步骤进行：

(1) 清理平整施工场地，布置桩位。

(2) 施工机具就位，使桩锤对准桩位。

(3) 柱锤冲孔。根据土质及地下水情况可分别采用下述三种成孔方式：

1) 冲击成孔。将柱锤提升一定高度，自动脱钩下落冲击土层，如此反复冲击，接近设计成孔深度时，可在孔内填少量粗骨料继续冲击，直到孔底被夯密实。

2) 填料冲击成孔。成孔时出现缩颈或坍孔时，可分次填入碎砖和生石灰块，边冲击边将填料挤入孔壁及孔底，当孔底接近设计成孔深度时，夯入部分碎砖挤密桩端土。

3) 复打成孔。当塌孔严重难以成孔时，可提锤反复冲击至设计孔深，然后分次填入碎砖和生石灰块，待孔内生石灰吸水膨胀、桩间土性质有所改善后，进行再次冲击复打成孔。

当采用上述方法仍难以成孔时，也可以采用套管成孔，即用柱锤边冲孔边将套管压入土中，直至桩底设计标高。

(4) 成桩。用标准料斗或运料车将拌和好的填料分层填入桩孔夯实。当采用套管成孔时，边分层填料夯实，边将套管拔出。锤的质量、锤长、落距、分层填料量、分层夯填度、夯击次数、总填料量等应根据试验或按当地经验确定。每个桩孔应夯填至桩顶设计标高以上至少 0.5m，其上部桩孔宜用原槽土夯封，施工中应做好记录，并对发现的问题及时处理。

(5) 施工机具移位，重复上述步骤进行下一根桩施工。

成孔和填料夯实的施工顺序，宜间隔进行。

基槽开挖后，应进行晾槽拍底或碾压，随后铺设垫层并压实。

2.2.26 柱锤冲扩桩法的常见质量问题有哪些？如何处理？

参见"振冲桩法"、"砂石桩法"。

2.3 单一地基

2.3.1 采用天然地基时应注意什么？

采用天然地基时应注意：

1. 强度、稳定性和变形。当地基的抗剪强度不足以支撑上部结构的自重及附加荷载时，地基就会产生局部或整体剪切破坏。当地基土由于上部结构的自重及附加荷载作用而产生过大的压缩变形时，上部建筑物将出现倾斜或破坏。对于一般的软弱地基，其压缩层范围应计算到附加压力为自重压力的 $5\%\sim10\%$ 的土层。对于多年堆积杂土的老填土地基，应查明填土的年代、填土的成分、厚度、均匀性及有机物质的含量，并认真进行现场荷载试验。凡是地基强度及变形不能满足规范要求的，必须进行人工处理。

2. 有岩层的地基，必须查明岩层走向、岩层有无裂隙、断层和滑动迹象。岩层有裂隙，而裂隙的主要方向又和山坡的坡度方向相同的，应尽量避开；实在无法避开的，必须妥善处理。岩层有断层，如果是活动断层，在断层影响范围内不得修建房屋；如果不是活动断层，亦应尽量避开；实在无法避开的，房屋不宜跨越断层；不得不跨越断层的，必须根据断层破碎带的分布和断层缝中填充物的性质等情况，采取有效措施，保证地基和房屋的稳定。岩层有可能滑坡的，不得在其上面修建房屋。

3. 当房屋附近有重物堆积时，必须注意堆积重物对地基可能产生的附加沉降及对基础可能产生的倾斜影响。

2.3.2 换填法的适用范围及施工要点？

换填法是指挖去地表软弱土层或不均匀土层，回填坚硬、较粗粒径的材料，并夯压密实，形成垫层的地基处理方法，也叫垫层法。换填法一般适用于淤泥、淤泥质土、湿陷性黄土、素填土、杂填土地基及暗沟、暗塘等处理深度不大（对非湿陷性黄土地区，一般小于

3m)的各类软弱土与不均匀地基。有软弱下卧层时,对于轻型建筑,采用换填法处理局部软弱土时,由于传递到下卧层的附加应力很小,一般也可以取得较好的经济效果。对于上部结构刚度较差、体型又复杂、荷载较大的建筑,在软弱土层较深厚的情况下,采用换填法时,由于附加荷载对软弱的下卧层影响仍然很大,地基仍可能产生较大的变形及不均匀变形,仍有可能对建筑造成破坏。因此,采用换填垫层时,必须考虑建筑体型、荷载分布、结构刚度等因素对建筑物的影响,对于深厚软弱土层,不应采取局部换填垫层法处理地基。对于不同特点的工程,还应分别考虑换填材料的强度、稳定性、压力扩散能力、密度、渗透性、耐久性、对环境的影响、价格、材料来源与消耗等。当换土量大时,尤其应首先考虑当地材料的性能及使用条件。此外还应考虑可能获得的施工机械设备类型、适用条件等综合因素,从而合理地进行换填垫层设计及选择施工方法,保证工程质量。

换填法的设计施工要点如下:

1. 材料要求

垫层材料可选用砂石、素土、灰土、粉煤灰、高炉矿渣等性能稳定且无侵蚀性的材料。

(1) 砂石。应选用级配良好、质地坚硬的碎石、卵石、角砾、圆砾、砾砂、粗砂、中砂或石屑(粒径小于 2mm 的部分不应超过总重的 45%),不含植物残体、垃圾等杂质,含泥量不宜超过 3%。当使用粉细砂或石粉(粒径小于 0.075mm 的部分不超过总重的 9%)时,应掺入不少于 30% 总重的碎石或卵石。砂石的最大粒径不宜大于 50mm。对湿陷性黄土地基,不得选用砂石等渗水材料。

(2) 素土。土料中的有机质含量不得超过 5%,亦不得含有冻土或膨胀土。当含碎石时,其粒径不得大于 50mm。对于湿陷性黄土或膨胀土地基,素土料中不得夹有砖、瓦和石块等渗水材料。

(3) 灰土。灰土的体积配合比宜为 2∶8 或 3∶7。土料宜用黏性土及塑性指数大于 4 的粉土,土料中不得含有松软杂质,并应过筛,其颗粒不得大于 15mm。灰土宜用新鲜的消石灰,其颗粒不得大于5mm。

（4）粉煤灰。可选用干排、湿排或调湿的低钙灰。对于过湿的粉煤灰应沥干装运，装运时的含水量以15%～25%为宜。对于底层粉煤灰，宜选用较粗的灰，并使含水量稍低于最优含水量。粉煤灰垫层中采用掺加剂时，应通过试验确定其性能应符合放射性安全标准。粉煤灰垫层中的金属构件、管网宜采取适当防腐措施。大量填筑粉煤灰时应考虑对地下水和土壤的环境影响。

（5）矿渣。可根据工程的具体条件选用分级矿渣、混合矿渣或原状矿渣。对于小面积垫层，一般采用8～40mm与40～60mm的分级矿渣或粒径不大于60mm的混合矿渣；对于大面积垫层，可采用混合矿渣或原状矿渣，原状矿渣最大粒径不大于200mm或不大于碾压分层虚铺厚度的2/3。

（6）其他工业废渣。质地坚硬、性能稳定、无腐蚀性和放射性危害的工业废渣等均可用于填筑换填垫层。被选用工业废渣的粒径、级配和施工工艺等应通过试验确定。

（7）土工合成材料。由分层铺设的土工合成材料与地基土构成加筋垫层。所用土工合成材料应通过现场试验后确定。

作为加筋的土工合成材料应采用抗拉强度较高、受力时伸长率不宜大于4%～5%、耐久性好、抗腐蚀性的土工织物、土工格栅、土工垫、土工格室及其他土工合成材料；垫层填料宜用粉质黏土、中砂、粗砂、砾砂或角砾、碎石等内摩阻力高的材料。如工程要求垫层具有排水功能时，垫层材料应具有良好的透水性。

2. 施工机具

垫层施工应根据不同的换填材料选择施工机具。粉质黏土、灰土宜采用平碾、振动碾或羊足碾，蛙式夯、柴油夯；砂石等宜用振动碾和振动压实机，粉煤灰宜采用平碾、振动碾、平板振动器、蛙式夯；矿渣宜采用平板振动器或平碾、振动碾。当有效夯实深度内土的饱和度小于并接近0.6时，可采用重锤夯实。

3. 含水量要求

为获得最佳夯压效果，宜采用垫层材料的最优含水量w_{op}作为施工控制含水量。对于素土和灰土垫层,含水量可控制在最优含水量 $w_{op}\pm 2\%$ 的范围内;当使用振动碾压时,可适当放宽至最优含水量 w_{op} 的 $-6\% \sim +2\%$ 范围内。对于砂石料垫层,当使用平板振动器时,含水量可取 15%～20%;当使用平碾或蛙式夯时,含水量可取 8%～12%;当使用插入式振动器时,砂石料则宜为饱和。对于粉煤灰垫层,含水量应控制在最优含水量 $w_{op}\pm 4\%$ 的范围内。最优含水量可通过击实试验确定,也可按当地经验取用。

4. 分层厚度

垫层的分层铺填厚度以及每层压实遍数宜根据垫层材料、施工机械设备及设计要求等通过现场试验确定。除接触下卧软土层的垫层应根据施工机械设备和下卧层土质条件的要求具有足够的厚度外,一般情况下,垫层的分层铺填厚度可取 200～300mm,在不具备试验条件的场合,也可按表 2-1 选用。垫层底面的宽度应满足基础底面应力扩散的要求,整片垫层的宽度可根据施工的要求适当加宽。垫层顶面每边超出基础底边不宜小于 300mm,或可从垫层底面两侧向上,按基坑开挖期间保持边坡稳定的当地经验放坡。垫层底面宜设在同一标高上,如深度不同,基坑底上面应挖成阶梯或斜坡搭接,搭接处应碾压密实。粉质黏土及灰土垫层分段施工时,不得在柱基、墙角及承重窗间墙下接缝。上下两层的缝距不得小于 500mm。接缝外应夯压密实。灰土应拌合均匀并应当日铺填夯压。灰土夯实后 3d 内不得受水浸泡。粉煤灰垫层宜铺填后当天压实,每层验收后应及时铺填土层或封层,防止干燥后松散起尘污染,同时应禁止车辆碾压通行。

垫层的每层铺填厚度及压实遍数　　表 2-1

施工设备	每层铺填厚度(mm)	每层压实遍数	施工设备	每层铺填厚度(mm)	每层压实遍数
平碾(8～12t)	200～300	6～8	振动压实(2t,振动力98kN)	1200～1500	10
羊足碾(5～16t)	200～350	8～16			
蛙式夯(200kg)	200～250	3～4	插入式振动器	200～500	
振动碾(8～15t)	600～1300	6～8	平板式振动器	150～250	

铺设土工合成材料时,土层顶面应平整,防止土工合材料被刺穿、顶破。铺设时应把土工合成材料张拉平直、绷紧、严禁有折皱;端头应固定或回折锚固;切忌曝晒或裸露;连接宜用搭接法、缝接法和胶结法,搭接法的搭接长度宜为300~1000mm,基底较软者应选取较大的搭接长度。当采用胶结法时,搭接长度应不小于100mm,并均应保证主要受力方向的连接强度不低于所采用材料的抗拉强度。

为保证分层压实质量,同时还应控制机械碾压速度。

5. 基坑开挖

基坑开挖时应避免坑底土层受扰动,可保留约200mm厚的土层暂不挖去,待铺填垫层前再挖至设计标高。严禁扰动垫层下的软弱土层,防止其被践踏、受冻或受浸泡。在碎石或卵石垫层底部宜设置150~300mm厚的砂垫层或铺一层土工织物,以防止软弱土层表面的局部破坏,同时必须防止基坑边坡塌土混入垫层。换填垫层施工应注意基坑排水,必要时应采用降低地下水位的措施。

6. 质量控制要求

垫层的质量必须分层控制及检验,并且以满足设计要求的最小密度为控制标准。质量检验方法主要有环刀法和贯入测定法。另外,对于垫层填筑工程竣工质量验收还可用:(1)平板荷试验法;(2) $N_{63.5}$ 标准贯入法;(3)动力触探法;(4)静力触探法等一种或几种方法进行检验。用环刀法取样时,取样点应位于每层厚度的2/3深度处。用贯入仪或动力触探检验时,每分层检验点的间距应小于4m。当取样时,对大基坑每50~100m² 不应少于1个检验点;对基槽每10~20m不应少于1个点;每个单独柱基不应少于1个点。用荷载试验检验垫层质量时,每个单体工程不宜少于3点;对于大型工程则应按单体工程的数量或工程的面积确定试验点数。

各类垫层的质量控制可按下列要求进行:

(1)砂石垫层。对于中砂,要求最小干密度 $\rho_d \geq 1.6t/m^3$;对于粗砂,要求最小干密度 $\rho_d \geqslant 1.7t/m^3$;对于碎石或卵石,最小干密度 ρ_d 应根据经验适当提高。

(2) 粉煤灰垫层。要求压实系数 $\lambda \geqslant 0.90$。

(3) 素土垫层和灰土垫层。当垫层厚度不大于 3m 时,要求压实系数 $\lambda \geqslant 0.93$;当垫层厚度大于 3m 时,要求达到压实系数 $\lambda \geqslant 0.95$。

(4) 矿渣垫层。要求达到表面坚实、平整、无明显缺陷,并且压陷差小于 2mm。

2.3.3 影响填土压实质量的主要因素是什么?

填土压实的主要影响因素为压实功、填土的含水量以及每层铺土厚度。

1. 压实功的影响

填土压实后的密度与压实机械在其上所施加的功有一定的关系,如图 2-4 所示。当土的含水量一定,在开始压实时,土的密度急剧增加,等到接近土的最大密度时,压实功虽然增加许多,而土的密度则没有变化。所以,在实际施工中,应根据不同的土以及压实密实度要求和不同的压实机械来决定填土压实的遍数。此外,松土不宜用

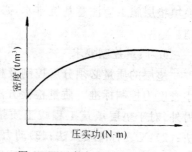

图 2-4 压实密度与压实功关系

重型碾压机械直接滚压,否则土层会有强烈起伏现象,效率不高。如果先用轻碾压实,再用重碾压实就会取得较好的效果。

2. 含水量的影响

在同一压实功的条件下,填土的含水量对压实质量有直接影响。较为干燥的土,由于颗粒之间的摩阻力较大,因而不易压实。当土具有适当含水量时,水起了润滑作用,土颗粒之间的摩阻力减小,土较容易被压实。各种土只有处在最佳含水量时,使用同样的

压实功进行压实,才能取得最大容重。

3. 铺土厚度的影响

土在压实功的作用下,其应力随深度增加而逐渐减小,各种压实机械的压实影响深度与土的性质和含水量有关。铺土厚度应小于压实机械压土时的作用深度,但其还有最优土层厚度问题。铺得过厚,要压很多遍才能达到规定的密实度;铺得过薄,则要增加机械的总压实遍数。最优的铺土厚度应能使土方压实而机械的功耗费最少。

2.3.4 填方土料应符合哪些要求?

填方土料必须满足强度较大、压缩性较小、料源较丰富、价格较便宜、无腐蚀性,放射性不超标且性能稳定的要求。可分为无限制使用、有限制使用和不得使用三种。

1. 无限制使用的土料

属于无限制使用的土料,如碎石土类、砂土、爆破石渣和含水量符合压实要求的黏性土。碎石土类、砂土、爆破石渣可用作表层以下的填料,含水量符合压实要求的黏性土可用作各层填料。

2. 有限制使用的土料

(1) 碎块草皮和有机质含量大于8%的土,仅用于设计无压实要求的填方;

(2) 淤泥和淤泥质土一般不能作填料应用于有压实要求的填方,但在软土或沼泽地区,经过降水或挖出晾晒等方法,使含水量降低到符合压实要求后,可用于填方中的次要部位;

(3) 含盐量符合施工验收规范规定的盐渍土一般可以使用,但填料中不得含有盐晶、盐块或含盐植物的根茎,否则将会影响填土质量。

3. 不得采用的土料

(1) 含水量大的土;

(2) 含有大量有机物质的土,因日久腐烂后容易产生变形;

(3) 含有水溶性硫酸盐大于5%的土,在地下水作用下,硫酸盐会逐渐溶解流失,形成孔洞,影响土的密实性。

2.3.5 在地基换土处理中,如果采用素土垫层,其垫层厚度一般应如何确定?

素土垫层厚度一般按下列几方面确定:

1. 软土地基上的垫层厚度。一般是根据垫层底部软弱土层的承载力决定的,应使垫层传至软弱土层的压力不超过软弱土层顶部的承载力,故一般不宜小于0.5m,也不宜大于3m。

2. 湿陷性黄土地基的垫层厚度。根据试验结果,对于非自重湿陷性黄土地基,当矩形基础的垫层厚度为0.8～1.0倍基底宽度时,条形基础在1.0～1.5倍基底宽度时,能消除部分地基的湿陷性。如柱基处理厚度为1.0～1.5倍基底宽度,条基为1.5～2.0倍基底宽度时,可基本消除地基的湿陷性。

对于自重湿陷性黄土地基,则需全部处理湿陷性土层,才能保证地基浸水时不会出现湿陷变形。

2.3.6 砂垫层和砂石垫层地基,其垫层的厚度与宽度一般应如何确定?

对砂垫层和砂石垫层,既要求有足够的厚度以置换可能被剪切破坏的软弱土层,又要求有足够的宽度,以满足基础底面应力扩散和防止垫层向两侧挤出。

厚度应根据作用在垫层底面处土的自重应力与附加应力之和等于或小于软弱土层的承载力,以及周围水文地质条件等因素通过计算来确定,一般厚度在0.5～2.5m之间。

垫层的顶宽,一般要比基础底面每边放出0.2～0.5m,底宽可与顶宽相同,也可和基础底宽相同,见图2-5(a);大面积垫层常按自然倾斜角控制,见图2-5(b)。

2.3.7 灰土垫层地基对灰土材料有什么要求?施工的要点是什么?

灰土的土料,可尽量采用基槽挖出的土,并以黏性土为佳。一

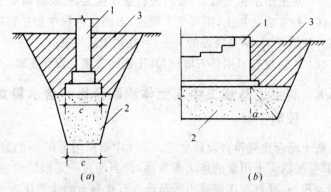

图 2-5 砂和砂石垫层
(a)垫层与基础底相同;(b)大面积垫层的自然倾斜角 α
1—基础;2—砂或砂石垫层;3—回填土
α—砂或砂石垫层的自然倾斜角(休止角)

般对有机质含量不大的黏性土,都可用作灰土的土料。但腐殖土不宜采用。土料应过筛,粒径不宜大于 15mm。用作灰土的熟石灰粉应过筛,粒径不宜大于 5mm,并不得夹有未熟化的生石灰块,也不得含有过多的水分。

冬期施工不得采用冻土或夹有冻土块的土料配制灰土,并应采取有效的防冻措施。

施工要点如下:

(1)施工前应检验基槽断面尺寸和标高。

(2)灰土施工时,应控制其含水量,现场检验的简单办法是:"手握成团,落地开花"。灰土应拌和均匀,颜色一致,拌好后应及时铺好夯实,不允许隔日打夯。铺设厚度一般为 200~250mm,每层灰土的夯打遍数一般 3~4 遍,具体遍数应根据设计要求的密度经现场试验确定。

(3)灰土分段施工中,不得在墙角、柱墩及承重窗间墙下接槎,上下相邻两层灰土的接槎间距不得小于 500mm,接槎处的灰土应充分夯实。

(4)在地下水位以下的基槽内施工时,应采取排水措施。

(5)灰土垫层完工后,应及时进行基础施工,并及时回填土。

(6)夯实后的灰土,不得受水浸泡,否则应将积水和松软灰土除去并补填夯实,稍受浸湿的灰土,可在晒干后再补夯。

(7)质量检查可用环刀取样,其干密度应满足设计要求。

2.3.8 灰土地基施工中灰土体积配合比和含水量如何控制?

灰土配合比应符合设计规定。灰土中石灰用量在一定范围内时,其强度随灰土用量的增大而提高,但当超过一定限值后,强度则增加很小,并且有逐渐减小的趋势。石灰与土的体积比为1∶9的灰土只能改善土的压实性能,当石灰与土的体积比为2∶8和3∶7时为最优含灰率,但与石灰的等级有关,通常应以$CaO+MgO$所含总量达到8%左右为最佳。多用人工翻拌,不少于三遍,使达到均匀,颜色一致,并适当控制含水量,现场以手握成团,两指轻捏即散为宜,一般最优含水量为14%~18%;如含水量过大或过少时,应稍晾干或洒水湿润,如有团块应打碎,要求随拌随用。

2.3.9 灰土的质量检查可用什么取样法测定干密度?

灰土的质量检查可用环刀取样法测定干密度。检验点数量:对大型基坑,抽查每50~100m^2,应不少于1个;对基槽、沟,每10~20m,应不少于1个,每个单独柱基应不少于1个。取样的垂直部位应在每层表面下2/3厚度处,同时还应根据实夯的可靠性随机取样检查。

2.3.10 灰浆碎砖三合土配合比(体积比)一般是多少?

灰浆碎砖三合土配合比(体积比),除设计有特殊要求外,一般采用1∶2∶4或1∶3∶6(熟石灰∶砂∶碎砖)。

三合土所用的碎砖,其粒径应为20~60mm,不得夹有杂物。

2.3.11 什么是重锤夯实？适用范围如何？

重锤夯实就是利用起重机械将重锤（>2t）吊至一定的高度（>4m），使其自由下落，利用重锤下落的冲击能来夯实地基浅层土体。经过重锤的反复夯击，使地表面形成一层较为均匀的硬壳层，从而达到提高地基表层土体强度，减少地基沉降的目的。重锤夯实的能量要比强夯的能量小得多。

重锤夯实法一般适用于处理地下水位低于地表 0.8m 以上的稍湿的一般性黏性土、砂土、湿陷性黄土、杂填土和分层填筑的素填土，但在其影响深度范围内，不宜存在饱和软土层，否则可能因软土排水不畅而出现"橡皮土"现象，达不到处理的目的。

重锤夯实法一般认为可有效夯实 1 倍锤底直径左右深度的土层；有效消除 1.0～1.5m 范围内湿陷性黄土的湿陷性；有效减少杂填土的不均匀性；经夯实处理后的稍湿的杂填土，其地基承载力可达 100～150kPa。

2.3.12 强夯法的适用范围及施工要点？

强夯法的实质是用一个高高吊起的重锤（钢或钢筋混凝土制成），从高空自由落下，撞击地面，多次的撞击，使土层变得密实的方法。它又称为动力固结法。锤重一般为 100～400kN（国外曾用过 2000kN 的锤），落高 10～40m，锤直径为 1～5m。强夯法具有工艺简单，造价低廉，适用范围较广等优点，但其主要缺点是施工时产生的噪声与振动太大，因而对附近的居住环境干扰大、对精密仪表的工作有影响甚至不能工作、对邻近的建筑造成下沉、裂缝等破坏。因此，目前在城市中不允许采用，只能在远离市区的郊区、机场、公路等无环境公害问题的场合使用。

强夯法适于处理碎石、砂土、低饱和度的粉土与黏性土、湿陷性黄土、素填土、杂填土（不含生活垃圾）等地基。对高饱和度的粉土与黏性土地基，当采用在夯坑内回填块石、碎石或其他粗颗粒材料进行置换时，应通过现场试验确定其适用性。直接采用强夯法加固高饱和度的黏性土,一般来说处理效果不显著,尤其是淤泥和淤泥质土地基,处理效果更差,应慎用。

强夯法的施工要点:

1. 按经验初步确定锤重、落距与锤距,提出强夯试验方案,进行现场试夯。一般应根据不同土质条件待试夯结束一至数周后,对试夯场地进行检测,并与夯前测试数据进行对比,检验强夯效果,确定工程采用的各项强夯参数。

2. 强夯法的有效加固深度应根据施工前的试夯或当地经验决定。在缺少资料时可按表2-2预估。

3. 夯点的夯击次数,应按现场试夯得到的夯击次数和夯沉量关系曲线确定,并应同时满足下列条件。

强夯法的有效加固深度(m)　　　　表2-2

单击夯击能(kN·m)	碎石、砂土等	粉土、黏性土、湿陷性黄土等
1000	5.0~6.0	4.0~5.0
2000	6.0~7.0	5.0~6.0
3000	7.0~8.0	6.0~7.0
4000	8.0~9.0	7.0~8.0
5000	9.0~9.5	8.0~8.5
6000	9.5~10.0	8.5~9.0
8000	10.0~10.5	9.0~9.5

注:1. 强夯法的有效加固深度应从最初起夯面算起。
　　2. 填土则按颗粒级配情况参照表中数值采用。
　　3. 有效加固深度指土性指标较加固前有明显的、对实际工程有意义的改善的深度。

(1) 最后两击的平均夯沉量不大于下列数值。当单击夯击能小于4000kN·m时为50mm;当单击夯击能为4000~6000kN·m时为100mm;当单击夯击能大于6000kN·m时为200mm。

(2) 夯坑周围地面不应发生过大的隆起。

(3) 不因夯坑过深而发生提锤困难。

适当的夯击次数在试夯时就可以获得。根据夯击次数～夯沉量(每击下的土表沉落值)曲线可选择曲线渐趋平缓处的点用作夯击次数是合适的,再增加次数所获压密效果越小,是不合算的。

选定的夯击次数在正式施工时,可根据情况适当变更,如遇到较松软的土可增加夯击次数以满足上述收锤条件。

4. 夯击遍数应根据地基土的性质确定,一般情况下,可采用点夯2～3遍,对于渗透性较差的细颗粒土,必要时夯击遍数可适当增加。最后再以低能量满夯2遍,满夯可采用轻锤或低落距,锤印相切,或重叠半个锤印。

两遍夯击之间应有一定的时间间隔,间隔时间取决于土中超静孔隙水压力的消散时间。当缺少实测资料时,可根据地基土的渗透性确定,对于渗透性较差的黏性土地基,间隔时间不应少于3～4周;对于渗透性中等的地基,不应小于1～2周;对于渗透性好的地基可连续夯击。

对于满夯应给以充分的重视,勿以工程接近收尾而放松。因为满夯在加固浅层的夯点间的土中起着决定性作用,而夯间土比起夯点下的土而言密实度很差,甚至由于靠近夯点而被振松,因此满夯一定要切实夯足,否则就为加固后的地基留下薄弱环节。

夯击点位置可根据基础类型,采用等边三角形、等腰三角形或正方形布置。第一遍夯击点间距可取夯锤直径的2.5～3.5倍。第二遍夯击点位于第一遍夯击点之间。以后各遍夯击点间距可适当减小。对处理深度较深或单击夯击能较大的工程,第一遍夯击点间距宜适当增大。

强夯处理范围应大于建筑物基础范围,每边超出基础外缘的宽度宜为设计处理深度的1/2～2/3,并不宜小于3m。

5. 施工机具、步骤与注意事项:

(1)一般情况下夯锤底面形式宜采用圆形或多边形,不宜用方形。锤底面积宜按土的性质确定,锤底静接地压力值可取25～40kPa,对于细颗粒土锤底静压力宜取较小值。锤的底面宜对称设置若干个与其顶面贯通的排气孔以减少空气阻力,孔径可取

250~300mm。

（2）强夯施工宜采用带有自动脱钩装置的履带式起重机或其他专用设备。采用履带式起重机时，可在臂杆端部设置辅助门架，或采取其他安全措施，防止落锤时机架倾覆。

（3）当地下水位较高，夯坑底积水影响施工时，宜采用人工降低地下水位或铺填一定厚度的松散性材料。夯坑内或场地积水应及时排除。

（4）强夯施工前，应查明现场范围内的地下构筑物和各种地下管线的位置及标高，并采取必要的措施，以免因强夯施工而造成破坏。强夯地点距最近的建筑物的距离应符合要求。当强夯施工产生的振动，对邻近建筑物或设备产生有害的影响时，应采取防振或隔振措施。

（5）强夯施工可按下列步骤进行：

1）清理并平整施工场地。

2）标出第一遍夯点位置，并测量场地高程。

3）起重机就位，使夯锤对准夯点位置。

4）测量夯前锤顶高程。

5）将夯锤起吊到预定高度，待夯锤脱钩自由下落后，放下吊钩，测量锤顶高程以计算夯沉量。若发现因坑底倾斜而造成夯锤歪斜时，应及时将坑底整平。

6）重复步骤5），按设计规定的夯击次数及控制收锤标准，完成一个夯点的夯击。

7）换夯点重复步骤3）~6），直至完成第一遍全部夯点的夯击。

8）用推土机将夯坑填平，并测量场地高程。

9）在规定的间隔时间后，按上述步骤逐次完成全部夯击遍数，最后用低能量满夯，把场地表层松土夯实，并测量场地高程。

（6）强夯施工过程中应有专人负责下列监测工作：

1）开夯前应检查夯锤重和落距，以确保单击夯击能量符合设计要求。

2) 在每遍夯击前，应对夯点放线进行复核，夯完后检查夯坑位置，发现偏差或漏夯应及时纠正。

3) 按设计要求检查每个夯点的夯击次数和每击的夯沉量。

6. 质量检测

检查强夯施工过程中的各项测试数据和施工记录，不符合设计要求时应补夯或采取其他有效措施。

强夯施工结束后应间隔一定时间方能对地基质量进行检验。对于碎石十和砂土地基，其间隔时间可取 1~2 周；低饱和度粉土和黏性土地基可取 2~4 周。

质量检验的方法，宜根据土性选用原位测试和室内土工试验，对于一般工程应采用两种或两种以上的方法进行检验。对于重要工程应增加检验项目，也可做现场大载荷板荷载试验。

质量检验的数量，应根据场地程度和建筑物的重要性确定。对于简单场地上的一般建筑物，每个建筑物地基的检验点不应少于 3 处；对于复杂场地或重要建筑物地基应增加检验点数。检验深度应不小于设计处理的深度。

2.3.13 强夯前的试夯要点？

强夯前应该先行试夯，并按下列顺序进行：

(1) 根据工程地质勘察报告，在施工现场选取一个地质条件具有代表性的典型区域布置试验点，平面尺寸不小于 20m×20m；

(2) 在试验区内，夯前和夯后都要进行原位测试或钻探取土样试验，取原状土样，根据试验资料确定有关地基土的力学指标，并观察、测定有关数据，例如孔隙水压力、夯坑体积和四周隆起量、深层水平位移等。

(3) 选取合适的一组或多组强夯试验参数（锤重、落距、夯间距、夯击能量等）进行试夯；

(4) 检验强夯效果，一般在最后一遍夯击完成 1~4 周以后进行；确定加固效果，主要包括有效加固深度，地基强度和变形是否满足设计要求，当强夯效果不能满足要求时，可补夯或调整参数再进行试验;同时还应确定对周围建筑物的安全振动影响范围以及是否必须采取必要的防振或隔振措施。

(5) 施工中应做好现场测试记录,将强夯前后试验结果比较分析,确定正式施工时应采用的技术参数。

2.3.14 强夯法加固湿陷性黄土地基时的质量控制要点是什么?

强夯法加固湿陷性黄土地基时,强夯使湿陷性黄土变形,主要是垂直变化(冲剪),横向挤压甚微。因此,强夯加固地基控制夯击质量的两项主要指标是锤重和落距。国内实践表明,在功能相同的条件下,落距愈大,着地时的加速度也愈大,相应地加固效果较好,因此增大落距比增加锤重的效果更好。同时还应结合现场土质情况对一些参数(如有效夯实深度、垫层厚度、夯距、夯点布置、击数、遍数和间歇时间等)进行控制。

2.3.15 预压法主要有哪两类? 适用范围如何?

预压法主要分为堆载预压法和真空预压法两类。堆载预压法又可分为塑料排水板或砂井地基堆载预压和天然地基堆载预压,通常,当软土层厚度小于 4m 时,可采用天然地基堆载预压法处理,当软土层厚度超过 4m 时,为加速预压过程,应采用塑料排水板、砂井等竖井排水预压法处理地基。需要时可采用真空堆载联合预压法。

对于压缩性大的饱和黏性土地基,在建筑物建造之前,用砂石土料、水、钢锭等就地取材的材料作为荷载,荷载与建筑物重量差不多,对建筑场地进行堆载预压,使地基土在此荷载作用下得到压密固结,使土体中的水通过砂井或塑料排水板排出,逐渐固结,同时强度逐步提高。这样,在荷载移去代之以建筑物后,建筑物就不会沉降或产生很小的沉降。这就是预压固结的主要概念。对于在持续荷载下体积发生很大的压缩和强度会明显增长的土,而又有足够时间进行压缩时,这种方法特别适用。为了加速压缩过程,可采用比建筑物重量还要大的堆载进行所谓超载预压。超载量大小可根据预压时间内要求完成的变形量来确定。

真空预压法是在需要加固的软黏土地基内设置砂井或塑料排水板，然后在地面铺设砂垫层，再在其上覆盖一层不透气的密封膜使之与大气隔绝。通过埋设于砂垫层中的吸水管道，用真空泵抽气使膜内保持较高的真空度，在土的孔隙水中产生负的孔隙水压力。孔隙水逐渐被吸出从而达到预压效果。施工时必须采用措施防止漏气，才能保证必要的真空度。对于在加固范围内有足够水源补给的透水层又没有采取隔断水源补给措施时，不宜采用真空预压法。采用真空-堆载联合预压法时，先进行抽真空，当真空压力达到设计要求并稳定后，再进行堆载，并继续抽气，堆载时需在膜上铺设土工织物等保护材料。

预压法适用于处理淤泥质土、淤泥和冲填土等饱和性黏土地基。预压法已成功地应用于油罐、堆场、跑道、仓库、路基、港口工程等面积较大、对沉降要求比较高的工程项目。目前在港口工程上用得最多。预压法主要解决地基的沉降和稳定问题，可使地基的沉降在堆载预压期间基本完成或大部分完成，使建筑物在使用期间不致产生过大的沉降和沉降差；可使地基土的抗剪强度在堆载预压期间逐渐增长，从而提高地基的承载力和稳定性。

2.3.16　堆载预压法的施工要点？

当饱和黏性土很厚时为加速固结排水应在土中插入竖向排水通道（砂井或塑料排水板），就成为砂井—堆载预压法或塑料排水板—堆载预压法。若软土层厚度不大或含有较多薄粉砂夹层，则可不设竖向排水通道。塑料排水板—堆载预压法是我国1981年之后开发出的，它具有施工简单、工效高、费用省、排水效果稳定、对土扰动小等优点。堆载预压法的施工要点如下：

（1）利用固结理论进行计算，决定要不要竖向排水板。一般当软土厚度<5m，或含多层砂夹层，在允许的工期内估计能达到预压效果，则可不设竖向排水通道，否则需确定塑料排水带（板）或

砂井的数量、间距和深度等。

(2) 确定预压荷载的大小、如何分级施加荷载、堆载速率和堆载持续时间。堆载范围一般大于基础外缘所包的面积,荷载数值通常与建筑基底压力相同。在加载过程中应每天进行竖向变形、边桩位移及孔隙水压力等项目的观测,根据预测资料严格控制加载速率。在设有竖井的情况下,最大竖向变形量每天不超过15mm,对天然地基,最大竖向变形量每天不超过10mm;边桩水平位移每天不应超过5mm。当天然土的强度不致使堆载下的地基失稳时可一次加载,否则应按土体稳定的要求控制第一级荷载值。第二、三级荷载由前期荷载下土的强度增长,通过稳定分析确定。

油罐可利用水压,分级充水,预压地基。路基、土坝等可利用土料等加载,甚至改预压为正式施工,只不过施工速率按严格的计算与现场监测控制。

(3) 砂井分普通砂井与袋装砂井。普通砂井直径为 300~500mm,袋装砂井直径为 70~120mm,塑料排水板的直径可按下式计算。

$$d_p = 2(b+\delta)/\pi$$

式中 d_p——为排水板的当量直径;
b——排水板的宽度;
δ——排水板的厚度。

一个砂井的等效影响圆的直径 d_e 与砂井间距 S 的关系为:
砂井等边三角形布置 $d_e = 1.05S$;
砂井按正方形布置 $d_e = 1.13S$。

井间距 S 应由固结计算确定,一般 S 与井径比有关。井径比为 d_e/d_w(d_w——井直径),当 d_e/d_w 为 6~8(普通砂井)或 15~22(袋装砂井与塑料排水板)时处理效果最好,S 应在此范围内选用。

(4) 砂井顶部必须有厚度不小于 500mm 的砂垫层作为横向排水通道,各砂井中的水汇集至此处排至盲沟中,再通至预压区边缘的排水沟内。在竖井直径、间距、荷载分级加载值与加载时间等确定后，可按地基处理规范计算不同时间的地基平均固结度与该时间的土的抗剪强度。从而进行各级荷载下的稳定分析，修改或确定适应地基强度增长的加荷计划，推算地基的沉降量。

砂井的灌砂量，应按井孔的体积和砂在中密时的干密度计算，其实际灌砂量不得小于计算值的 95%。灌入砂袋的砂宜用干砂，并应灌制密实，砂袋放入孔内至少应高出孔口 200mm，以便埋入砂垫层中。砂井的施工可用水冲成孔法、振动沉管法、静压沉管法、锤击沉管法等方法成孔后灌砂制成。袋装砂井是用编织袋将砂事先灌入袋中，连袋子放入套管中，将套管打入土中，拔出套管，留砂袋于土中即成。袋装砂井与普通砂井相比，有施工设备简单、造价低、不易缩颈等优点，因而比普通砂井更受欢迎。其打管设备可以自行装配。所用套管也较简单，一种为下带活瓣桩尖的套管，提升时活瓣打开，砂袋落下而套管提升；另一种是管下有混凝土预制桩尖，管子沉到预定位置后提升管子，而砂袋与预制桩尖留置土中。套管内径宜略大于砂井直径，以减小施工过程中对地基土扰动。拔管前往管内灌水以减少砂袋与管壁的摩擦力，便于拔管。袋装砂井或塑料排水板施工时，平面井距偏差应不大于井径，垂直度偏差宜小于 1.5%。拔管后带上砂袋或塑料排水板的长度不宜超过 500mm。

(5) 塑料排水板的施工。塑料排水板用专用的插板机插入土中。

IJB-16 型步履式插板机能每次可同时插设塑料板两根，深 10m，间距 1.3m 和 1.6m。插设效率一般情况下为 18 根/h，整机由步履式行走装置、回转工作平台、工作装置及动力设备所组成。其规格见表 2-3。

IJB-16 插板机规格   表 2-3

形式	IJB-16	频率(次/分)	670
工作方式	液压步履式行走 电力—液压驱动振动下沉	液压卡夹紧力(kN)	160
		插板深度(m)	10

续表

形式	IJB-16	频率(次/分)	670
外形尺寸(m)	7.6×5.3×15	插设间距(m)	1.3;1.6
总重量(t)	15	插入速度(m/min)	11
接地压力(kPa)	50	拔出速度(m/min)	8
振动锤功率(kW)	30	效率(根/h)	16左右
激振力(t)	81.6		

2.3.17 真空预压法的施工要点？

通过在需要加固的软土地基上铺设砂垫层，并设置竖向排水通道（砂井、塑料排水板），再在其上覆盖不透气的薄膜形成一密封层使之与大气隔绝。然后用真空泵抽气，使排水通道保持较高的真空度，在土的孔隙水中产生负压，孔隙水逐渐被吸出，从而使土体达到固结。

在抽真空前，由于密封膜内外都受大气压力作用，土体孔隙中的气体与地下水面以上都是处于相同的大气压状态下；抽气后，密封膜内砂垫层中的气体首先被抽出，其压力逐渐下降至 P_v，密封膜内外形成一个压差 P_a，P_a 使密封膜紧贴于砂垫层土，这个压差称之为"真空度"。砂垫层中形成的真空度，通过砂井逐渐向下延伸，同时真空又由砂井向其四周的土体扩展，引起土中孔隙水压力降低，形成负的超静孔隙压力，由于真空度自垫层由竖向排水体向土体逐渐衰减，从而形成了孔隙水压差，使土体内孔隙水发生由高水压向低水压的渗流，孔隙水由竖向排水通道汇集至地表砂垫层，由泵抽出。

真空预压加固时必须有竖向排水通道，否则真空度向土内扩展很慢。试验证明，若不设砂井，抽气2个多月，沉降仅几厘米，土性改善极微。

真空预压的覆盖面积应大于建筑物基础轮廓每边不小于3m。面积太大时可分区，每区面积应尽可能大，且呈方形，每区至少配二台设备。

预压的压力应稳定保持在 85kPa 以上。

施工顺序：

(1) 铺砂垫层与设竖向排水通道。

(2) 在垫层中埋滤水管，可按条状，梳状，目字状平面分布。管材用钢或塑料管外包尼龙纱或土工织物等滤水材料。

(3) 在加固区周边挖沟。

(4) 铺膜，一般宜铺三层，周边埋于沟中铺平，用粘土压边或膜上覆水等方法密封。

(5) 安装接连抽气管道与射流泵。

(6) 检验密封情况并抽气，可一次抽至最大真空。

(7) 当表土透气性好或地下有很好的透水层时，要采取措施隔断气与水的进入（如水泥搅拌桩、板桩等隔断拟加固区内外的水气流通）。

3 桩 基 础

3.1 一般问题

3.1.1 桩基础按施工工艺可分为哪些种类？

按制桩工艺可分为预制桩和灌注桩两大类。在实际工程应用中，按施工工艺的不同，通常可分为下列四大类：

1. 预制桩：预制桩主要有钢筋混凝土预制方桩、管桩，先张法高强预应力钢筋混凝土管桩，H型钢桩和钢管桩，木桩。沉桩的方式有锤击或振动打入、静力压入等。

2. 冲（钻）孔灌注桩：因采用的机具不同，有笼式钻头回转钻、多功能旋挖式钻机、潜水钻、冲抓钻、冲击钻等。

3. 挖孔灌注桩：目前用的较多的有现浇护壁人工孔桩，钢护筒人工挖孔桩，机械冲抓挖孔桩。

4. 沉管灌注桩：常用的有锤击沉管灌注桩，振动沉管灌注桩、夯扩（柱锤内击）沉管灌注桩。

3.1.2 如何根据地质条件选择桩型？

预制桩适用于土层分布比较均匀的场地。当入土太深、接桩次数多、或需穿越岩层（微风化以上）以及当土中存在孤石等障碍物时，混凝土预制桩将难以穿越，且预制长度较难掌握，宜采用灌注桩。

按地质条件选择灌注桩可参见表3-1。

各种灌注桩适用范围　　　　　　　表 3-1

成孔方法		适用范围
泥浆护壁成孔	冲击（直径 600mm 以上）	适合各类土质，特别是岩溶地区。进入中（微）风化岩的速度比回转钻快，深度可达 40m 以上
	回转钻	碎石类土、砂类土、粉土、黏性土及风化岩
	潜水钻 600、800mm	黏性土、淤泥、淤泥质土及砂土，深度可达 50m
干作业成孔	螺旋钻 400mm	地下水位以上的黏性土、粉土、砂类土及人工填土，深度在 15m 内
	钻孔扩底，底部直径可达 1000mm	地下水位以上的坚硬、硬塑黏性土及中密以上的砂类土
	机动洛阳铲（人工）	地下水位以上的黏性土、黄土及人工填土
沉管成孔	锤击 340～700mm	硬塑黏性土、粉土、砂类土，直径 600mm 以上的可达强风化岩，深度可达 20～30m
	振动 400～500mm	可塑黏性土、中细砂，深度可达 20m
爆破成孔，底部直径可达 800mm		地下水位以上黏性土、黄土、碎石类土及风化岩

3.1.3 桩基变位事故及预防措施有哪些？

桩基变位是指因放线及施工造成基础位置与上部结构要求位置不符合。造成此类工程事故的原因来自以下几个方面：

（1）测量放线错误；

（2）在施工过程中基准点（线）遇到破坏未及时纠正；

（3）土方开挖不当，造成桩基变位。

只要精心设计、施工，绝大多数桩基础工程事故是可以预防的：

1. 准备阶段

应安排测量操作熟练且责任心强的作业人员放线，对基准点（线）进行有效、可靠的保护。可根据场地大小和周边环境，多设几个控制点，各点之间的关系、误差应复核并做好记录。

2. 施工阶段

应严格执行各类桩基施工操作规程,重新放线的桩位需做好复核工作。

3. 土方开挖阶段

应根据地质条件和桩的类型,分层分区开挖,应采取退挖形式,边上严禁堆载,防止开挖过程中土体挤歪桩基。

3.1.4 桩基施工中发现与勘察报告不符合的情况时,如何处理?

桩基施工中与勘察报告不符合的情况有:

(1) 地层局部出现不明障碍物,硬夹层如较厚密实砂层,软夹层如淤泥层,或夹层的土工试验数据出入较大;

(2) 桩端进入持力层后未能收锤或无法终孔;

(3) 成桩时出现流砂、塌孔。

遇到上述情况应立即会同监理、业主与设计单位,讨论解决方案。

(1) 在不影响桩身质量或不影响施工的继续及周围环境的情况下,应继续施工下去,这样才能得出最终结论;

(2) 采取相应的辅助措施,让施工继续进行;

(3) 进行补充勘探或超前钻;

(4) 涉及到造价和工期等问题,业主、监理、设计单位应及时给予签认。

3.1.5 桩基础施工中不满足设计文件的情况可能有哪些?

桩基础施工中不满足设计文件的情况有:

1. 预制桩

(1) 沉桩收锤标准或终压力达不到最终设计要求;

(2) 桩身倾斜度超设计要求;

(3) 接桩处开裂;

(4) 桩端地层软化;

(5) 桩上浮;

(6) 桩位偏差、桩顶位移;

(7) 桩身断裂。

2. 灌注桩

(1) 桩身混凝土强度未达到设计要求或存在夹泥、蜂窝甚至断桩等;

(2) 钢筋笼上浮,即桩身钢筋笼比设计短;

(3) 桩端沉渣不满足设计要求;

(4) 桩端地层存在软弱夹层;

(5) 桩位偏差超过设计要求;

(6) 桩身钢筋笼偏位。

以上这些不满足设计文件的情况,究其原因主要有三个方面:

(1) 勘探报告粗糙,误导设计,使隐藏的问题在施工中才暴露出来;

(2) 设计人员经验不足或对勘探报告研究不透彻,以及受到业主投资制约,桩型选择不合理;

(3) 施工中违反操作规程,造成质量事故。

3.2 钻、冲孔灌注桩

3.2.1 钻、冲孔灌注桩适用什么范围?

钻、冲孔灌注桩的适用范围见表3-2。

钻、冲孔灌注桩的适用范围　　　表 3-2

成孔机具	适 用 范 围
潜水钻	黏性土、粉土、淤泥、淤泥质土、砂土、强风化岩、软质岩
回旋钻 (正反循环)	碎石类土、黏性土、粉土、砂土、强风化岩、软质与硬质岩
冲抓钻	碎石类土、黏性土、粉土、砂卵石、砂土、强风化岩
冲击钻	适用于各类地质条件,特别是岩溶地层

3.2.2 钻、冲孔灌注桩成孔的施工要点有哪些?

钻、冲孔灌注桩成孔钻进时,应根据地质条件、孔径大小、泥浆供应和处理量来确定速度。

1. 钻孔灌注桩成孔施工要点:

(1) 桩机摆放处地基或平台平稳,不会下陷;钻机摆放必须水平;

(2) 护筒埋没深度不宜小于 1.0m,并要保持孔内泥浆液面高于地下水位 1.0m 以上;护筒口高于地面不小于 30cm,周边土应回填密实不漏浆;护筒中心与桩中心应重合,偏差不大于 30mm;

(3) 泥浆池(缸)容量应满足所有钻机同时施工时所需的泥浆储存,同时,浆渣分离设备应满足施工要求;

(4) 在淤泥中钻进,应放慢钻进速度,一般控制在 1.0m/min 内,在砂层中,钻进速度不宜超过 3.0m/h,以保证孔壁的稳定,不缩颈、不塌方;

(5) 在硬土层或岩层中,钻进速度以钻杆不发生跳动为准;硬质岩层中宜改用牙轮钻头;

(6) 一经发生斜孔,应提升钻头,从斜孔位开始,反复空钻进行修孔,当斜孔段修正后方可继续往下钻进;

(7) 在遇到孤石或旧基础地层中,用带硬质合金齿的筒式钻头施工;

2. 冲孔灌注桩成孔施工要点:

冲桩机摆放要求和护筒埋设要求与钻孔机相同。根据冲桩机的特点,还要注意以下施工要点。

(1) 开孔。从地面以下 3m 范围内的冲击成孔过程都叫开孔。开孔时注入一定的泥浆低锤慢击,以泥浆不溅出孔外为宜,反复冲击造孔壁,保证护筒稳定。

(2) 各类地层成孔施工。

1) 黏性土层或粉质黏性层,小冲程 0.3~1m,泵入清水或稀泥浆,经常清除钻头上的泥块;

2）粉砂或中粗砂层,中冲程2～3m,泥浆密度1.2～1.5,投入黏土块,勤冲勤掏渣;

3）砂卵石层,中冲程2～3m,泥浆密度1.3～1.5左右,勤掏渣;

4）基岩,高冲程控3～4m,泥浆密度1.3左右,勤掏渣;

5）塌孔回填层,小冲程0.3～1m反复冲击加黏土块夹小片石,泥浆密度1.3～1.5。

3.2.3　钻、冲孔灌注桩质量问题有哪些?

钻、冲孔灌注桩质量问题主要有:(1)塌落;(2)孔内漏浆;(3)桩孔偏斜;(4)断桩;(5)桩身缩颈;(6)夹泥;(7)沉渣过厚;(8)钢筋笼上浮;(9)桩身混凝土离析;(10)钢筋笼错位等。

3.2.4　钻、冲孔灌注桩护筒是如何设置的?

护筒应按下列规定设置:护筒埋设应平稳准确、牢固,护筒中心与桩位中心的偏差不得大于30mm。

护筒一般用4～8mm厚钢板制作,高度为1.5～2.0m,钻、冲孔桩护筒内径应大于钻头直径100mm,其上部开设1～2个溢浆孔。

护筒的埋设深度:在黏性土中不宜小于1.0m,砂土中不宜小于1.5m;护筒顶应高出地面30cm。

受水位涨落影响或水下施工及岩溶地区施工的钻、冲孔灌注桩,护筒应加长,必要时应打入不透水层。

3.2.5　钻、冲孔灌注桩泥浆配制应注意什么问题?

钻、冲孔灌注桩的泥浆在成孔过程中起到对孔壁稳定保护和悬浮渣土两大作用。在实际施工中,主要靠黏土制备泥浆和自成泥浆。如果拟建场地表土或浅层土层为黏性土类,一般都采用自成泥浆,否则应用高塑性黏土制备泥浆。

(1)制备泥浆:用粘土制备泥浆时,黏土和水分应充分搅拌均匀,并静置24h以上,使粘土颗粒充分水化后方可使用。制备泥浆的性能指标表 3-3。

制备泥浆的性能指标　　　　　　表 3-3

项次	项目	性能指标	检验方法
1	比重	1.1~1.25	泥浆密度计
2	黏度	10~25s	50000/70000 漏斗法
3	含砂率	≤6%	
4	胶体率	≥95%	量杯法
5	失水量	<1~3mL/30min	
6	泥皮厚度	1~3mm/30min	失水量仪
7	静切力	1min20~30mg/cm^2 10min50~100mg/cm^2	静切力计
8	稳定性	0.03g/cm^2	
9	pH 值	7~9	pH 值

(2) 自成泥浆：在开钻或开孔时，直接向护筒内注入清水，清水和泥土不断地拌合，边成孔边形成泥浆。自成泥浆的指标没有太严格的要求，只要能起到护壁作用，不会造成孔壁塌方、斜孔或影响成孔进尺，都可以使用。当达到一定量以后可以自循环，不断地调整密度、降低含砂率。如果在砂层、砂砾层中施工，应该注意采用其他措施加大泥浆黏度，防止孔壁塌方。

(3) 施工期间护筒内的泥浆面应高出地下水位 1.0m 以上，并应考虑水位涨落的影响；

(4) 在清孔过程中，应不断置换泥浆，直至浇注水下混凝土；

(5) 浇注混凝土前，孔底 500mm 以内的泥浆密度应在 1.15~1.20；含砂率≤8%；黏度≤28s；

(6) 在容易产生泥浆渗漏的土层中应采取维持孔壁稳定的措施。

3.2.6　灌注桩清孔的方法有哪几种？应按什么要求进行？

钻、冲孔灌注桩的清孔方法一般有两种：一种是压缩空气吸泥清孔法，另一种是泥浆循环清孔法。要求应按下列规定进行：

(1) 压缩空气吸泥清孔法

压缩空气吸泥清孔法是利用空压机压缩空气,将压缩空气输送至桩内排泥管(一般到桩底)的底部,使排泥管形成真空,让桩孔内泥浆从桩底通过排泥管排出桩外,清除桩底内沉渣和置换泥浆,达到清孔目的。这种方法一般用在地质条件较好,不易塌方的大口径桩孔。

(2) 泥浆循环清孔法

泥浆循环清孔法将泥浆通过钻杆从钻头前端高压喷出,携带泥渣一同上升至桩孔顶排出。对于大口径桩孔,此法泥渣上升速度慢,泥渣易于混在泥浆中,使泥浆的相对密度增大。所以一般在此之前先用抽砂筒排渣,把桩底大量泥渣快速排出而不会混于桩孔中上部的泥浆中。这种方法一般用在地层稳定性差的桩孔或小直径桩孔。

清孔时要求如下:

(1) 清孔过程中,不论采用哪种方法,必须有足够的泥浆补给,并保持孔内泥浆液面的稳定;

(2) 使用钻机成孔,采用泥浆循环法清孔,钻头提高20cm空转,压入泥浆循环;

(3) 使用冲机成孔,采用泥浆循环法清孔,应将泥浆管口挂在冲锤上,在桩孔底1.0m范围上下拉动,同时不断压入符合指标要求的泥浆;

(4) 清孔后,孔底50cm范围的泥浆密度应控制在1.15~1.25;含砂率$\leqslant$8%;黏度$\leqslant$28s;

(5) 清孔时,浇混凝土前,沉渣允许厚度应符合规范和设计要求。一般沉渣厚度的允许值是:端承桩$\leqslant$50mm,摩擦桩$\leqslant$150mm。

3.2.7 浇注混凝土前,沉渣厚度如何测量和控制?

用测量绳吊铅柱体分别测量清孔后的孔深和浇混凝土前孔深,前者孔深减去后者孔深即为沉渣厚度,也可采用沉渣测量仪量测。

对沉渣厚度的控制主要是泥浆的质量控制,安装导管完毕后利用导管再次清孔,确保混凝土质量。浇注混凝土前,对孔底泥浆含砂率进行测定,若孔底50cm以下的泥浆密度为1.15~1.25,含砂率≤8%,黏度≤28s,那么泥浆指标符合要求,沉渣也就控制了。

3.2.8 灌注桩塌孔如何预防和治理？

钻、冲孔灌注桩的塌孔是指孔壁局部坍塌或严重时引起桩孔周边土体下陷,护筒倾斜无法直立。出现坍塌,首先将钻头提上地面,迅速将桩架撤离,避免设备倾倒事故。

造成钻、冲孔灌注桩坍孔的原因有：

(1) 地表水或上层滞水渗漏作用,使土层坍塌；

(2) 在砂卵石、卵石或流塑淤泥土层中成孔,土体本身不能直立而坍塌；

(3) 泥浆大量流失,泥浆液面无法保持,造成孔壁坍塌；

(4) 泥浆密度或黏度不够,起不到可靠的护壁作用；

(5) 孔内水头高度不够或孔内出现承压水；

(6) 施工操作不当。

钻、冲孔灌注桩塌孔是严重的事故。施工中应认真分析地质情况,配备适宜的泥浆,控制钻进速度,总之应做到预防为主。

预防措施如下：

(1) 做好地表排水系统,严禁地表水大量渗入土层中；

(2) 在松散砂土、砂卵石或流塑淤泥质土层中钻进时,应控制较慢进尺；选用合适密度、黏度、胶体率的优质泥浆；

(3) 在岩溶地区施工,应在现场备用大量的片石、黏土块或黏土包；

(4) 如地下水位变化大,应采取升高护筒、增大水头等措施；

(5) 成孔完成后,应在短时间内进行混凝土浇筑工作。

(6) 安放钢筋笼时应避免碰撞孔壁、造成塌孔。

塌孔的治理方法,应根据不同的施工阶段,采取不同的治理方法：

（1）成孔、清孔阶段。若是泥浆出现渗漏或快速大量漏失，应抛入片石、黏土块或黏土包，同时迅速注入大量泥浆保持液面稳定或加深护筒，将护筒的底部贯入黏土中；其他原因造成的塌孔，应通过加大泥浆密度或回填和砂混合物到塌孔位置以上1~2m。如塌孔严重，应全部回填，待回填物沉积密实后再重新成孔。重新成孔时，应用黏度和胶体率较大的优质泥浆，严格控制钻进速度或采取小冲程(0.5~1.0m)。

（2）钢筋笼就位后浇混凝土前发生坍塌，应想办法将钢筋笼吊出地面，再按上述方法处理。

（3）浇筑混凝土过程发生坍塌，只要浇筑混凝土工作还能继续，就应继续浇筑，待混凝土达到龄期时，通过各类检测方法对桩身混凝土缺陷进行验证，补强后还能使用的桩，进行补强处理，否则按废桩处理。

3.2.9 钻、冲孔灌注桩施工护筒外侧冒浆的原因有哪些？如何处理？

1. 冒浆原因

埋设护筒时周围填土不密实，起落钻头时碰动了护筒或护筒本身长度不够；护筒埋设太浅，回填土不密实或护筒接缝不严密，在护筒刃脚或接缝处漏浆。

2. 处理方法

（1）在埋设护筒时，四周的土要分层夯实，并且要选用含水量适当的黏土填筑；

（2）起落钻头要防止碰撞护筒；

（3）护筒冒浆初期，可用黏土在四周填实加固，如护筒严重下沉或位移，则应返工重埋。

3.2.10 钻、冲孔灌注桩施工孔内漏浆的原因及处理方法有哪些？

1. 漏浆原因

（1）护筒埋设太浅，回填土不密实或护筒接缝不严密，在护筒刃脚或接缝处漏浆；

（2）水头过高压力大，使孔壁渗浆；

（3）遇到透水性大或有地下水流动的土层；

（4）钻、冲孔遇土洞或岩溶或岩隙发育贯通性强。

2. 处理方法

（1）根据土质情况决定护筒的埋置深度；

（2）将护筒外壁与孔洞间的缝隙用土填密实，必要时潜水员用旧棉絮将护筒底端外壁与孔洞间的接缝堵塞；

（3）加稠泥浆或倒入黏土，慢速转动，或在回填土内掺片石、卵石，反复冲击，增强护壁。

（4）大溶洞区段局部漏浆加钢护筒、防止塌孔并堵漏。

3.2.11 钻、冲孔灌注桩施工桩孔偏斜的原因及处理方法有哪些？

1. 钻、冲孔灌注桩施工桩孔偏斜的原因

（1）钻、冲孔时遇有倾斜度的软硬土层交界处或岩石倾斜处，钻头所受阻力不均而偏位；

（2）钻、冲孔时遇较大的孤石、探头石等地下障碍物使钻头偏位；

（3）钻杆弯曲或连接不当，使钻头、钻杆中心线不同轴；

（4）地面不平或不均匀沉降使钻机底座倾斜；

（5）冲击成孔，多次打空锤造成斜孔。

2. 处理方法

（1）发现桩孔偏斜时，改用冲击成孔纠偏，填入粒径 30cm 块石反复冲击修正；

（2）更换钻杆；

（3）调整底座；

（4）遇软硬不均土层时低锤慢击，或吊住钻头原位反复扫孔缓慢钻（冲）进。

3.2.12 钻、冲孔灌注桩施工钢筋笼的制作、起吊、安装中应注意什么问题？

在钻、冲孔灌注桩施工中钢筋笼的制作、搬运、堆放、吊装一系列过程中，管理上不够重视，往往出现不少问题：

(1) 主筋在制笼前未进行严格调直或螺旋筋在缠绕主筋时不平顺，使成品钢筋笼断面大小、圆度相差较大；

(2) 主筋与加强箍焊接不牢固，起吊时焊点脱落，造成钢筋笼散架或严重变形；

(3) 桩成孔过程中的斜孔未修正或桩孔缩颈，使钢筋笼无法安放；

(4) 使用钻机或冲桩吊放长钢筋笼时，钢筋笼不能垂直缓慢放下，弯曲或摩擦孔壁安放；

(5) 清孔时孔底沉渣或泥浆没有清理干净，造成实际孔深与设计要求不符，钢筋笼放不到设计标高；

(6) 钢筋笼安装完后没对中固定，造成钢筋笼偏位或标高不正确。

3.2.13 水下混凝土灌注过程中常见的问题和处理方法有哪些？

1. 水下混凝土灌注过程中的常见问题

(1) 浇灌混凝土时，导管连接不牢或破裂，泥浆漏进导管内，使混凝土离析或堵管、混凝土强度降低；

(2) 混凝土导管内混凝土堵塞，混凝土下不去，造成废桩；

(3) 开塞时混凝土没有包住导管管口，泥浆涌入造成夹泥、断桩。

2. 处理方法

(1) 安放导管前应试拼装，并进行压水试验；

(2) 开塞时导管口离孔底距离保持30~50cm，混凝土隔水塞保持比导管内径有5mm空隙，按要求选定混凝土配合比，规范操

作控制,保持连续浇灌,浇灌间歇要上下小幅度提动导管;

(3) 开塞时的混凝土连续灌入量必须足够使导管底部埋入水下混凝土中不小于 0.8m；

(4) 导管插入混凝土深度确保不小于 1.5m,测定混凝土上升面,确定高度后再据此提升导管。

3.2.14 钻、冲孔灌注桩如何控制桩顶标高和质量?

当混凝土浇注接近桩顶部位时,应控制最后一次浇注量,使桩顶的浇注标高比设计标高高出 0.5～0.8m,以便凿除桩顶部的松散层后达到设计标高的要求,且必须保证暴露的桩顶混凝土达到强度设计值。

3.2.15 用什么方法可提高钻、冲孔灌注桩承载能力?

提高桩承载力主要方法有:

(1) 控制沉渣厚度,确保清孔后泥浆指标符合要求;

(2) 桩倾斜度在规定值内;

(3) 混凝土原材料拌和后坍落度黏聚性不离析,灌注连续不断桩、不夹泥。另外,为加强桩基的整体作用,桩顶主筋埋入承台的长度应在 30 倍主筋直径以上,桩顶嵌入承台的长度应大于 50mm;

(4) 对于摩擦桩,可采用扩底桩以扩大桩端受力面积或在钢筋笼上预埋数根灌浆管,在桩身混凝土浇筑完后,立即进行压浆,扩大桩身或桩端与土层的接触面积。

(5) 采用后压浆技术,提高桩端支承力和桩周摩阻力。

3.3 人工挖孔灌注桩

3.3.1 人工挖孔灌注桩的适用范围及施工要点?

人工挖孔桩适用于地下水量较少的土层或岩石地层施工,适应性较强。在地下水量较大的地层中采用一定降水措施,且对周边构筑物沉降影响不大的地层也可采用人工挖孔桩施工;在淤泥质厚的地层中,采取钢套管护壁,也可用人工挖孔桩工艺。

从施工安全方面考虑,对人工挖孔桩作出如下限制:
(1) 桩径≥0.8m(不含护壁厚度),桩长≤25m;
(2) 当孔内产生的空气污染物超过《环境空气质量标准》(GB 305—96)规定的任何一次检查的三级标准浓度限值时;
(3) 难予降水地层或降水对周边构筑物沉降影响较大;

人工挖孔桩施工,应抓好成孔和混凝土浇筑两大施工环节:
1. 成孔
(1) 桩中心点准确、有效控制;
(2) 每节护壁厚度控制和圆度控制及桩孔净空有效直径控制;
(3) 遇到流砂,淤泥应采用有效的施工措施。
2. 混凝土浇筑
(1) 干浇法:分层下料、分层振捣密实。
(2) 水下浇筑法:严格按水下混凝土浇筑的有关规程操作,控制埋管深度和混凝土浇筑时间。

3.3.2 人工挖孔灌注桩的常见质量问题有哪些?产生的原因有哪些?

人工挖孔灌注桩常见的质量问题主要有:桩身混凝土离析,混凝土强度达不到设计要求;桩身直径偏差,垂直度偏差,桩位偏差,桩端持力层达不到设计要求等。

人工挖孔灌注桩的常见质量问题产生的原因:
(1) 混凝土原材料及配合比有问题,搅拌时间不足;
(2) 灌注混凝土时,没用串筒或者串筒口到混凝土面的距离>2m,造成砂浆和骨料离析;
(3) 桩孔内有水,未按要求抽干水就灌注混凝土;桩孔内水较多时,应采用水下混凝土灌注法却未采用,造成桩身混凝土严重离析;

(4) 施工人员对水下混凝土灌注法掌握不熟,导管底端与混凝土面经常脱离,致使导管入水;

(5) 干浇法施工时护壁渗漏水过多而未采取相应的措施,致使混凝土面积水,造成混凝土胶结不良;

(6) 护壁模板安装不当或不牢靠,浇筑混凝土时模板变形或移位,造成圆度差,桩孔垂直度也受到影响;

(7) 安放钢筋笼时,未采取措施使钢筋笼中心与桩位中心重合;

(8) 浇注桩身混凝土前,对桩孔底沉渣未彻底清除或扩大头斜面土体塌落未发现,尤其是处于土层中的扩大头;

桩端持力层问题:表现桩端夹泥,桩端持力层未达到设计要求的岩层,桩端下有软弱下卧层;主要由于:

(1) 浇注桩身混凝土前,对桩孔底沉渣未彻底清除;扩大头斜面土体坍落,尤其是处于土层中的扩大头。

(2) 对桩端持力层的岩土性质判断不准。

(3) 发生流砂涌泥现象,挖孔作业不能进行到底。

(4) 未能发现持力层软弱夹层,直至分部工程验收进行钻孔取芯时才发现。

3.3.3 如何控制人工挖孔灌注桩的成孔质量及垂直度?

要控制好人工挖孔桩的成孔质量,应抓好以下几个环节:

(1) 桩中心控制。在桩中心定位后,第一节护壁挖土之前,应从桩中心向四周引设四个桩中心控制点。待第一节护壁浇筑混凝土成形后,再把引设的四个桩中心控制点引回第一节护壁面上,要明显、准确地作好标记。孔口护壁混凝土应比下面护壁厚 $100\sim150\text{mm}$,护壁顶面应高出现场地面 $150\sim200\text{mm}$。

(2) 护壁厚度控制。当桩孔每一节土方挖完后,应从孔顶口桩中心位置吊大线锤入孔内,由此量测桩中心至桩孔任意横断面的半径,若此半径不小于 $R+t$(R——设计桩身半径,t——护壁厚度),那么成形后的护壁厚度就可得到保证。也可以用"工具尺"来检验。

(3) 模板安装。一般采用钢模板拼装,用 U 形卡连接,上下设两个半圆组成的钢圈顶梁控制圆度,从桩中心位吊大线锤来校正模板位置。钢圈中心应和桩中心重合。同时,模板整体要固定牢靠,确保浇筑混凝土时不移位、不变形,桩孔的垂直度也就得到了保证。

(4) 对于配筋护壁,上下护壁主筋应做到有效连接。

(5) 护壁混凝土浇筑,混凝土护壁起着挡土与止水的双重作用,应分层浇筑,用钢钎捣实,上下护壁混凝土搭接长度不小于5cm。

3.3.4　如何处理人工挖孔灌注桩中的流砂问题?

在人工挖孔桩施工过程中遇到流砂地层时,需减少护壁高度(0.3~0.5m)、增加护壁钢筋,提高护壁混凝土配合比强度。具体措施如下:

(1) 可以利用附近没有流砂的桩孔作为集水井或降水井,减少水量或降低水位;

(2) 采用 $\phi16\sim\phi25$,长 1.5m 左右的钢筋,按间距 10~15cm 沿护壁周边将其插入土中,挖去孔内 20~30cm 砂土后,或用 $\phi25$ 的水平环向钢筋将竖向筋固定或将上部钢筋头弯到上节护壁的外侧,接着在钢筋外侧塞麻袋稻草或插纤维板等,以阻挡砂粒流入桩孔,但允许水流动,边挖边挡砂,待桩孔挖至 40~50cm 深时立即浇筑护壁混凝土;

(3) 采用下沉钢护筒或混凝土小沉井作护壁以堵截淤泥或砂粒流动,穿过流砂层后再按常规方法施工。

3.3.5　如何解决人工挖孔灌注桩中的通风问题?

当桩孔开挖深度超过 5m 时,作业前应对孔内进行有毒气体的检测,应将桩孔内的积水抽干,并用鼓风机或大风扇向孔内送风

5min,使孔内的浑浊空气排出,才准下人。孔深超过10m时,地面应配备向孔内送风的专门设备,风量不宜少于25L/s,孔底凿岩时必须加大送风量。孔内爆破后,必须用抽气、送风等方法将孔内废气排除,方可继续下孔作业。

3.3.6 人工挖孔灌注桩如何做好降水措施?

人工挖孔桩需要降水时可采用深井点降水技术。在挖孔桩场区四周,按一定间距布置一系列深井井点,用高扬程水泵将井内的地下水排出场外,使施工现场的地下水位降到开挖面以下,以便于人工开挖施工。

实际工程中,相邻井点的间距多采用6~12m,井深超过最低含水层2~3m,井管内径为$\phi400$~$\phi600$mm,井管与井壁之间的空隙用级配砂石料填满作过滤层。

当用于含水丰富的粉细砂层,因为抽水时容易引起流砂,容易堵塞井管而导致井点失效。人工挖孔桩采用深井降水时,容易引起附近地面及建筑物和地下管线下沉开裂,故在建筑物密集等地区此法慎用。

3.3.7 人工挖孔灌注桩的钢筋笼安装应注意哪些问题?

人工挖孔桩钢筋笼安装应注意:
(1) 钢筋笼在安装过程中应采取措施防止变形;
(2) 钢筋笼入孔时,不得碰撞孔壁,灌注混凝土时应采取措施固定钢筋笼位置;
(3) 钢筋笼分段连接时,其连接焊缝及接头数量应符合国标《混凝土结构工程施工质量验收规范》(CB 50204—2002)规定;
(4) 挖孔桩钢筋笼安装,一般先在施工现场绑扎成型,用起重机吊钢筋笼入桩孔,如钢筋笼太长,可分段起吊,在孔口进行垂直接驳。挖孔桩的钢筋笼,也可在孔内绑扎安装,此时,钢筋笼的箍筋采用圆环形而不宜采用螺旋形;
(5) 未按桩长通长配筋的钢筋笼,可用角铁将其悬挂在锯齿

形护壁上。或者待桩身混凝土浇筑到钢筋笼底标高时才把钢筋笼整体吊入桩孔内,再继续浇注混凝土;

(6)超声波等非破损检测桩身混凝土质量用的测管,也应在安装钢筋笼的同时按设计要求进行预埋,但必须确保在任一深度断面各测管之间等距;

(7)钢筋笼安装完毕,必须"验筋"合格后才能浇灌桩身混凝土。

3.3.8 如何确定人工挖孔灌注桩浇筑方法?施工应注意什么?

人工挖孔桩混凝土浇筑方法有干浇法和水下浇筑法两种。选用哪种方法浇筑,主要根据桩孔内渗水的分布情况来确定。当桩孔内无水或渗水量较少时($<1.0 m^3/h$)可采用干浇法施工,当桩孔内渗水量较大时($>1.0 m^3/h$),应采用水下浇筑施工。

人工挖孔桩成孔后,应及时进行安装钢筋笼,浇筑混凝土。不应长时间停留或等一批桩孔出来后再集中浇筑混凝土,否则,会增加不少辅助工作或增大施工难度。

1. 干浇法施工要点

(1)在浇筑混凝土前,应将桩孔底的泥和杂物清理出来,并将水抽干;

(2)根据桩孔底面积和渗水量情况,快速、均匀地铺上一层水泥干粉,随即进行混凝土下料;

(3)混凝土下料用串筒,深桩孔用混凝土导管,桩孔内混凝土面与串筒(导管)底面距离始终应小于2.0m;

(4)对桩径较大桩孔,应移动串筒,以确保混凝土在平面内均衡,高差应控制在400mm以内,避免产生浆石分离现象。泵送混凝土时可直接将混凝土泵的出料口移入孔内投料;

(5)混凝土应连续分层浇筑、分层振实,每层浇筑高度不得超过1.0m;

(6)桩顶混凝土初凝前应抹平,避免出现塑性收缩裂缝和环向干缩裂缝。

2. 水下浇筑法施工要点

（1）准备工作。人工挖孔桩成孔过程，就应根据桩孔涌水量和抽水情况确定桩孔使用何种方法浇筑混凝土。采用水下浇筑混凝土的桩孔，在桩底验收完成后，在桩底挖一个直径80cm、深80cm的小坑，这个小坑作为混凝土导管放置位置。它起着保证开塞的第一斗料可以完全将导管底口埋于混凝土中的作用。导管连接法兰应垫上胶皮，拧紧螺丝，确保在有压力的情况下不漏水。

（2）浇筑混凝土配合比应通过试验确定，水泥用量不少于$360kg/m^3$，坍落度为18～22cm，碎石粒径为2～4cm，选用中粗砂。

（3）水下混凝土浇筑过程中，应有专人测量导管埋深，导管埋深宜为1.5～8m。

（4）每根桩的浇筑时间按初盘混凝土的初凝时间控制。

3.4 沉管灌注桩

3.4.1 沉管灌注桩的适用范围及施工要点？

沉管灌注桩采用振动沉管打桩机或锤击沉管打桩机，将带有活瓣式桩尖、或锥形封底桩尖、或预制钢筋混凝土桩尖的钢管沉入土中，然后，边灌注混凝土、边振动或边锤击边拔管而形成灌注桩。根据其成孔方法不同，可分为振动沉管灌注桩和锤击沉管灌注桩。

沉管灌注桩的主要优点是设备简单、施工方便、操作简单；造价低；施工速度快、工期短；随地质条件变化适应性强。主要缺点是由于桩管口径的限制、影响单桩承载力；振动大、噪声大；与施工方法和施工人员的素质密切相关；如果施工方法和施工工艺不当，或某道工序中出现漏洞，会造成缩颈、夹泥、断桩和吊脚等质量问题；遇淤泥层时处理比较困难；在$N>30$击的砂层中沉桩困难。

沉管灌注桩桩径以480mm和340mm为最多，介于两者之间的桩径规格也不少。一般说来,大多数桩径为 480mm 灌注桩,单桩设计承载力为 500~600kN,桩径为 340mm 灌注桩,单桩设计承载力为 300~400kN。沉管灌注桩有向大直径发展的趋势,大直径沉管灌注桩桩径一般为 560~700mm,广东省标准《大直径锤击沉管混凝土灌注桩技术规程》(DBJ/T 15—17—96)对大直径锤击沉管灌注桩有专门的规定。

沉管灌注桩($d \leqslant 480mm$)适用于黏性土、粉土、淤泥、淤泥质土、松散至中密的砂土及人工填土等地层;当在厚度较大,含水量和灵敏度高的软土(淤泥、淤泥质土)、松散土中采用时,必须制定防止缩颈、断桩、充盈系数过大等质量保证措施,并经工艺试验成功后方可实施;在高流塑、厚度大的淤泥层中不宜采用 $d \leqslant 340mm$ 的沉管灌注桩;当地基中存在承压水时,沉管灌注桩应慎用。与锤击沉管灌注桩相比,振动沉管灌注桩贯穿砂土层的能力较强,还适用于稍密实的砂土、碎石层。大直径沉管灌注桩的贯入能力强,可以把桩管打入强风化岩层或坚硬的土层。

1. 施工机械与设备

(1) 振动沉管打桩机由桩架、振动沉拔桩锤和套管组成,锤击沉管打桩机由桩架、重锤和套管组成,常用的锤击、振动沉管灌注桩桩机的技术性能可参考表 3-4 和表 3-5,大直径锤击沉管灌注桩桩机主要技术参数见表 3-6。

(2) 桩管宜采用无缝钢管。桩管与桩尖接触部位,宜用环形钢板加厚,加厚后的最大外径应比桩尖外径小 10~20mm。桩管表面应焊有表示长度的数字以便在施工中进行入土深度的观测。

(3) 桩尖应采用钢筋混凝土桩尖或钢桩尖。桩径 340mm、480mm 和 600mm 的钢筋混凝土桩尖的配筋构造,应符合下列规定:

1) 混凝土强度等级不得低于 C30;

2) 制作时应使用钢模或其他刚性大的工具模;

3) $d=340mm$ 桩尖,配筋量不宜少于 4.0kg;$d=480mm$,不宜少于 13.0kg。

钢筋混凝土桩尖的制作质量要求,应符合表 3-7 的规定。

锤击沉管灌注桩桩机技术性能参考表　　　　表 3-4

桩机类型	锤类型	锤自重 (t)	锤击频率 沉管 (次/min)	锤击频率 抽管 (次/min)	动力类型	桩架高度 (m)	底座尺寸 长 (m)	底座尺寸 宽 (m)	桩管规格 长度 (m)	桩管规格 外径 (mm)	桩管规格 内径 (mm)	桩管规格 自重 (t)	走行滚筒 外径 (mm)	走行滚筒 自重 (t)	料斗容量 (m³)	桩现场场地坡度 (%)	从桩中两侧最少空位 (m)	桩中面最低要求 间最少空位 (m)	可打桩长 (m)	总重包拆设备 (t)
中型桩机 d=480mm	单动汽锤	2.7~3.5	50~55	55~65	蒸汽锅炉或空压机	26~32	10.6~11.2	2.2	20~26	420~440	380~400	3.3~4.0	325	2.1	1	≤0.5	1.8	10	1.3	24.5	40
中型桩机 d=480mm	电动吊锤	2.5~3.0	20~25	30~40	电动	≈25	9	3	20	420~440	380~400		325	1.1	1	≤0.5	1.8	10	1.3	18.0	27
大型桩机 d=530~650mm	柴油锤或吊锤	柴油锤为:4.5(冲击锤为:5~7)	48	20t振动机频率	柴油爆炸	30~40	9.3	3	20~30	560~610	510~570	10	445	2根共3t	1	≤1	3	10	2.5	30	100
大型桩机 d=700~800mm	柴油锤或吊锤	7.2(冲击部分)	48	20t振动机频率	柴油机	30~40	9.3	3	15	700	650	12.5	445	2根共3t	1	≤1	3	10	2.5	9.5~13	/
小型桩机 d=340mm	柴油吊锤	0.75~1.5	20~25	30~40	柴油爆炸	13~17	6~7.9	2.2~3.5	11~14.5	300~320	250~280	1.3~1.8	273~8	0.8	0.6	≤0.5	1.6	7	1.0	30	106
小型桩机 d=340mm	电动吊锤	0.75~1.5	20~25	30~40	电动机	13~17	6~7.9	2.2~3.5	11~14.5	300~320	250~280	1.3~1.8	278~8	0.8	0.5	≤0.5	1.6	7	1.0	9.5~13	/

表 3-5 自制振动沉管灌注桩桩机技术性能参考表

桩机类型	振动力 (kN)	偏心力矩 (N·m)	负荷轴数 (根)	振动频率 (Hz)	偏心锤数 (个)	偏心锤总量 (kg)	偏心距 (mm)	电动机 功率 (kW)	电动机 转速 (r/min)	振动箱规格 长 (mm)	振动箱规格 宽 (mm)	振动箱规格 高 (mm)	振动锤自重 连电动机 (t)	桩架高度 (m)	总量(包括设备) (t)
15t	150	121	2	17.2	12	252	49	55	1450	780	700	1300	2.0	28	23
20t	208	189	2	17.2	16	352	49	55	1450	1070	760	1400	2.2	28	24
25t	250	191	2	17.2	16	274	71	55	960	1100	780	1500	2.3	28	24

表 3-6 大直径锤击沉管混凝土灌注桩桩机设备主要技术参数表

桩类型	锤 型号或锤重	锤 每分钟锤击次数	桩机 桩架高度(m)	桩机 底盘宽度(m)	桩机 底盘长度(m)	桩机 行走方式	桩管 长度(m)	桩管 外径(mm)	桩管 管壁厚(mm)	振动器 激振力(kN)
柴油锤	MH72B D62 K80	40~60	45~52	3.2	10~12	行筒式	36~44	560~700	20~25	300~400
自由落锤	6.5t	10~15	35	3	10~12	行筒式	≤28	560~600	20~25	150~200

钢筋混凝土桩尖的质量要求 表 3-7

类别	项次	项目	允许偏差及要求
外形尺寸	1	桩尖总高度	±20mm
	2	桩尖最大外径	+10mm, -0
	3	桩尖偏心	10mm
	4	顶部圆台(柱)的高度	±10mm
	5	顶部圆台(柱)的直径	±10mm
	6	圆台(柱)中心线偏心	10mm
混凝土质量	7	肩部台阶混凝土	应平整,不得有碎石露头
	8	外观质量	不允许有蜂窝,麻面少于5%表面积
	9	裂缝、掉角	不允许

2. 锤击沉管灌注桩施工

锤击沉管灌注桩按设计要求、地质情况可采用"单打法"、"复打法"、"反插法"施工。

(1) 锤击沉管灌注桩施工应遵守下列规定：

1) 打桩宜按施工流水顺序,依次向后退打。若不能向后退打或遇群桩基础以及桩的中心距小于3～3.5倍桩径时,应采取有效措施保证邻桩的质量。

2) 混凝土预制桩尖或钢桩尖埋设的位置应与设计相符,偏差不得大于10mm。桩管应垂直套入桩尖,桩管与桩尖的接触处应加垫草绳或麻袋或采取其他有效措施保证桩管不进水入土,桩管与桩尖的轴线应重合,锤击不得偏心,桩管内壁应保持干净,不得带有残留混凝土。

3) 锤击不得偏心。如果用混凝土预制桩尖,在锤击过程中应经常检查桩尖有否损坏。

(2) 测量沉管的贯入度应在下列条件下进行：

1) 桩尖未破坏；

2) 锤击无偏心；

3) 锤的落距符合规定；

4）桩帽和弹性垫层正常；

5）用气锤时，气压应符合规定；

6）在连续锤击的情况下。

(3) 拔管和灌注混凝土应遵守下列规定：

1）沉管结束经检查管内无进水入土后，应立即安放钢筋笼并灌注混凝土。若间隔时间太久，在灌注混凝土前，应重新对管内进行检测，不得在管内有进水入土的情况下灌注混凝土。

2）灌注混凝土时，混凝土应一次灌足。灌注配有不到孔底钢筋笼的混凝土桩，宜按先灌注混凝土至钢筋笼底标高、再安放钢筋笼、然后继续灌注混凝土的施工顺序进行。

3）第一次拔管高度只要能满足第二次所需要灌入混凝土量时即可，不宜拔得过高。在拔管过程中，应设专人用测锤或浮标检查管内混凝土面的下降情况。

4）拔管速度应均匀，以不大于 1.5m/min 为宜；在有钢筋笼的桩段，以不大于 1m/min 为宜；在软弱土层中或在软硬土层交界处及接近地面时，应控制在 0.6~0.8m/min 范围内。

5）采用轻击拔管的击打次数，自由落锤轻击（小落距锤击）不得少于 40 次/min；在管底未拔至桩顶设计标高之前，不得中断轻击。

(4) 混凝土灌注充盈系数不得小于 1.1。完成后的桩身混凝土顶标高应比设计桩顶标高至少高出 0.5m。对于打桩过程中存在断桩或怀疑缩颈的桩，可采用局部复打或全复打方法处理。

(5) 复打桩施工时应遵守下列规定：

1）第一次灌注混凝土应达到自然地面；

2）全复打桩的入土深度宜接近原桩长；局部复打桩的入土深度应超过断桩或缩颈区 1m 以上；

3）应随拔管随清除粘在管壁上和散落在地面上的土；

4）前后二次沉管的轴线应重合；

5）复打施工必须在第一次灌注的混凝土初凝之前进行。

3. 振动沉管灌注桩施工

振动沉管灌注桩按设计要求、地质情况可采用"单打法"、"反插法"、"复打法"施工。

(1) 振动沉管灌注桩施工应遵守下列规定：

1）施工顺序,预制桩尖和桩管就位的要求与锤击沉管灌注桩相同。

2）开机前应测定电压,电压不得低于350V；应调平桩架底座,并核实桩锤的各项技术参数和各部位的技术状态。

3）振动沉管时,可采用收紧钢丝绳加压或加配重的方法,用收紧钢丝绳加压时,应随桩管沉入深度随时调整离合器,防止抬起桩架,发生事故。

4）应控制最后两次2min的贯入速度,其值应按设计要求,或根据试桩和当地的施工经验确定。测量贯入速度时,应使配重及电源电压保持正常。

(2) 单打法施工应遵守下列规定：

1）桩管内灌满混凝土后,先振动5～10s,再开始拔管。拔管速度以不大于1.5m/min为宜,在较软弱土层中或在软硬土层交界处及接近地面时应控制在0.6～0.8m/min范围内。

2）在淤泥层中拔管时,宜边振动边拔管,每拔0.5～1.0m,应停止拔管并振动5～10s,如此反复往上拔。

(3) 反插法施工应遵守下列规定：

1）桩管灌满混凝土后,先振动再开始拔管,每次拔管高度为0.5～1.0m,反插深度为0.3～0.5m；在拔管过程中,应分段添加混凝土,保持管内混凝土面高于地表面1m以上,并应控制拔管速度不大于0.5m/min；

2）在桩尖处约1.5m范围内,宜多次反插；

3）穿过淤泥夹层时,应适当放慢拔管速度,并应减少拔管高度和反插深度。

4）在高流塑淤泥中不得采用反插法。

5）桩身配筋段施工时,不宜采用反插法。

(4) 复打法施工的要求：

与锤击沉管灌注桩相同。

4. 沉管灌注桩施工中应注意的问题

(1) 桩机的桩架和桩管应保持垂直状态,其垂直度允许偏差为1%。桩架底座应平整稳固。

(2) 沉管过程中若发现桩尖损坏时,应立即将桩管拔出地面,回填桩孔,重新埋置桩尖和沉管;若桩尖再次被打坏,应将桩管拔出,不应再在原位沉管。

(3) 沉管深度的控制应符合有关要求。除以桩端设计标高来控制的桩外,其他桩均应满足桩端持力层的要求。端承型桩应采用试桩来确定其最后三阵每十击的贯入度、最后1m的沉管锤击数和整根桩的总锤击数。

(4) 钢筋笼的规格除应符合设计要求外,其外径应比桩管内径小60mm。钢筋笼应按设计要求设置保护层垫块,其保护层的允许偏差为+10mm。钢筋笼的绑扎、焊接应牢固,吊放钢筋笼的吊索应有足够的强度,并应确保钢筋笼的标高满足设计要求。

(5) 打桩施工前,每一单位工程宜选定一至二根桩作打桩工艺试验,以便核对地质资料、检验所选用的桩机设备、施工工艺及技术要求是否适宜,如出现缩颈、桩长不足、贯穿能力不足、贯入度(或贯入速度)不能满足设计要求时,应会同设计单位处理。

(6) 当桩身配有钢筋时,混凝土坍落度宜采用80~120mm;素混凝土桩的混凝土坍落度宜采用60~80mm。对夯扩桩的扩大头部分混凝土坍落度宜采用0~40mm。

(7) 基坑开挖后应及时检查桩数、桩位及桩头外观质量,如发现有漏桩、桩位偏差过大等质量问题,必须及时采取补救措施。

3.4.2 沉管灌注桩质量问题有哪些?

沉管灌注桩常见质量问题有:

(1) 锤击或振动沉管过程的振动力以弹性波传播方式在周围土体中衰减消散,沉管周围的土体以垂直振动为主,远离一定距离后的土层,水平振动大于垂直振动。加上侧向挤土作用,易把刚初凝的邻桩振断,尤其在软硬交界的土层中最易发生。

(2) 若桩距小于 3 倍桩径时,沉管过程有时会使地表土体隆起,从而在邻桩桩身产生一竖向拉力,使得刚初凝的混凝土拉裂。

(3) 拔管速度过快,管内混凝土浇灌高度过低,不足以产生一定的排挤压力,在淤泥层中易产生缩颈。

(4) 在地层存在有承压水的砂层,砂层上又覆盖有透水性差的黏土层,孔中浇注混凝土后,由于动水压力作用,沿桩身至桩顶出现冒水现象,凡冒水桩一般都形成断桩。

(5) 当振动沉管采用活瓣桩尖的,时有活瓣张开不灵活,混凝土下落不畅,引起断桩或混凝土密实度差。

(6) 预制桩尖混凝土质量差,沉管过程被击碎而塞入桩管内,当拔管到一定高度后,桩尖下落而被孔壁卡住,形成桩身的下段无混凝土,即产生俗称的"吊脚桩"。

(7) 钢筋笼埋置高度控制不准,破桩头过程找不到钢筋笼情况时有发生。

3.4.3 锤击沉管灌注桩的贯入度如何测量?

根据地质资料和设计要求,当桩管打入一定深度后,应对锤击沉管灌注桩的贯入度进行测量。测量前应检查和判断桩尖是否破坏、锤击有无偏心、桩帽和弹性垫层正常,应核实锤的落距、气压(用气锤时)是否符合规定。贯入度测量应在连续锤击的情况下进行,可采用收锤回弹曲线测绘纸先测绘出钢管的回弹曲线,再从回弹曲线上量出贯入度,如图 3-1。这种方法较画线法更能真实记录和反映收锤情况,人工测绘回弹曲线方法如下:

(1) 收锤前夕,用胶纸将收锤回弹曲线测绘纸贴在离地面 30~40cm 的桩管表面,测绘纸的长边应与桩管垂直;

(2) 用一根长约 1m 的横木条(一般做成长条凳形状)靠放在方格纸下方,作为测绘基准线;

(3) 用粗铅笔沿横木条在测绘纸下方划一水平线,见图 3-1 的 A 线段;

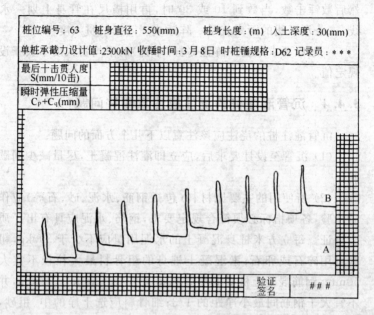

图 3-1　回弹曲线测绘实例

（4）将粗铅笔尖垂直轻压在 A 线段左端，随着桩锤敲击桩顶及桩身一压一弹的上下来回运动，铅笔尖就在测绘纸上留下一条竖直的回弹运动的轨迹（见图 3-1）。在测绘时，每锤击一下，测绘者持铅笔的手应沿横木条稍稍向右移约 10mm，这样便形成一条有规则的锯齿形曲线；

（5）当锤击 10 下、测绘纸上绘出 10 条回弹线后，测绘者顺势用铅笔沿横木划一水平线，见图 3-1 中的 B 线段；

（6）暂停锤击，移开横木，取下测绘纸，量出贯入度和土弹性压缩量，如果达到收锤标准，此桩算完成，不用再打；若达不到收锤标准，仍需继续锤击，再进行测绘，直至达到收锤标准才停打。

回弹曲线测绘出来后，在测绘纸上量出 A、B 线段的距离，即为收锤贯入度（mm/10 击）。

划线法是用一水平横尺靠近桩管管身，在管身上划一水平线，然后数锤击数,当数到 10 或 30 时,再用横尺在管身上划一水平线,二条水平线的距离就是一阵锤或三阵锤的贯入度。

一般以要求最后三阵锤(每阵十锤)的平均贯入度不大于设计规定值。

3.4.4 沉管灌注桩的浇注应注意哪些问题?

沉管灌注桩的浇注应该注意以下几个方面的问题:

(1) 沉管至设计要求后,应立即灌注混凝土,尽量减少间歇时间。

(2) 所使用的主要原材料(包括钢筋、水泥、砂、石等)应作材质检验,各项指标必须符合规定要求,钢筋、水泥应具有出厂质量合格证。每立方米桩身混凝土的水泥用量应不少于 300kg,粗骨料可用碎石或卵石;素混凝土桩身的粗骨料最大粒径不宜大于 50mm,钢筋混凝土桩身的粗骨料最大粒径不宜大于 40mm,并且不宜大于钢筋间最小净距的 1/3;细骨料应选干净的中、粗砂,以保证桩身混凝土质量。

(3) 灌注混凝土之前,必须检查桩管内有无吞桩尖或进泥、进水。若间隔时间太久,在灌注混凝土前,应重新对管内进行检测,不得在管内有进水入土的情况下灌注混凝土。

(4) 用长桩管打短桩时,混凝土应尽量一次灌足。打长桩或用短桩管打短桩时,第一次灌入桩管内的混凝土应尽量灌满。当桩身配有不到孔底的钢筋笼时,第一次混凝土应先灌至笼底标高,然后放置钢筋笼,再灌混凝土至桩顶标高。第一次拔管高度应控制在能容纳第二次所需要灌入的混凝土量为限,不宜拔得过高,应保证桩管内保持不少于 2m 高度的混凝土,在拔管过程中应设专人用测锤或浮标检查管内混凝土面的下降情况。

(5) 灌入桩管的混凝土,从拌制开始到最后拔管结束为止,不应超过混凝土的初凝时间。

(6) 应采用倒打或轻击拔管,在管底未拔至桩顶设计标高之前,不得中断轻击。

(7) 混凝土灌注充盈系数不得小于 1.1。完成后的桩身混凝土顶标高应比设计桩顶标高至少高出 0.5m。

3.4.5 沉管灌注桩施工出现缩颈的原因及处理方法有哪些？

沉管灌注桩施工出现缩颈的原因及处理方法见表 3-8。

沉管灌注桩施工出现缩颈的原因及处理方法　　　表 3-8

序号	主 要 原 因	处 理 方 法
1	在饱和淤泥或淤泥质软土层中沉桩管时土受强制扰动挤压，产生孔隙水压，桩管拔出后，挤向新灌注的混凝土，使桩身局部直径缩小	控制拔管速度，采取"慢拔密振"或"慢拔密击"方法
2	在流塑淤泥质土中，由于套管的振荡作用，淤泥质土填充进来，造成缩颈	采用复打法（锤击沉管桩）或反插法（振动沉管桩）
3	桩身埋置的土层，如上下部水压不同，桩身混凝土养护条件各别，凝固和收缩差异较大造成缩颈	采用复打法或反插法，或在易缩颈部位放置钢筋混凝土预制桩段
4	桩间距过小，邻近桩施工时挤压已成桩使其缩颈	采用跳打法加大桩的施工间距
5	拔管速度过快，桩管内形成真空吸力，对混凝土产生拉力，造成缩颈	保持正常拔管速度
6	拔管时管内混凝土量过少	拔管时，管内混凝土应随时保持 2m 左右高度，也应高于地下水位 1.0~1.5m，或不低于地面
7	混凝土坍落度较小，和易性较差，拔管时管壁对混凝土产生摩擦力造成缩颈	采用合适的坍落度：80~100mm（配筋时）；40~60mm（素混凝土）
8	在饱和淤泥层中施工，灌入混凝土扩散严重不均匀，造成缩颈	采用反插法或复打法

3.4.6 沉管灌注桩施工出现断桩的原因及处理方法有哪些？

沉管灌注桩施工出现断桩的原因及处理方法见表 3-9。

沉管灌注桩施工出现断桩的原因及处理方法　　　表 3-9

序号	主 要 原 因	处 理 方 法
1	混凝土终凝不久,强度弱,承受不了振动和外力扰动	跳打、增加间隔时间
2	桩距过小,邻桩沉管时使土体隆起和挤压,产生水平力和拉力,造成已成桩断裂	控制桩距大于 3.5 倍桩径,或采用跳打法加大桩的施工间距
3	拔管速度过快,混凝土未排出管外,桩孔周围土迅速回缩形成断桩	保持正常拔管速度,如在流塑淤泥质土中拔管速度应以不大于 0.5m/min 为宜
4	在流塑的淤泥质土中孔壁不能直立,混凝土比重大于淤泥质土,灌注时造成混凝土在该层坍塌形成断桩	采用局部"反插"或"复打"工艺,复打深度必须超过断桩 1m 以上
5	混凝土粗骨料粒径过大,灌注混凝土时在管内发生"架桥"现象,形成断桩	严格控制粗骨料粒径

3.5 预 制 桩

3.5.1 预制桩如何分类？

随着国家经济建设的发展,钢筋混凝土预制桩因其施工速度快、造价低的优点而被广泛地运用到工程建设之中。

1. 预制桩根据其截面形状不同可分为：

(1) 方桩：截面为方形,一般为实心桩,可在工厂或施工现场制作。截面尺寸一般为 300mm×300mm～600mm×600mm 不等。

(2) 管桩：截面为环形,一般采用离心成型并施加先张法预应力,需由工厂制作。管桩根据其离心混凝土强度不同又可分为预应力高强混凝土管桩（代号 PHC,混凝土强度≥C80）、预应力混凝土管桩（代号 PC,混凝土强度≥C60 且＜C80）。常用的尺寸为：外径 300、400、500、550、600mm 等。

2. 预制桩根据其施工方法不同可分为：

（1）锤击桩：可采用柴油锤、自由落锤等进行施工，现普遍采用筒式柴油打桩锤。筒式柴油锤型号根据锤芯冲击体的重量划分，有从25号（锤芯重2.5t）～100号（锤芯重10t）的多种型号。

（2）静压桩：采用静压桩机进行施工。静压桩机型号以桩机自重（含配重）划分，有从200～1200t等多种型号。

（3）其他：预制桩亦可采用水冲法、振动法等方法成桩，但较少采用。

3. 预制桩根据承载方式可分为：摩擦桩、端承桩和端承摩擦桩。

3.5.2 预制桩的适用范围如何？

预制桩宜以较厚较均匀的强风化或全风化岩层、坚硬黏性土层、密实碎石土、砂土、粉土层作桩端持力层，其上覆土层较软弱，不影响预制桩的穿透的地层。

3.5.3 预制桩不宜采用或需采取措施后方能采用的范围如何？

预制桩不宜采用或需采取措施后方能采用的情况：

1. 施工场地地面的地耐力较低

由于预制桩的施工需采用大型施工机械，对地耐力要求较高，地耐力不足时，会导致陷机而无法正常施工。桩机对地耐力的要求视不同桩机的自重（包括桩锤、配重等的重量）和桩机接触地面的不同而有差异，一般锤击桩机的地耐力要求低于静压桩机的地耐力要求。地耐力偏低时，可通过采取以下措施处理：选用对地耐力要求较低的桩机、施工场地铺填砖渣或碎石、桩机下铺钢板。

2. 土层中含有较多较难清除障碍物（如孤石、旧建筑物混凝土基础等）

地下障碍物可采用如下措施进行清除：

（1）如果障碍物埋深在地面以下3m内，可用挖掘机在桩位处开挖，挖除障碍物后重新回填黏性土；

（2）障碍物埋深在地面以下 6m 内,可制作比桩截面略大的钢桩,先用柴油锤将钢桩从桩位处施工入地下,穿透障碍物后,拔出钢桩,用砂土或砂回填桩孔后再施工桩。

（3）障碍物在地面以下深度超过 6m 时,采用钢桩预打但拔桩难度大,不宜采用。可采用钻（冲）桩机预钻穿透障碍物,但随着深度的增加,预钻的成本会增大。由于地下障碍物的清除会增加施工成本,因此需根据工程的具体情况,与适用的其他桩形进行造价、工期等方面的综合比较后才能采用。

3. 预制桩不能进入中、微风化岩层

土层中含有不适宜作桩端持力层但又难贯穿的土层,如：中微风化岩层或较厚的砂层、卵石层等。当土层中存在中、微风化岩层夹层时,可采用钻（冲）桩机预钻法处理。

4. 预制桩穿透砂层、卵石层的能力较弱,其穿透深度与砂石层密实度、颗粒大小、桩径大小和施工方法有关；砂石层密实度越大、颗粒越大、桩径越小,穿透深度越小；同等条件下,锤击桩的穿透深度大于静压桩的穿透深度。当无法穿透较厚的砂层、卵石层时,可采用钢桩预施打、钻（冲）桩机预钻法处理,在砂层和粒径较小的卵石层,还可采用螺旋钻机预钻。

5. 预制桩需穿过的土层从软弱土层直接进入坚硬岩层（如从流塑、软塑状土直接进入中、微风化岩层）或岩面埋深较浅且岩面倾斜度较大时。由于桩周土体对预制桩的约束力较小,预制桩施工至岩面时易产生倾斜和断桩,以上情况较多发生在石灰岩地区。在该种地质情况下宜采用静压桩或采用其他形式的桩。

6. 在居民密集区不宜采用锤击法施工。由于锤击法施工时,会产生较大的噪声、振动和废气污染,因此不宜在居民密集区进行施工。周边近距离内存在建构筑物,预制桩施工可能对其造成破坏时不宜采用。

3.5.4 预制桩施工工序与施工要点如何？

预制桩的施工工序,见图 3-2。

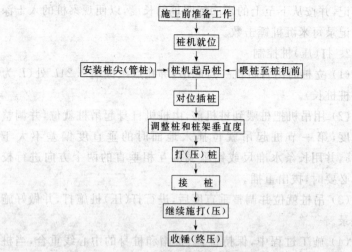

图 3-2 预制桩施工工序图

施工要点包括以下几个方面:

1. 施工前准备工作

(1) 施工测量放线:以业主提交的测量控制基准点为基础,建立闭合导线控制网,闭合导线控制网建立在场地四周;根据施工控制网,测设轴线,再根据轴线测设各个细部;

(2) 清除地下障碍物,平整施工平场,夯实桩机行走范围松散地面;

(3) 根据施工图绘制整个工程的桩位编号图,确定沉桩顺序和流水方向,多台机施工时可采用分区分段沉桩;

(4) 合理选择沉桩机械;

(5) 钢桩尖制作:管桩钢桩尖主要有十字型桩尖、圆锥型桩尖、开口型桩尖等三种类型。桩尖一般采用 Q235 号钢制作,焊条采用 E43 型结构钢焊条。方桩的桩尖一般在制桩时与桩身同时完成。

(6) 其他准备工作:认真检查桩机各部分的性能,以保证正常运作;将管桩与桩尖先焊接好;用石灰粉将测放出来的桩位的周边画圆圈进行标识,以便于吊桩就位;在桩身上划出以米为单位的长度标记,并按从下至上的顺序标明桩的长度,以便观察桩的入土深度及记录每米沉桩锤击数。

2. 打(压)桩控制

(1) 立桩时由打桩机一点起吊,绑扎点距桩端 $0.24L$ 处(L 为单节桩桩长)。

(2) 用吊机把桩喂到桩机前,由桩机自身起吊桩就位,并调整垂直度,第一节桩起吊就位插入地面时的垂直度偏差不大于 0.5%,并用长条水准尺或铅垂线从互相垂直的两个方向进行校正。必要时,拔出重插。

(3) 吊桩就位并调整垂直度后,进行打(压)桩施打,并做好施工记录。

(4) 施工过程中,保持桩锤、桩帽和桩身的中心线重合,当桩身倾斜率超过 0.8% 时,暂停施打,找出原因并设法纠正。

(5) 第一节桩顶离地面 $0.5m$ 时暂停施工,起吊第二节桩,操作同前,至上节桩中心线与下节桩重合时,较正垂直度,上下节桩确保顺直,错位偏差不得大于 $2mm$。

(6) 遇下列情况之一时,应暂停施工,并及时与设计、监理等有关人员研究处理:贯入度或压力值突变;桩头混凝土剥落、破碎;桩身突然倾斜、跑位;地面明显隆起、邻桩上浮或位移过大;桩身回弹曲线不规则。

(7) 锤击法施工时,预制方桩与 PC 管桩总锤击数不宜超过 2000,最后 $1m$ 锤击数不宜超过 250;PHC 管桩总锤击数不宜超过 2500,最后 $1m$ 锤击数不宜超过 300。

3. 接桩施工

预制方桩接桩方法有:焊接法、法兰螺栓连接法和硫磺胶泥锚接法;

管桩接桩方法有:焊接法和法兰螺栓连接法。

焊接法因其质量可靠、施工简便,而成为预制桩最常用的接桩方法。焊接接桩法施工要点如下:

(1) 方桩接桩采用角铁焊接连接,管桩直接在端头板坡口处塞焊；

(2) 当预制桩需接长时，在入土部分桩头高出地面 0.5～1.0m 时进行接桩；

(3) 接桩前清理干净上下桩端的泥土杂物，采用钢丝刷清理，坡口处刷至露出金属光泽；

(4) 上下节桩应对齐，保证上节桩的垂直，错位偏差不大于 2mm；

(5) 预制桩接桩焊接由两至三人同时对称施焊，以减少焊接变形。焊缝应连续、饱满，不得有施工缺陷，如咬边、夹渣、焊瘤等；

(6) 焊接层数不少于二层，内层焊渣清理干净后才施焊外一层，每层焊缝的接头应错开；

(7) 电焊条选用 E43 或以上的焊条；

(8) 焊接好的桩接头应自然冷却后才继续锤击或施压，自然冷却时间不少于设计要求，严禁用水冷却或焊好即打。

4. 送桩

(1) 送桩器：方桩采用套筒式送桩器，管桩可采用套筒式送桩器或插销式送桩器。送桩器需有足够的强度、刚度和耐打性，送桩器长度需满足送桩深度的要求，送桩器上下两端要平整，并与送桩器中心轴线相垂直。

(2) 送桩作业：当桩顶打至接近地面需送桩时，测出桩的垂直度并检查桩顶质量，合格后立即送桩。考虑到送桩时能量损耗，送桩时的最后贯入度需比同一条件下不送桩时的贯入度适当减小。送桩后及时回填送桩形成的孔洞。为保证施工质量，送桩深度一般控制在 2m 内，最大不宜超过 6m，并需具备以下条件：有可靠措施保证桩的垂直度；桩机自身稳定性好；施工机械具有拔出较长送桩器能力。

5. 收锤（终压）

当桩施工达到设计要求的收锤（终压）标准时，移机进行下一根桩的施工。

6. 截桩头

桩打好后桩头高出地面的部分需小心保护,防止施工机械碰撞或将桩头用作拉锚点。高出的桩头,采用锯桩器截割,用锯桩器套牢住桩,安放平稳。严禁采用大锤横向敲击截桩或强行扳拉截桩。压桩完后高出地面的桩段,必须在移机前用锯割除,严禁用压桩机行走推力强行将桩扳断。

3.5.5 预制桩常见质量问题有哪些?

预制桩常见质量问题有:

1. 桩身断裂或桩顶破碎

桩身断裂将导致桩失效,桩顶混凝土破碎将导致无法继续施工,达不到收锤标准(终压)标准。桩身断裂破碎包括入土前桩的断裂和施打(压)过程中的断裂、破碎。

(1) 入土前桩的断裂,产生的主要原因包括:

1) 制桩场地承载力不足;

2) 制桩使用材料质量不符合要求;

3) 桩身混凝土配合比不当,因混凝土收缩变形造成桩身的纵向裂纹;

4) 桩身钢筋混凝土保护层不够而造成桩身出现横向裂纹;

5) 混凝土振捣和养护不够;

6) 未到规定强度即进行起吊;

7) 吊点位置不当;

8) 装卸、运输过程中的碰撞;

9) 堆放层数过多、堆放场地承载力不足。

(2) 施工过程中的断裂、破碎,产生的主要原因包括:

1) 桩身混凝土的强度偏低;

2) 接桩焊接质量差或焊接后冷却时间不足;

3) 由软弱土层直接进入坚硬的岩层或岩面倾斜度大;

4) 遇到地下障碍物;

5) 锤击法施工时,需穿越较厚砂层、卵石层、硬土层,导致桩承受锤击数较多,导致桩疲劳破坏。

2. 桩顶位移或桩身倾斜

桩顶位移、桩身倾斜均会导致桩的承载能力降低,甚至桩失效。产生的主要原因是桩受力不均匀,包括以下两类情况:

(1) 桩承受桩机(或桩锤)的作用力不均匀,如:桩机不平整、桩锤不垂直或桩本身不垂直;接桩时上下两节桩偏差较大。

(2) 桩承受土层阻力不均匀,如:场地土层软硬不均,厚薄不匀,在边坡上施工导致桩向坡底倾斜,土层中存在地下障碍物,由软弱土层直接进入坚硬的岩层或岩面倾斜度大。

3. 沉桩达不到设计深度

生产的主要原因包括:

(1) 桩机(或桩锤)的选型偏小,不能满足沉桩要求;

(2) 土层中有无法穿透的硬夹层或较厚的砂层、卵石层、硬土层而无能力穿透;

(3) 土层中存在地下障碍物。

3.5.6 预制方桩现场制作时应注意哪些问题?

预制方桩的现场制作,主要应注意:

(1) 制作场地应平整、坚实;

(2) 桩身配筋准确、齐平,保护层厚度能满足要求;

(3) 桩身混凝土应严格按设计的配合比拌制,宜采用较小的水灰比,粗骨料应采用20~40mm的碎石;

(4) 浇注桩身混凝土时,宜由桩顶向桩尖处连续进行浇注,不得中断,以保证桩身混凝土的连续性和密实性;

(5) 当桩身混凝土达到70%的设计强度时方可进行起吊,达到100%强度时方可进行运输;

(6) 重叠法制桩时,桩之间、桩模之间的接触面不得粘连,上层桩或邻桩的浇注,必须在下层桩或邻桩的混凝土达到设计强度的30%以后方可进行,制桩时的重叠层数,视具体情况而定,不宜超过四层。

3.5.7 预制桩的起吊、运输及堆放应注意哪些问题？

起吊宜采用两支点法，装、卸时应轻起轻放，保持平稳，严禁抛、掷、碰撞、滚落；

运输宜采用平板车，车上应设专用的支承架，将桩吊装上车后，应用钢丝绳将桩绑扎牢固；

堆放时，要求场地平整坚实，先按起吊点的间距确定垫木的间距，垫木应设置在吊点位置下，多层垫放时垫木应上下对齐，然后按不同规格、长度分别堆放，场地允许时可单层堆放，叠层堆放时不宜超过四层。

3.5.8 预制桩的主要施工机械应如何选择？

1. 静压桩机的选择：

静压桩机主要根据设计单桩承载力和地耐力来确定。桩机额定配重一般应大于或等于二倍的设计单桩承载力，而地耐力则应保证压桩机能在场地上自由行走。

2. 锤击桩机械的选择：

（1）柴油锤的选择：主要取决于地质条件，桩的类型，桩的密集程度、单桩竖向承载力及现有施工条件等因素。并能满足以下条件：冲击能量应保证能打到预定的持力层；不能打坏桩，即打桩应力不能大于桩身材料屈服强度；打桩的总击数不能大于桩身材料的破坏疲劳击数。混凝土预制桩≤200击。柴油锤的选择可参考表 3-10。

选择筒式柴油打桩锤参考表   表 3-10

柴油锤型号	25号	32号~36号	40号~50号	60号~62号	72号	80号
冲击体质量(t)	2.5	3.2/3.5/3.6	4.0/4.5/4.6/5.0	6.0/6.2	7.2	8.0
锤体总质量(t)	5.6~6.2	7.2~8.2	9.2~11.0	12.5~15.0	18.4	17.4~20.5

续表

柴油锤型号		25号	32号~36号	40号~50号	60号~62号	72号	80号
适用桩规格	管桩	φ300	φ300/φ400	φ400/φ500	φ500/φ550/φ600	φ550/φ600	φ600/φ800
	方桩（边长mm）	300	300~350	350~450	400~550	500~600	550~800
	单桩竖向承载力设计值范围(kN)	600~1200	800~1600	1300~2400	1800~3300	2200~3800	2600~4500
	桩尖可进入的岩土层	密实砂层坚硬土层全风化岩	密实砂层坚硬土层全风化岩	强风化岩	强风化岩	强风化岩	强风化岩
	常用控制贯入度(mm/10击)	20~40	20~50	20~50	20~50	30~70	30~80

（2）锤击式打桩机的选择：锤击式打桩机主要有滚筒式、履带式、步履式打桩机三种，锤击桩机主要根据桩机的起重能力和地耐力来确定。桩机的起重量需满足配挂桩锤加单节桩的重量的要求，桩机的起吊高度需满足桩锤加单节桩的长度的要求。而地耐力则应保证压桩机能在场地上自由行走，一般来说，滚筒式打桩机和履带式打桩机对地耐力的要求比步履式打桩机低。

3.5.9 打桩顺序一般应如何确定？

打桩顺序应综合考虑下列原则后确定：

1. 根据桩的密集程度及周围建（构）筑物的关系

（1）若桩较密集且距周围建（构）筑物较远、施工场地较开阔时，宜从中间向四周进行；

（2）若桩较密集、场地狭长、两端距建（构）筑物较远时，宜从中间向两端进行；

（3）若桩较密集且一侧靠近建（构）筑物时，宜从毗邻建（构）筑物的一侧开始由近及远地进行。

2. 根据桩的入土深度,宜先长后短。

3. 根据桩的规格宜先大后小,先长后短。

4. 根据高层建筑塔楼(高层)与裙房(低层)的关系,宜先高后低。

3.5.10 怎样预防预制桩施工中的倾斜？

1. 确保桩承受桩机(或桩锤)的作用力均匀,主要措施如下:

(1) 保持机架水平,桩锤和桩身垂直,使桩锤、桩帽、桩尖三者在同一轴线上。

(2) 打桩时桩顶面与桩帽的接触应平整。压桩时的夹持中心应位于桩轴线上。

(3) 接桩时上下两节桩必须保持在同一轴线上。

(4) 沉桩时加强对桩身垂直度的监控,出现偏差应及时进行纠正。

2. 确保桩承受土层阻力均匀,主要措施如下:

(1) 场地土层软硬不匀,厚薄不匀时,采用钢桩预打引孔或预钻孔方法进行处理;

(2) 在边坡上施工时,通过开挖或回填的方法对施工面进行平整;

(3) 对地下障碍物进行清障。若因地下障碍物造成桩身倾斜,则应进行清障;

(4) 由软弱土层直接进入坚硬的岩层或岩面倾斜度大时,采用静压法施工或改用灌注桩等其他桩型。

3.5.11 预制桩桩身断裂有何症状？如何预防和处理？

1. 入土前断裂

桩身入土前的断裂发生在制作、装卸、运输和堆放过程中,主要有横裂和纵裂,一般能用肉眼观测。

预防措施如下:保证制作和堆放场地有足够的承载力;制作过程中,严格把好制作过程中质量关,制造材料一定要按规定选择;

合理选定混凝土的配合比,严格按配合比进行施工;保证钢筋制安的质量,确保保护层厚度,加强振捣和养护。桩身混凝土达到规定强度后方可进行起吊;严格按设计吊点位置进行起吊;装卸、运输过程小心操作,防止碰撞;尽量减少堆放层数,堆放层数不超过4层。

处理方法:如发生桩身断裂禁止使用。

2. 施工过程中的症状

压力表读数(静压桩)和贯入度(锤击桩)出现突变或桩锤无法正常回弹,桩顶或桩身发生移位。

预防措施如下:制桩过程中严格控制,保证成桩质量;接桩时保证上下节桩的垂直度和焊接质量、焊接后冷却时间;应保证桩身垂直度≤0.5%,在桩打(压)入一定深度后,不能强行对桩进行调直,一根桩的长细比一般不应超过40;锤击法施工时,采用钢桩引孔或预钻孔方法穿越较厚砂层、卵石层、硬土层;按重锤低击的原则选择桩锤,防止桩身的疲劳破坏;施工前应认真清除地下障碍物;由软弱土层直接进入坚硬的岩层或岩面倾斜度大时,采用静压法施工或改用灌注桩等其他桩型。

处理方法:如桩入土较浅,尽量拔除重新换桩施打,否则采取补桩或其他处理措施。

3.5.12 如何控制预制桩施打的收锤标准?

1. 打桩的收锤标准:

桩端(指桩的全断面)位于一般土层时,以控制桩端设计标高为主,贯入度可作参考;

桩端达到坚硬、硬塑的黏性土、中密以上粉土、砂土、碎石类土、风化岩时,以贯入度控制为主,桩端标高可作参考;

贯入度已达到设计要求,而桩端标高未达到设计要求时,应继续锤击3阵,按每阵10击的贯入度不大于设计规定的数值加以确认,必要时施工控制贯入度应通过试验与有关单位会商确定。

2. 压桩:以试桩确定的终压力控制为主,标高控制为辅。

3.5.13 预制桩施工中引起地表隆起的原因有哪些?

预制桩施工中的地表隆起是由沉桩施工过程中挤土作用产生的。根据不同的情况,地表的隆起程度不同:

(1)与桩的密集程度有关,单个承台的桩数越多,承台的距离越近,挤入土中的桩体积就越大,地表的隆起量也就越大。

(2)与地质条件有关,土层含水量越大、渗透系数越小、越密实,在受到挤压时,压缩量越小,孔隙水压力消散越慢,地表的隆起量也就越大。

(3)与施工速度有关,施工速度越慢,土体中超静孔隙水压力消散越多,土体的压缩量越大,地表的隆起量也就越小。

3.5.14 预制桩施工对周围环境的影响有哪些? 如何预防?

1. 预制桩施工对周围环境的影响:

预制桩施工对周边环境的影响很大,打(压)入土体的桩因挤土作用,破坏土体原来的平衡状态,造成施工场地及周围地面的隆起。打桩施工设备还会造成较大的噪声、振动、废气污染;

沉桩过程地面的隆起和振动会造成周边地面、建(构)筑物、道路和地下市政、电信管线损坏。如果施工场地距周边建(构)物等距离较近,又不采取相应的防护措施,上述破坏程度会更严重。

这些危害,主要是桩入土后改变了土体的内部的平衡:

(1)沉桩时,地表受到猛烈冲击,使桩周围的土体产生水平位移,很快形成挤出破坏,造成桩周围地面隆起。随着打桩的进行,土中存在连续的滑动面。

(2)深层土体在短时间内受到压缩、挤密,使土体中孔隙水压力迅速升高,形成超静孔隙水压力,而孔隙水压力的消散,又受土体渗透性的影响,在淤泥层和黏土层,超静孔隙水压力的消散往往需时较长。

(3)由于超静孔隙水压力随着时间而消散,有效应力增加,土体产生固结,因而形成地面的沉降,使已入土的群桩产生负摩擦力,反过来降低了桩的承载力。

2. 预防措施

依据多年的施工经验,采取如下措施可减少土体的挤土效应,从而减少和预防沉桩施工对邻近建(构)筑物等的影响:

(1) 控制沉桩速度。为减少挤土效应,避免在短时间内连续打入大量桩,但这样会影响工期;

(2) 合理安排打桩顺序;

(3) 预钻孔打桩工艺。先在桩位用长螺旋钻钻孔取土,取土深度不宜超过桩长的一半,然后在孔中插入预制桩,再施打到设计深度,这样可减少挤土效应;

(4) 管桩可采用开口形桩尖。让部分土挤入管桩内腔,减少挤土效应;

(5) 开挖防振沟。沿着沉桩区域四周挖沟,深度 1.5m~2.0m,可隔断通过地表传递的震动波和地表处的土体挤压位移,使之不影响沟槽外的区域。实践证明,防振沟对邻近建(构)筑物的防振和防止土体位移起到很好的作用;

(6) 设置排水砂井。人为地设置排水通道,使孔隙水压力较快消散;

(7) 当存在地下室需进行基坑围护时,宜先沉桩后进行基坑围护施工,以避免因桩挤土作用对围护结构造成破坏;

(8) 要减少噪声、振动、大气污染,预制桩用静压桩法是最好的选择。它具有无噪声、无振动无冲击力、施工应力小等特点,可减少打桩振动对邻近建筑物的影响,桩顶不易破坏,不易产生偏心沉桩,沉桩精度高,且能在沉桩施工中测定沉桩阻力为设计施工提供参考,并预估和验证桩的承载能力。

3.5.15 预制桩施工过程中桩浮起的原因和处理办法?

预制桩施工过程中桩的浮起是由桩的挤土作用引起的,由于桩的挤土作用,会使桩周的土体隆起。桩周土隆起时,会对先前入土的桩产生向上的作用力,如果这些桩入持力层深度不够或者持力层以上的土层较软弱不能提供足够的约束力时,桩就会产生浮起。要减少桩的浮起,需减少土体的隆起量,具体措施详见上节。

桩浮起后,桩底悬空未落在持力层上,在承受较小的荷载时会产生很大的沉降,导致桩的失效,必须进行处理。桩的浮起主要通过复打(复压)的办法处理:在打(压)桩施工结束后,对浮起的桩重新进行打(压)施工,使其沉至原来的持力层上。复打(复压)施工应注意以下事项:

(1) 对可能产生浮起的桩,不宜进行送桩作业,以免增加复打(压)时的施工难度;

(2) 加强对桩顶标高的观测,及时发现桩的浮起现象,并掌握桩的浮起量;

(3) 复打时由于桩从悬空状态直接进行坚硬的持力层,极易造成断桩,因此必须轻击以免断桩,可采用柴油锤不供油仅靠锤芯重量施打的方法进行复打;

(4) 复打过程中,每击均应记录沉桩深度,以免到达持力层后仍继续施打而产生断桩;

(5) 桩顶埋入地面的桩,可开挖露出桩头后进行复打(压),如复打管桩,需将桩孔内的水舀出一部分,以免施打时,桩产生劈裂效应而导致废桩。

3.5.16 预制桩施工中出现持力层软化应如何处理?

作为持力层的岩层和硬土层,可能具有遇水软化的特征,预制桩施工后,地表水或地下水会沿桩外壁与土体之间的空隙或通过管桩内壁从桩尖焊缝的空隙渗入持力层中,从而导致桩端持力层的软化,使桩的承载力降低甚至桩失效。

处理办法:

(1) 将桩外壁与土体之间的空隙用黏土封实;

(2) 将管桩内壁用 C20 素混凝土进行封底处理,封底高度为 1.5~2.0m;

(3) 必要时进行复打,使桩进入未软化的持力层。

4 基坑工程

4.1 一般问题

4.1.1 基坑工程有什么特点？

基坑工程是岩土工程与结构工程相交叉的综合性工程技术，其特点有：

1. 复杂性

基坑工程的工作对象主要是岩土，岩石和土是在漫长的地质年代中，经过各种内力和外力地质作用而形成的自然产物。靠近地表的岩石在各种物理、化学、生物化学的作用下发生机械破碎和化学变化，经过风化、剥蚀、搬运、沉积形成了土。岩土不像钢材、混凝土等人工材料那样，性能和质量可以控制、离散性小，错综复杂的地质作用，注定了岩土就有着与生俱来的复杂性。某些岩土的结构和性能容易受到外界环境，尤其是水的影响，不同的施工方法对岩土的性质产生着不同的影响，更增加了其复杂性。

2. 不确定性

地质勘察所取得的试验数据相对拟建场地总体来说是极少的，设计及施工者不太可能通过地质勘察报告对场地土质的全部性状都了解清楚，而且受施工环境（如水）作用后某些参数还会发生改变，因此地质勘察资料作为设计依据本身就具有不确定性。设计理论及计算模型不成熟，设计时受设计者个人经验的制约，设计结果本身也具有不确定性。此外施工条件（如降水、地面堆载、施工机械车辆的行走与振动、周围已有建筑物和道路及地下管网等)的改变、施工水平的不同等等,这一系列因素决定了基坑工程具有极大的不确定性。

3. 地区性

各地的自然条件不同,形成的岩土的性质存在着很大的差异,土力学参数不同,工程处理的目的、措施不同,设计方法不同,施工方法也不同,因此,岩土工程有着明显的地区性,设计与施工时必须因地制宜。

4. 经验性

人们对岩土的认识仍比较肤浅,岩土工程的设计处于半理论半经验状态,基坑支护的设计理论更是土力学中的薄弱点。设计时要根据经验选用适合的支护方案,设计中采用的许多设计参数都是经验数据,按数学方法计算的结果,一般还需根据经验来判断设计参数的选取及设计结果的可靠性。

5. 差异性

地质条件的不同,场地周围环境的不同,基坑的规模不同,对基坑变形的要求不同等等,决定了每个基坑都是独特的,没有两个完全一样的基坑,也基本上没有两个完全一样的基坑支护结构。

6. 风险性

绝大多数基坑支护都是临时性工程,建设及使用时间短(一般不超过一年),基坑回填后支护结构即失去了作用,因此建设单位不愿意为支护结构投入较多的资金,往往对其重视不足,基坑支护体系的安全储备较小,而基坑工程本身又具有复杂性与不确定性,所以工程风险性很大。

7. 重要性

基坑支护涉及到的技术比地面结构要复杂,它涉及到结构力学、材料力学、理论力学、弹性力学、岩土力学、水力学等多种学科,基坑支护涉及到的各项参数又随时间和环境条件的变化而不断变化,存在诸多的不确定性;一旦发生意外,严重时甚至会造成机毁人亡、房屋倒塌、基坑报废等后果,而且处理难度很大,处理费用很多,造成了时间、财力、人力的浪费。因此,基坑支护工程虽然多是临时性工程,却往往是建筑工程成败的重要一环,建设、勘察、设计、施工、监理等各方均应认真对待,万万不可掉以轻心。

4.1.2 基坑的支护结构主要分哪几大类型?

从基坑支护设计理论及施工方法综合考虑,一般来说基坑支护结构(或称围护结构、挡土结构、围护墙)可分为如下几大类:

1. 排桩

采用队列式的支护桩(或称护坡桩、围护桩、挡土桩等)作为主要挡土结构,稀疏排列或紧密排列,单排或双排布置;结构形式又可分为悬臂结构、单支点(支撑或锚拉)结构、多支点结构等几种。

排桩按材料可分为钢筋混凝土桩、钢桩及木桩,其中木桩很少应用于基坑支护。

按成桩方法可分为预制桩、钢桩和灌注桩。预制桩包括钢筋混凝土预制桩和预应力钢筋混凝土预制桩;钢桩包括钢板桩、钢管桩和型钢桩;灌注桩又按成孔工艺可分为两种,一种是钢管护壁的,如沉管灌注桩、液压摇动式全套管灌注桩;另一种为没有护壁或泥浆护壁的桩,通过螺旋干钻、回转湿钻、冲、抓、人工或机械挖等各种形式成孔。

2. 土钉墙和复合土钉墙

土钉墙是一种原位加固土技术,由被加固土、土钉及钢筋混凝土面层构成。土钉通常采用成孔后插筋注浆或直接打入后注浆的施工方法,面层混凝土通常喷射而成,有时也采用现浇方法。土钉墙与搅拌桩、旋喷桩、各种微型桩及预应力锚杆等结合起来,根据具体工程条件多种组合,即形成复合土钉墙技术。

3. 水泥土桩墙及加筋水泥土墙

一般采用深层搅拌桩或高压旋喷桩形成重力式挡墙,有时加设支撑以改善其受力状态,有时桩内插筋(如钢筋、钢管、型钢、毛竹等)以增加其刚度,但插入型钢后计算模型与重力式水泥土墙已完全不一样。

4. 地下连续墙

采用成槽机械在泥浆护壁的情况下开挖土方,形成一定长度的狭长深槽,清槽后将钢筋笼吊放入槽内,用导管法浇灌水下混凝土,形成了一个单元槽段,各个槽段通过特殊接头相互连接,就形成了一道连续的地下钢筋混凝土墙。地下连续墙一般起挡土、截水、防渗作用,有时兼起承重作用。根据地下连续墙与主体结构(主要为地下室外墙)的连接形式,可分为整体式、分离式、重壁式、独立式等几种。

5. 重力式挡墙

有毛石挡墙、混凝土挡墙、水泥土挡墙等几种形式,前两种在基坑支护中应用较少,而较多地用于边坡治理。

6. 预应力锚杆及支撑

锚杆是一种埋入土层深处的受拉杆件,一端锚固于土层中,另一端与工程构筑物相连,用以维持构筑物的稳定。受造价相对较高等因素限制,锚杆一般不单独用于基坑支护中,而是与排桩、地下连续墙、土钉墙等支护结构物共同作用。设置内支撑的目的与锚杆大体相同。对于单支点或多支点的排桩、地下连续墙等,支点结构形式常用内支撑或预应力锚杆,内支撑一般为钢支撑或钢筋混凝土支撑。

7. 其他形式

如沉井、逆作拱墙、冻结法及各种组合形式。对于单支点或多支点的排桩、地下连续墙支护等的支点形式常用内支撑和预应力锚杆,内支撑一般为钢支撑和钢筋混凝土支撑。

4.1.3 常用于深基坑的支护结构有哪些?其主要适用深度范围分别是多少?

习惯上把开挖深度超过5m的基坑称作深基坑。

(1) 上述各种支撑结构中,重力式挡墙基本不用于深基坑支护中,水泥土桩墙一般也不单独或作为主要受力结构用于深度超过6m的基坑支护。但是在两侧边坡相距很近,利于加设对撑时(如沟槽开挖),多排水泥土拌合桩加多排支撑的支挡结构可用于

7～9m深的基坑支护。

（2）土钉墙支护的基坑开挖深度一般不超过12m,超过12m时,土钉墙结构不宜单独应用,应与其他支护形式如预应力锚索、排桩、有限放坡等联合应用。

（3）较深及较浅的基坑,均可采用排桩及地下连续墙结构,当基坑开挖较深时,一般采取加撑（或锚杆）的形式。

4.1.4 常见的基坑破坏形态有哪些？

基坑的破坏形态一般为支护结构的强度破坏和稳定性破坏两种。

重力式挡墙的抗剪强度不足造成的剪切破坏,支撑断面过小或强度不足产生的压曲压断,锚杆的锚固力不够或拉杆强度不足产生的拔出或拉断,桩墙配筋不足断裂,支护结构平面变形过大或者弯曲过大等,均属强度破坏。

稳定性破坏,即土体失稳或支护体失稳或者两者同时失稳。常见的稳定性破坏形态有：

1. 整体失稳

当滑动力矩较大、抗滑力矩不足时,边坡土体沿着滑动面（往往通过支护结构的底部）向基坑内产生滑动坍塌,土体与支护结构同时失稳。地面附加荷载过大、挖土超深、水的作用等原因,都可能会引起整体失稳破坏。

2. 倾覆

倾覆力矩较大而抗倾覆力矩不足时,支护结构可能会绕着底部某点产生倾覆。支护结构设计时,重力式挡墙、土钉墙等支护形式一般应做抗倾覆验算。

3. 踢脚

即支护结构底部发生移动。主动土压力对支护结构上部某点（如支撑处）产生的转动力矩较大,而被动土压力产生的阻抗力矩不足时,有可能发生。在支护结构入土深度不足、坡脚土方超挖、软坡脚或者离坡脚很近范围进行人工挖孔桩施工时容易产生此现象。

4. 隆起

当基坑开挖深度较大时,在坑外侧土重及地面荷载的作用下,可能会造成坑底的土体隆起,一般发生在较深厚的软黏土层中。此时支护体不一定被破坏,但是可能会造成坑内工程桩的倾斜或断裂。

5. 水平滑移

坑外侧土的水平推力较大,而支护结构与土体之间产生的抗滑力不足时,可能会产生土体与支护结构的整体水平滑动,一般发生在较深厚的软黏土层中。重力式挡墙结构一般需做抗水平滑移验算。

6. 渗流破坏

表现为流砂(或称流土)、管涌(或称潜蚀)、突涌等形式。当基坑外的地下水位高于坑内水位时,地下水产生自下而上的渗透压力(动水压力),此渗透压力达到土的浮重时,某一范围内的土颗粒不分大小均处于漂浮状态,一齐随水流动,这种现象即为流砂。流砂现象多出现在粉细砂、粉土层中。如果土层由粒径相差较大的土粒组成,在渗流作用下,土中的细粒在粗颗粒的孔隙中移动流出,流动的通道不断变粗变大,渗流量也不断增大,最终造成土体破坏,这种现象即为管涌。当坑底的不透水层较薄、而不透水层下面又具有较大水压的承压水层或滞水层时,如果隔水层的竖向土压力小于水压,则可能会发生坑底土层隆起或地下水冲破隔水层的现象,即突涌。

需要说明的是,诱发基坑破坏的原因往往并不是一种,基坑表现出来的破坏形式往往也不是一种,而可能是几种破坏形式综合在一起。

4.1.5 基坑支护工程需要考虑哪些内容?

基坑支护工程需要考虑以下几方面的内容:

1. 支护结构选型,强度、稳定性及变形计算综合考虑技术经济因素选择最适宜的支护形式,支护结构受力后构件不产生拉断或拔出、压屈或失稳、弯曲折断、剪断等破坏。

2. 边坡稳定性验算

即边坡不产生整体或局部失稳,不倾覆,不滑移,不踢脚;坑底不产生隆起、渗流破坏等。

3. 水害

地下水对基坑边坡的稳定有着极大的影响,多数基坑工程事故都是由水害引起的,在地下水丰富的地区,对地下水处理的成功与否往往是基坑支护成败的关键。因此,必须考虑基坑开挖与地下水变化引起的基坑内外土体的变形及其对基础桩和周边环境的影响。不管是截水还是降水方案,均应考虑不同的季节对地下水的不同影响。

4. 周边环境的保护

在进行支护体系的选型比较时,必须考虑周围环境对施工的要求,如有没有空间放坡、允许有多大的施工噪声、能不能夜间连续施工、土钉及锚杆对地下管线及邻近建筑物的基础、地下室会不会造成破坏等。

5. 土方的开挖

一些工法和施工项目对土方的开挖有着较高的要求,如土钉墙、腰梁及锚杆等,因此基坑支护设计时也要对土方开挖方案进行设计。

6. 基坑监测的内容及要求

基坑不能有过大的水平位移和地基沉降,变形不能对基坑附近的建(构)筑物、道路、管线等结构造成破坏,有时还要求基坑支护结构物(如兼作地下室外墙的地下连续墙)的水平变形不能影响到主体结构的位置与施工;支护结构的应力不能超过允许值等。岩土工程具有复杂性和不可确定性,更需要动态设计和信息化施工。

7. 其他因素的影响

如本场地或附近场地打桩施工时产生的振动、压力注浆产生的压力、挖孔桩或灌注桩在坡脚施工等都可能对边坡的稳定产生不利影响。

8. 不同工况下的设计参数验算

在进行结构物及边坡的强度、稳定性、变形等参数计算时,不能仅按完工后的整体工作状况进行计算,还应计算施工过程中典型工况的上述各项参数,尤其是要考虑到在最不利条件下的工况的各项参数指标能否满足安全要求。

4.1.6 基坑开挖有什么要求?

(1) 基坑土方的开挖对基坑周壁和坑底是卸荷过程,对支护结构是加荷过程。开挖过程直接影响基坑和支护结构的稳定,至关重要。土方的开挖顺序、方法必须与设计工况相一致,严禁超挖。控制挖土速度,防止土体失稳或渗流破坏。

(2) 土方应分层均衡开挖。分层厚度应根据工程具体情况(土质、环境、支护结构型式等)决定。在平面和深度上要对称、平衡开挖,不要在垂直方向上开挖深浅不一、平面上坑坑洼洼,以至造成荷载分布不均或局部应力集中,引起土体失稳及支护结构受荷不均。

(3) 土方开挖须与支护结构施工相结合,为支护结构的施工提供方便。开挖到位后立即进行梁、支撑、锚杆、土钉等结构物的施工,在该结构物未达到使用条件前,不得向下开挖。还要注意挖方时不得碰撞或损伤排桩、冠梁、锚杆、支撑等任何支护结构及降水设施。

(4) 基坑边坡不应随意堆放施工荷载。如果堆放,不得超过设计允许的地面荷载。

(5) 基坑的变形与暴露的时间有很大关系,因此施工时间要尽可能短。开挖到坑底设计标高后及时验槽,合格后立即进行垫层施工,对坑底进行封闭,防止浸水和暴露时间过长,并应及时进行基础施工。地下室施工时,地下室外边坡间的空隙尽早回填,回填土应分层夯实。对特大型基坑,宜分段分块开挖至设计标高,分段分块及时浇筑垫层。必要时，可分段分块浇筑底板及施工地下室。

4.1.7 何种条件下基坑适合采用放坡形式？

放坡开挖，也称作坡率法开挖，就是无支护开挖，经济、简单、安全，在条件允许时应优先选用。放坡需要这样一些条件：

(1) 基坑较浅。

(2) 基坑外有较大的空间，使边坡的坡率能满足稳定的要求。

(3) 地下水水位较低。如果地下水位较高，需采取排水降水措施时，基坑的降水排水引起的地基沉降不应对周边环境产生不利影响，更不能造成破坏。

(4) 土质情况较好。对于软塑或流塑状的黏土、饱水的粉细砂层等，不宜采取放坡形式。

(5) 周边环境对基坑开挖要求不高，如允许有较大的边坡变形等。

4.1.8 如何确定边坡的放坡参数？

边坡开挖的允许坡度及是否需分级放坡，要根据开挖深度和不同土质在不同排水条件下的稳定坡率确定，并要考虑气象条件、开挖方法、开挖后暴露时间、附近有无堆载、坡面保护措施等因素的影响。

(1) 放坡应控制分级坡高和坡度。边坡的坡高和坡度允许值，一般根据当地经验参照同类土（岩）体的稳定坡高和坡度值确定，没有相关经验时可按有关规范规程取值，土质边坡坡率一般为 $1:0.35\sim1:1.5$。当坡高不大于允许值（土类边坡一般不大于 $5\sim6m$）时，可按一级放坡，超过允许值时，则应分级放坡，中间设置 $0.5\sim1m$ 宽的过渡平台。分级放坡时下级坡率应缓于上级。

(2) 当坡顶有堆载或具有软弱结构面的顺坡倾斜地层时，应适当降低坡高或放缓坡度。当遇有砂层、粉土、粉质黏土、淤泥、淤泥质土等软弱夹层时，应对夹层处的滑动面进行坡体稳定性验算。

（3）对于土质边坡或易于软化的岩质边坡，应采取相应的排水及坡面、坡脚保护措施。

（4）必要时辅以局部支护结构和保护措施。

4.1.9　放坡坡面有哪些常用防护措施？

地表水对边坡的冲刷及渗透会对边坡产生不利影响，甚至造成局部坍塌，因此需要对边坡的坡面进行保护。保护措施包括护面措施和排水措施，常用措施有：

（1）水泥砂浆抹面：挂钢丝网（或铁丝网）或不挂网，一般砂浆厚度 20～30mm，强度 M2.5 以上，常用钢（铁）丝网网格大小为 20～50mm，钢丝网用 U 形卡固定在坡面上。

（2）混凝土护面：挂钢筋网（或钢丝网、铁丝网）或不挂网，一般采用细石混凝土或喷射混凝土，厚度 30～50mm，强度 C15 以上，钢（铁）丝网规格同上，钢筋网的钢筋直径一般 $\phi6$ 或 $\phi8$，纵横双向间距 200～300mm，通常用 $L=0.4～1.0m$ 一头带弯钩的锚筋固定在坡面上。

（3）浆砌块石或砌砖：宜自下而上分层平行铺砌，错缝搭接，石块缝隙间用碎石嵌实。

（4）土袋（或砂袋）压坡：坡面上用编织袋装土（砂）后堆置，有时只在边坡下半部堆放以稳定坡脚。

（5）覆盖薄膜：用塑料薄膜、塑料纺织布、油布等材料覆盖边坡，坡脚及坡顶采用砌砖或堆土袋压边。

（6）排水措施。坡面上应按一定的间隔设置泄水孔，边坡上有渗流时在渗水处设置过滤层，防止土砂粒流失。坡顶及坡脚须设置截（排）水沟，及时排除积水。

4.1.10　对放坡开挖施工有何技术要求？

放坡开挖施工简单，技术要求低，需要注意的事项有：

（1）土方开挖宜自上而下分层分段开挖，速度不应过快。

（2）及时施工坡面保护措施，防止地表水的冲刷渗透。

(3) 弃土随挖随运,不应在坡顶堆放。

(4) 开挖时应随时顺势成坡,以利排水,但不得在影响坡脚的范围内积水。及时排除积水,防止积水浸泡坡脚。

(5) 发现淤泥、流砂等不利于边坡稳定的土层时,应采取处理措施。

(6) 开挖时还应按有关要求做基坑变形监测。

4.1.11 基坑工程施工过程中,有哪些应急措施?

基坑工程是十分复杂的,常常有意想不到的情况发生。勘察、设计、施工,哪个环节处理不好,都可能会导致事故的发生,即使都按规范执行,还有可能因计算模型及理论本身就存在缺陷、受附近的施工影响等因素导致出现意外。因此,基坑工程经常会出现地面开裂、土体及支护结构变形、边坡滑塌、建筑物沉降倾斜等险情,整个基坑暴露期间应备有相应的应急措施。边坡失稳的根本原因,就是土体潜在破裂面上的抗剪强度小于剪切力,因此抢险应急措施也要从两方面入手,一是减小荷载,二是提高抗力。通常采用的应急措施有:

(1) 回填。迅速回填并不能解决问题,但为解决问题争取了时间。

(2) 卸载。将边坡附近堆积的建筑材料等荷载移走或降低坡顶高度。

(3) 削坡。将边坡的坡度放缓。

(4) 压坡脚。在坡脚、坡面上及紧邻坡脚的基坑底,堆砌砂袋、土方、石块、砌体等,以增大抗滑力。

(5) 加撑。架设水平支撑、角撑、竖直方向的斜撑等通常都是有效措施。

(6) 排水。加强地面排水,及时修补地面裂缝,防止地表水渗入。

(7) 降水。帷幕漏水的位置不详、坑底较大面积管涌流砂等,降水通常是最佳解决方案。但降水的同时应考虑是否需要进行回灌。

(8) 加固坡脚。如采用抗滑桩、注浆等。但要防止加固过程中对边坡产生新的危害。

(9) 加设锚杆。尽管锚杆施工的过程较长,但在不便加设支撑时,锚杆是一种不错的选择。

(10) 加快地下室垫层施工,增加垫层厚度。

(11) 对建筑物及重要管线进行地基加固。

这些措施可根据需要单独或综合使用。

4.2 排 桩

4.2.1 排桩用作支护桩时有哪些特点?

基础桩主要承受垂直的轴向压力,所承受的荷载通过桩身侧表面与土层的摩阻力传递给周围的土层,或者桩尖嵌入基岩后,通过桩身传递给基岩。根据端阻和侧阻所分担荷载的比例,基础桩可分为摩擦桩、端承摩擦桩、端承桩及摩擦端承桩四种。当桩主要承受轴向的拉力时,拉拔荷载依靠桩侧摩阻力承受,称为抗拔桩,较为少用。

排桩用作支护桩时,主要承受的是水平方向的荷载,桩身要承受弯矩,其整体稳定性则靠桩侧的被动土压力或水平支撑、拉锚来平衡。支护桩与基础桩的受力机理不同,决定了两者在构造及使用条件的不同,如:

1. 配筋要求不同

基础桩除预制桩按承受搬运起吊及锤击时的应力设计配筋较多外,一般灌注桩配筋较少,仅承受轴向压力时,甚至可以不配筋或不通长配筋。而支护桩由于承受弯矩,一般配筋率较大且通长配筋。基础桩的配筋是沿桩径向均匀设置的,而支护桩为了节约钢材,常常采用方向性配筋,可只在主受力平面外两侧配置构造筋。

2. 桩长要求不同

基础桩通常有入岩要求,即要求桩端坐落在较好的持力层上,所以同一场地内的桩长通常并不相同,在基岩起伏较大的场地其桩长变化也很大。而支护桩通常没有入岩要求,所以采用相同的桩长,至少在一定宽度范围内采用相同的桩长。

3. 基础桩和护坡桩对施工的要求不同

大直径灌注桩通常采用单柱单桩基础,如果该桩质量稍差就会造成承载力的降低,严重时须对其进行加固处理甚至采取补桩措施。群桩基础存在同样的问题。所以施工中对桩的垂直度、桩端与持力层的接触面、桩芯混凝土的密实度及强度、施工工艺等,要求都比较高。如灌注桩经常采用扩大桩头以提高承载力,预制桩的质量稳定性高于灌注桩,灌注桩干法作业的质量稳定性又高于泥浆护壁作业等等。而支护桩是依靠群桩作用,个别桩的质量稍低,通常并不会造成很大的影响,无扩大头要求,其桩身强度要求通常都不高,对护壁的泥浆和桩底的沉渣都没有太高的要求,受施工工艺影响较小。

4. 受荷载影响不同

基础桩的承载力随桩的几何尺寸、桩周及桩端土的性质、成桩工艺等变化,而支护桩抗弯能力通常受桩的几何尺寸、配筋率及被动土压力区的土的性质影响。

4.2.2 排桩支护的使用范围如何?

排桩的种类繁多,适应范围广泛,基本上可以适用于各种地质和环境条件的基坑支护,在工程中得到了广泛的应用。因其通常间隔排列,在地下水丰富的地区一般需配合止水帷幕或降水才能进行基坑开挖。在土质较好、地下水位较低、基坑安全等级不高(一般为三级)、对支护结构变形要求不高、开挖较浅(一般不大于8m,较差的场地中不大于5m)的基坑中,可以采用悬臂结构,否则应采用单支点或多支点的支锚结构(利用支撑、锚杆、锚定板、锚桩进行支撑或锚拉)。

4.2.3 怎样安排排桩的施工顺序？

(1) 灌注桩施工时，因为桩距较小，相邻两桩不得同时施工，如人工挖孔桩、沉管灌注桩、钻(冲)孔灌注桩施工时等，成孔时容易造成相邻孔孔壁坍塌或影响已灌注的混凝土的凝固，同时也容易因桩孔间水土的流失造成地面下沉从而对周边环境造成危害，所以通常采用跳孔的方式成孔或在相邻桩的混凝土强度达到50%设计强度后再施工。

(2) 灌注桩与止水帷幕联合支护时，因为泥浆护壁成孔的灌注桩容易在砂砾土及碎石土中扩孔，造成深层搅拌桩成孔困难，宜先进行搅拌桩施工；但如果采用旋喷桩作止水帷幕，旋喷桩在砂砾土及碎石土中的强度较高，容易造成灌注桩的偏位，宜先进行灌注桩施工。

(3) 当采用预制桩作排桩时，通常是按连续顺序分段从中间向两边施打，这样可以减少对相邻桩的影响。

4.2.4 用作排桩的钢筋笼制作安装应注意什么事项？

为节约钢筋，支护灌注桩的钢筋笼往往不采用圆形截面的均匀纵向配筋，而是采用沿截面受拉区和受压区周边配置局部均匀纵向钢筋或集中纵向钢筋，在不配置纵向受力钢筋的圆周范围内配置构造钢筋，有时还根据不同部位所受弯矩的不同采取分段配筋，这样，钢筋笼就具有了方向性。钢筋笼制安时必须注意：

(1) 受拉区、受压区钢筋位置必须按设计要求，严禁反向、放偏、产生扭转。

(2) 纵向分段配筋数量不同时，必须保证每段钢筋的长度和标高位置。

(3) 应采用可靠的定位架或混凝土垫块等措施以保证钢筋笼的保护层不小于30mm。

(4) 主筋的接长应采用搭接焊，同一断面的接头数不应超过总数的50%。当钢筋较密同一断面上的接头数量过多会影响混凝土的浇灌时,通常采用连接件进行机械连接。

(5) 钢筋笼上设有预埋件时,必须保证预埋件的方向和定位的准确,通常允许误差为±10mm。

4.2.5 基坑开挖时,桩间土如何保护?

基坑开挖时,当桩间距较大时,桩间土体可能塌落,不仅会给工作人员的人身安全带来隐患及污染施工环境,严重时会危及到支护系统的安全。所以基坑开挖时,应对桩间土进行防护,以防塌落。桩间土防护与处理措施一般有:

(1) 桩间有止水帷幕时,可不处理,将帷幕上附着的土屑剥落即可;

(2) 如果土质较好且无地下水,用水泥砂浆抹面即可;

(3) 一般采用砌砖或砌筑砂袋,挂钢丝网后抹面或喷射混凝土、插设木板等处理方法对桩间土进行保护;

(4) 如果桩间有水渗透或土体的含水量较大,在进行保护处理时还应设置泄水孔。

4.2.6 排桩与冠梁如何连接?

排桩的顶面通常要设置冠梁(或称锁口梁、压顶梁、圈梁、连系梁、联梁、帽梁、盖梁、顶梁等),冠梁的宽度通常大于桩直径。施工时应注意:

(1) 冠梁施工前,排桩顶面应人工凿至新鲜密实的混凝土面,桩顶嵌入冠梁深度不小于50mm。

(2) 露出的主筋应竖直,长度满足设计要求。

(3) 浇注混凝土前必须清理干净连接面的残碴、浮土、泥浆、积水等,保证排桩与冠梁的牢靠连接。

4.2.7 树根桩施工时,应注意哪些事项?

用作基坑支护桩时,树根桩(或称微型桩、小直径灌注桩)的直径通常为200～400mm。因其利用地质钻机即可施工,常常在场地狭小、其他机械难以进场施工时作为排桩使用，或与其它支护结构（如水泥土桩墙、土钉墙等）复合使用。

树根桩通常采取两种方式成孔，一种即为一般的钻孔灌注桩施工工艺，钻机成孔（一般为湿钻法）后下钢筋笼或型钢（树根桩直径较小，使用型钢可以获得更大的刚度及更容易保证施工质量），然后水下浇灌细石混凝土或水泥砂浆或水泥净浆。另一种施工工艺叫升浆法，施工工艺为：成孔→洗孔→吊放钢筋笼或型钢，同时下注浆管→投放碎石→填满后从孔底反向注浆→拔出注浆管。升浆法施工中应注意：

（1）钻孔时尽量不用泥浆护壁，但在易塌孔和缩孔的地层应采用泥浆护壁。

（2）升浆法常用的清孔方法是用清水洗孔、浆液洗孔和空气洗孔。无泥浆护壁时，可采用清水洗孔，孔中的泥浆稀释后，泥砂会沉入孔底沉砂段。当采用泥浆护壁成孔时，清水洗孔很容易造成塌孔，所以不宜采用。但如果先吊放钢筋笼及粗骨料后洗孔，由于粗骨料及钢筋表面泥浆粘附较多，此时清水是很难洗净的，所以往往要利用注射水泥浆液来洗净，以保证桩身强度。而这就要使用大量的水泥，且效果尚不能得到保证，碎石中夹杂的泥块及碎石或钢筋表面上附着的泥很难被冲洗干净，这也是树根桩强度不高的一个原因。因此，泥浆较为厚重时，可用水泥浆液代替清水洗孔，将孔中的泥浆用水泥浆液置换后再下钢筋笼及投放石子。用清水洗孔时，洗孔后也可用水泥浆液置换孔中清水。比较可靠的洗孔方法是在放入钢筋笼之前采用压缩空气洗孔（方法见 4.4 节所述）。在吊放钢筋笼及投放骨料的过程中应一直通过注浆管向孔内注入清水或浆液。

（3）吊放钢筋笼和注浆管时，速度要快，钢筋笼最好是在地面加工好，尽量减小焊接时间，因为时间越长越容易塌孔和缩孔，且泥皮越不易洗净。

（4）投放碎石的粒径宜为 10～25mm，太小会影响混凝土强度，太大则容易被卡住，造成局部缺石而影响强度。碎石投入前应洗净,投入的同时应轻摇钢筋笼,使碎石尽量填充密实。投料量不小于理论值的 0.8～0.9 倍。注浆过程会使石子更加密实,使桩顶部有一定数量的沉落,应及时补充。

(5) 浆液水灰比应为 0.45～0.5,可掺入早强剂。注浆管为头部 1m 范围内开孔的花管,控制注浆压力和流量,使浆液从孔口均匀冒出,不夹杂泥浆后拔管,每拔 1m 都要进行补浆。总注浆量不应超过桩身体积的 3 倍,如果超过,应先停止注浆,查明原因后采取相应的措施。注浆方法分一次注浆和二次注浆,二次注浆方法同锚杆(见 4.4 节),通常用于提高树根桩的承载力,支护桩施工时一般只注一次。

(6) 为防止穿孔和减少浆液的流失,树根桩通常采用跳一孔及跳多孔方式施工。

4.2.8 支撑体系的施工有哪些要求?

常用的支撑有钢筋混凝土和钢支撑两种,钢支撑一般采用型钢作围檩。钢支撑的一端常做成活络接头,以便能够对支撑施加预顶力。支撑施工的要点为:

(1) 支撑(包括利用锚定板及锚桩的拉锚)结构的安装与拆除,应与基坑支护的设计工况相一致。

(2) 须按照"先支撑后开挖"的顺序施工,支撑宜开槽架设,在达到使用条件前不得向下开挖,不得超挖。

(3) 支护结构往往在加撑前会产生较大的变形,因此加撑需及时。分段分片开挖时,支撑随开挖进度分段分片安装。

(4) 立柱穿过主体结构底板以及支撑结构穿越主体结构地下室外墙的部位,应采用止水防渗构造措施。

(5) 钢支撑施加的预顶力不应大于支撑设计值的 0.4～0.6 倍。

(6) 围檩与支护结构之间、支撑与围檩之间的连接要紧密,不应留有空隙。

(7) 支撑拆除时,除顶撑外,须按照"先换撑、后拆除"的原则,先架设新支撑,再拆除旧支撑。拆除时先撑的要后拆、后撑的先拆,从中间向两边拆,分区分段拆,防止支撑拆除时结构内力突变。顶撑拆除后支护结构为悬臂结构,位移较大,要防止对周边环境产生不利影响。

(8) 支撑不承受垂直荷载,不得给支撑施加垂直荷载,如在支撑上堆放材料或当作脚手架用等。

4.3 水泥土桩墙

4.3.1 水泥土桩墙的概念是什么?

水泥土搅拌法(又称深层搅拌桩、搅拌桩)指利用水泥等材料作为固化剂,通过特制的深层搅拌机械在地基深处就地将软土和固化剂强制拌和,使软土硬结成具有整体性、水稳定性和一定强度的水泥土桩。水泥土搅拌法可分为喷浆法(湿法)及喷粉法(干法)两种。美国和日本等国家从20世纪50年代,我国从70年代起开始对搅拌桩进行研究应用。

高压喷射注浆法(又称旋喷桩)指利用钻机把带有特殊喷嘴的注浆管置入土层的预定深度后,喷射出高压浆液(水泥浆液或水)冲击破坏土体,使水泥浆液与土体混合后固结成水泥土桩。日本从20世纪60年代,我国从70年代起开始旋喷桩的研究应用。

深层搅拌桩与旋喷桩虽然为两种不同的工法形成的桩,但是二者的微观结构均为水泥土结构(国外有一种多重管喷射注浆法以全置换方式形成的旋喷桩,桩体材料中不再有土粒,所以不是水泥土结构。但在国内尚未见到工程实际应用的报道),当用作基坑支护结构时,二者的作用、设计计算方法基本相同。搅拌桩及旋喷桩均属于半刚性半柔性桩,与钢筋混凝土桩、钢桩等刚性桩和碎石桩、砂桩、灰土桩等散体桩均有着本质的区别,当用作支挡结构时,通常两两相互搭接形成了连续墙状的加固体,称之为水泥土拌合桩墙,简称水泥土桩墙或水泥土墙,其平面结构通常有壁状、块状、格栅状、拱形等几种形状。

水泥土墙常用作基坑的止水帷幕,有时也用作重力式挡墙作为支挡结构。当用作支护结构时,有时在水泥土墙中插入型钢、钢管、钢筋或毛竹等劲性材料,以增加其抗剪及抗弯能力,通常称之为加筋水泥土墙。在喷浆型深层搅拌桩中插入型钢的工法,通常称作SMW工法,SMW工法与这里所谓的加筋水泥土墙的概念并不完全一致。加筋水泥土墙与水泥土墙的数学模型及理论计算方法并不一样。

4.3.2 为什么喷粉桩不宜用作基坑的支护结构?

深层搅拌法分为喷浆法和喷粉法两种,或者称之为湿法和干法。两者的区别在于喷浆法向土体中喷射的是预拌合的水泥浆液,而喷粉法(或称粉喷桩)向土体中喷射的是水泥粉(或石灰粉等粉粒体加固材料)。由于粉喷桩在与土体拌合时需吸收更多的水分,因此在加固高含水量的软土时比喷浆法更有优势。但是粉喷桩有着这样的缺点:

(1) 在材料合格的前提下,粉喷桩的质量关键在于喷灰量和搅拌的均匀程度。由于粉喷桩喷射过程中容易受到空气压缩机的压力波动、管道漏风、材料潮湿、材料中含有杂物、管道弯折等因素的干扰而导致粉体流量不均匀,使桩体强度的离散性较大,用作止水帷幕时较容易渗水和漏水;横断面往往成层状、片状,即桩身的连续性较差,抗拉及抗剪强度较低,容易折断。

(2) 当土层的含水量大于70%时,水泥粉喷出后来不及与土拌合就易在喷嘴处抱团,因此无法保证成桩质量;含水量小于30%时,粉喷桩不易搅拌均匀,水化不充分,强度较低;而止水帷幕基本上都要穿过强透水层而进入含水量较低的弱透水层,粉喷桩不容易保证质量。

因此,在用作基坑支护结构时,人们更倾向于选择喷浆型深层搅拌桩。在本章节中提到的深层搅拌桩,主要是对喷浆型而言的。

4.3.3 深层搅拌桩适用于何种条件下的基坑？

(1) 深层搅拌法无环境污染、无噪声、造价低、施工速度快、施工工艺较为简单、要求工作面较小(离障碍物的最短距离可为500mm)，一般可在大多数环境下24h作业。

(2) 搅拌法适用于淤泥、淤泥质土、黏土、粉质黏土、粉土、砂土、砾砂、素填土、黄土等土层，但厚度较大的砂砾或卵石土、块石土、硬塑及坚固状态的黏性土，由于成孔困难无法应用；用于含有伊利石、氯化物或水铝英石等矿物的黏性土、有机质含量高及pH值较低的黏性土、泥炭质土、泥炭土及地下水具有腐蚀性或具有流动性时，宜通过现场试验确定其使用强度。工程中有时还会遇到塑性指数I_p大于25、软塑～硬塑状的黏土，其黏性很大，很容易在叶片上形成泥团，难以搅拌均匀，为了慎重起见，在正式开工前最好通过现场试桩，检验土的可拌性。或者在施工初期加强自检，以便早日发现问题。

(3) 深层搅拌桩在基坑支护应用中较多地用作止水帷幕，也可作为支挡结构。当用作挡土兼挡水结构时，基坑开挖深度通常不超过6m。在桩内插设劲性材料或能够加设支撑时，搅拌桩的支护深度可更深些。

(4) 另外，水泥土桩墙的顶部往往会产生较大的变形，位移量可达基坑开挖深度的1‰～3‰，在对变形要求较为严格的基坑支护中应谨慎使用。

4.3.4 高压喷射注浆法适用于何种条件下的基坑？

和深层搅拌法相比，高压喷射注浆法对土质的适应性更强，几乎可以应用于所有类型的土。但在以下这些地层中应用高压喷射注浆法时均应通过现场试验确定其使用效果。

(1) 在流塑状的淤泥中易产生颈缩现象；

(2) 块石过多、直径过大时，喷射流不能直接切削土体而只能填充空隙，影响成桩效果；

(3) 有机质含量过多的土中,有机质可能会对水泥土强度的增长造成不良影响;

(4) 含大量纤维的腐植土中,喷射流不能切割纤维只能绕流,会影响成桩效果;

(5) 地下水的pH值较低或含有大量对水泥有腐蚀性的物质时,可能会导致水泥土无法凝固,地下水受潮汐影响、河水影响或周边降水影响时,地下水流速过大可能会导致水泥在凝固之前就被地下水稀释而无法成桩;

(6) 无填充物的岩溶地段可能会造成喷射浆液大量流失等等。

虽然高压喷射桩的桩身强度比深层搅拌桩高,但仍然较低,所以在基坑工程中的应用状况与搅拌桩大体相同。但当用作止水帷幕时,该工法有个深层搅拌桩不能比拟的明显的优点,就是不仅可以自成止水帷幕,还可以采用摆喷、定喷在两条排桩之间施工,作为桩间止水桩,与排桩一起共同起止水作用。该工法的缺点是造价高、施工速度慢、噪声较大、有泥浆污染等,限制了其在工程中的大量应用。

4.3.5 重力式水泥土桩墙围护体系有何特点?

水泥土是具有一定刚度的脆性材料,其强度很低(黏性土中的搅拌桩桩身抗压强度通常只有$1\sim2MPa$,旋喷桩桩身抗压强度范围变化很大,通常为$2\sim10MPa$;砂性土及砂土中水泥土强度可提高一倍),其抗剪强度仅为抗压强度的$20\%\sim30\%$,抗拉强度一般为抗压强度的10%左右。水泥土桩墙支护结构按重力式挡墙进行设计计算,就是利用了结构本身的自重和材料抗压不抗拉的特点,经实践证明是合理的。

水泥土墙用作支挡结构时主要是承受水平荷载,随着基坑深度的增加必定要大幅增加水泥土墙的宽度及长度,显然不够经济合理,因此从技术和造价综合考虑,一般基坑的支护深度不大于6m。

4.3.6 为什么水泥土桩施工前通常要进行试桩？

水泥土桩是水泥与原位土的拌合桩，与预制桩、灌注桩等刚性桩及碎石桩、砂桩等柔性桩相比，更容易受原位土的影响。而岩土本身具有的复杂性、不确定性、区域性、多变性等特点，决定了不同场地水泥土桩的强度、均匀性、连续性、直径等特性都有所不同的，甚至每条桩都有所差异。因此，针对不同的地质条件，水泥土桩有着不同的设计参数和施工工艺，而该设计参数及施工工艺是否合理、效果能否达到设计预期的目的，均应通过正式施工前的试桩来检验、校核。尽管搅拌桩、旋喷桩在我国已有了 20～30 年的应用历史，已经有了大量的工程经验并编写了众多的设计施工技术规范规程，但是，仍不时有着因不了解地质情况而盲目使用水泥土桩导致失败的工程实例发生，因此，试桩仍应作为一项施工前重要的工作而引起有关人员的重视。

4.3.7 水泥土桩用作支护结构时与用作基础桩有何不同？

1. 对桩身受力特性的要求不同

基础桩的受力特点是随着深度的增加桩身应力减小，所以基础桩的桩身轴力也是上大下小；而支护桩不同，例如悬臂结构，桩头桩底两端受剪力及弯矩小，下半段受力大，所以桩身受力两头小中间大。

2. 持力层及座底

基础桩往往要选择较好的土层作为桩端持力层，而且为了使桩底与持力层更好地结合，通常有座底要求，即钻头到达桩底后，不提升而原地喷浆搅拌 30～60s，以期桩端与土层有良好的接触。水泥土支护桩则无此要求。

3. 桩头

桩头的质量对于基础桩来说非常重要，往往通过复搅、增加水泥用量等手段增加其强度，而且通常将 0.3～0.5m 质量较差的桩头去掉。支护桩除了要设置桩顶冠梁、加顶撑外，一般无此要求。

4. 布桩形式

使用功能决定了支护桩通常要两两相互搭接成水泥土墙，平面布桩形式为壁状（一字形）、块状（纵排与横排桩均相互搭接）、格栅状（纵排及横排桩间留有空隙）及拱形等，而基础桩通常采用壁状、格栅状及柱状（即单桩不与其他桩连接）等布桩形式。此外，基础桩通常根据土质的不同采取长短桩相结合的布桩形式，而支护桩长度通常相同，或者有时采用上小下大的变截面形式。

5. 偏位

水泥土桩作为基础桩时与桩间土构成复合地基，通常允许桩位有 50~200mm 的偏差。而用作支护桩时，尤其是兼作止水帷幕时，桩偏位后很容易造成漏水事故，所以对于桩位偏差的要求很严格，通常要求不得大于 50mm。

4.3.8 如何保证深层搅拌桩的桩身强度及连续性？

影响深层搅拌桩强度的因素很多，有些是可以控制的，有些则是很难控制的。搅拌桩是一种原位土拌合桩，原位土的性状对搅拌桩的强度起着主要的作用。随着含水量的增大、土中障碍物（如石块、植物根系、杂填土中的生活垃圾等）的增加、有机质含量的增高、地下水 pH 值的降低、硫酸盐等侵蚀性物质含量的增加、地下水的流速增大等等，都会导致水泥土强度的降低。这些因素在施工场地确定后基本都是无法人为改变的。

水泥土强度有以下一些特征，如随着水泥掺入比的增加而提高、随着龄期的增长而提高、随着水泥强度的增加而提高、加入适量的外掺剂（如石膏、磷石膏、粉煤灰、三乙醇胺等）后强度有所提高、拌合越均匀强度越高、随着水灰比的增大而有所降低等，这些是可以在施工时加以控制的。

当水泥品种标号及浆液配比制定好以后，水泥掺量、搅拌均匀性就成了施工时控制桩身强度及连续性的关键。水泥和土被强制搅拌得越充分,土块被粉碎得越碎越小,水泥颗粒分布到土中越均匀,水泥土结构强度的离散性就越小,平均强度及整体连续性就越高。所以复搅(即不喷浆只进行重复搅拌)就成了一种常用的提高水泥土强度的手段。但这种方法对强度的提高是有限的,当拌合次数(土体中任一点被叶片搅拌的次数)达到一定值(一般黏性土20~30次,砂性土更少)后,再进行更多次数的搅拌通常是没有效果的,这时提高桩身强度的手段应该是增加水泥掺量。在可塑或硬塑状态的黏土中,搅拌桩不易搅拌均匀,在这种情况下可采用加水预搅拌的方法,即在搅拌头第一次下沉时注水,把黏土预拌成泥,再注入水泥浆液,可使浆液与泥浆混合搅拌得更均匀而不会降低水泥土的强度,有时甚至可以提高。

4.3.9 如何保证高压旋喷桩的桩身强度?

当施工场地确定后,旋喷桩的桩身强度随水泥强度等级、水泥用量的提高而提高,使用早强剂、速凝剂后早期强度可以提高,针对不同的地质条件掺入相应的外掺剂后也可使强度提高。通常情况下,保证水泥用量就可以保证桩身强度,降低提升及旋转速度、增加介质压力、减小水灰比、复喷等方法均能增加实际水泥用量,从而保证桩身强度。

4.3.10 如何保证水泥土桩的垂直度?

要保证水泥土桩的垂直度,就要保证钻杆的垂直度。
(1) 在要求不高时,可以通过吊坠法目测钻杆的垂直度;
(2) 在要求严格时,应使用设置在相互垂直方向的两台经纬仪来监视钻杆的垂直度。
(3) 钻机往往与机械的底盘相互垂直,施工场地应较为平整,在成桩前应保证底盘的水平、稳固。
(4) 钻机在成桩过程中的晃动、倾斜,会导致桩身倾斜,因此成桩过程中如果钻杆的垂直度偏差太大,应及时调直。
(5) 如果因遇块石等障碍而导致钻杆发生偏移,应采取挖除障碍或补桩等处理措施。

(6) 此外,还应保证钻杆本身的平直,没有弯曲。

4.3.11 水泥土桩之间应如何相互搭接?

水泥土桩之间相互要良好搭接,这对于兼起止水作用的水泥土桩墙来说是至关重要的。

(1) 对于深层搅拌桩,相邻桩应连续施工,如果施工间隔时间过长(有些文献指出相邻桩的施工时间不宜超过 24h),因已施工完的旧桩已有一定的强度,会致使后施工的新桩成桩困难,且新桩施工过程中钻头容易对旧桩造成破坏。

(2) 为了保证良好的搭接,应采取局部补桩或注浆处理,或者采取预钻空孔的方法,即在前期施工的旧桩完成后,立即在相邻的新桩的桩位上预先进行不注浆的空钻以留出榫头,以后新桩施工时仍在这个孔位上重新钻孔喷浆,这样,与旧桩就不会相互影响。

(3) 在两排以上水泥土桩需要搭接时,接头处应留成斜楼。

(4) 对于喷射桩,应在不同的土层中采取不同的介质压力、提升及旋转速度等施工参数,使桩径达到设计要求以保证良好的相互搭接。

4.3.12 变掺量法如何应用?

深层搅拌桩的一个特点,就是能够很容易地通过改变单位长度的水泥用量(或称水泥掺量)来改变桩身强度。一般情况下加固范围内(或基坑开挖范围)的天然地基土随着深度的变化而变化,土的种类、密实程度、含水量等物理力学参数有较大的差异,呈层状分布,有性状较好的土层也有较差的土层,设计中常常要求在性状较差的土层中喷入较多的水泥,以达到提高强度的目的。这就是变掺量法。基础桩的受力特点是桩身应力随着深度的增加而减小,桩顶及以下 3~4m 范围内受力很大,所以要求桩顶及上半部分有较高的强度,需要掺入较多的水泥;而支护桩,一般在桩头桩底两端受剪力及弯矩小,所以要求桩身两头强度也较小。设计计

算时确定桩身最大受剪及受弯区段,施工时相应地增大该段的桩身强度。可以通过以下几种方法达到变掺量的目的:

(1) 改变钻头升降速度。在喷浆流量不变的情况下,放慢提升或下沉速度可以增加该处的水泥掺量。

(2) 改变喷浆速度。在钻头升降速度不变的情况下,可以通过加大泵浆压力或提高灰浆泵电机转速以增大供灰量。

(3) 改变水灰比。在钻头升降速度及喷浆速度不变的情况下,增大水灰比可使水泥用量减少。但是该方法可能会导致水泥土强度降低,宜在土层含水量较低的情况下使用。

(4) 复喷。重复喷浆可以增加水泥掺量,还可以使搅拌更均匀,是实际工程中使用最多的方法。

对于高压喷射注浆法来说,其成桩机理与深层搅拌桩不同,无法通过变掺量法改变桩身强度,只有当认为可能桩身局部浆液不足影响固结质量时才采取复喷方法,复喷、放慢钻头升降速度、加大喷射压力或流量等方法通常是作为扩大桩径的手段。

4.3.13 如何设置桩顶连梁?

当用作支挡结构时,为增加水泥土桩的整体性或便于加设支撑,有时设计在桩顶设置钢筋混凝土连梁,连梁厚度一般 100~200mm。连梁与水泥土桩顶的连接形式一般有两种:一是将桩墙顶人工凿除成齿状,浇注连梁后连梁底板形成齿状与桩墙能够相互咬合;二是在水泥土桩完成施工后即在桩顶插设 $\phi12 \sim \phi16$ 的变形钢筋作为拉结筋,再将钢筋锚入连梁。需要注意的是,如果拉结钢筋长度相等,因应力集中容易在钢筋端部位置产生通长裂缝而影响水泥土桩墙的使用,所以应将拉结钢筋的长度设置为不等长,长度一般 1~2.5m。

4.3.14 水泥土桩施工过程中"断桩"如何处理?

在施工过程中,停电、停浆、机械故障等原因造成"断桩"时,如果断桩时间较短,水泥土尚未终凝,可在原桩位将钻头下沉到断桩点下0.5~1m,重新喷浆完成该桩。如果断桩时间较长已无法重新下沉钻头,则需要局部补桩处理。

4.3.15 地下水具有流动性时,水泥土桩墙应如何施工?

地下水的实际流速过大,会使水泥浆液在尚未凝固之前就被稀释带走,从而导致水泥土强度降低甚至不能成桩。目前,尚无经验或理论能够定量地分析地下水的流速与水泥土桩强度之间的关系,实际工程中当怀疑地下水可能对水泥土桩产生不良影响时,应通过试桩确认水泥土桩墙的可行性。经验表明,水灰比越大,受地下水流动的影响越大,喷射桩比搅拌桩更容易受到地下水流动的影响,三管喷射桩比双管、单管喷射桩更容易受其影响,因此施工中应选择适宜的施工工艺。当地下水流速不大时,可以通过复喷、加入早强剂、速凝剂或水玻璃等方法保证水泥土桩的强度。

4.3.16 与已有建筑物距离很近时,应如何施工?

水泥土桩在施工过程中会对周边的建(构)筑物造成一定的影响。搅拌桩施工时,可能会造成地面隆起、地表土体产生侧向位移等现象,如果离建筑物很近,可能会造成建筑物的墙体开裂,严重时会危及到建筑物的安全。刚完成施工的水泥土桩的强度低于原位土,可能会导致周边建筑物的地基失稳,喷射桩由于向土体中注入了大量的水,造成了周边土体强度的降低,对周边建筑物的影响更大。因此,如果水泥土桩与建筑物的距离很近,施工中应注意:

(1) 搅拌桩应分段施工,根据建筑物的不同情况,每段长度宜为5~10m;

(2) 严重时应在桩位与建筑物之间挖设1~2m深的隔离沟;

(3) 对于喷射桩,应分多期施工,每期桩的间距宜为3~5m,施工后及时对桩顶凹穴进行回灌;

(4) 此外,为尽早提高水泥土的强度,宜在水泥浆液中掺入适量的早强剂。

4.3.17 加筋水泥土墙施工时应注意什么事项？

水泥土桩中插入毛竹、钢筋、细钢管等加劲材料时，增加了水泥土桩的抗剪及抗弯能力，但通常不改变计算模型，仍认为是水泥土桩墙的一种。插入 H 型钢、工字钢、槽钢等型钢时，改变了作用机理及计算模型，不再是水泥土桩墙。目前在国内，由于受插拔型钢的施工机械、施工工艺、造价、专利等多种因素的限制，加筋水泥土桩墙应用得较少。通常的作法是：加劲材料一般选用工字钢或槽钢，利用搅拌桩桩机等机械插入，基坑回填后如果型钢数量不多，就不再拔出重复利用。施工中应注意：

（1）高压喷射注浆桩刚成桩时，桩孔中是混合液，几乎没什么强度，插筋时利用型钢的自重自行沉入桩中。型钢不是很重时，可以利用旋喷桩机进行起吊，沉入后要对型钢进行定位，防止摆动和扭曲。浆液中宜加入适量的膨润土，利用膨润土的保水性来增加水泥土的变形能力，防止墙体变形后过早开裂影响其抗渗性。

（2）搅拌桩的情况不同，搅拌桩刚成桩时就有一定的强度，在淤泥及淤泥质土等饱和软黏土中，依靠自重及人力就可插入，但在其他类土中，经常利用挖土机等机械起吊并压入，有时也利用搅拌桩机。搅拌桩机架顶通常都有一个滑轮，机座上装有卷扬机，可利用该系统起吊并通过反力装置以桩机自重为压力把型钢压入。但在砂砾土、残积土等较硬的土层中，型钢的摩阻力较大，不管是挖土机，还是搅拌桩机，通常都很难压入。解决的办法之一是在水泥浆液中掺入适量的缓凝剂（如木钙），抑制水泥土早期强度的增长。另一个办法是适当加大水灰比。在这类土中适量加大水灰比一般并不会降低水泥土的强度，而且在设计时，通常把型钢作为支护的受力结构，搅拌桩的强度常常作为安全储备，即使搅拌桩强度稍有降低，通常也并不会影响支护结构的安全。

此外还可在型钢表面涂刷减摩剂。如果想把型钢使用后拔出回收重复利用，就必须要在型钢表面涂刷减摩剂。不管是采用何种方法插入型钢，都要保证其位置、方向及垂直度的准确性，保证插入时不扭转、不弯曲。搅拌桩的浆液中也应加入适量的膨润土。

4.4 预应力锚杆

4.4.1 锚杆的概念是什么？

锚杆的种类繁多,结构各异。

(1) 按应用对象的不同,可分为土层锚杆、岩石锚杆及海洋锚杆;

(2) 按锚固体传力方式的不同,可分为拉力型锚杆、压力型锚杆及剪力型锚杆;

(3) 按锚固体外型的不同,可分为圆柱形(或称普通、简易)锚杆、端部扩大头型锚杆(可采用机械、爆破、水冲等方法进行扩孔)及连续球体型(俗称冰糖葫芦型)锚杆;

(4) 按锚固方法的不同,可分为机械固定式锚杆(包括用机械方法把锚杆端部与岩体紧贴在一起的端部固定型锚杆、锚固段与岩体紧贴在一起的摩擦型锚杆及靠叶片提供锚固力的螺旋式锚杆,其中前两种应用于岩层、后一种应用于土层)、有支撑底座固定的锚杆(或称球形锚固段锚杆)及胶结材料固定的锚杆(或者称为灌浆锚杆、粘结型锚杆,通常采用水泥作为胶结材料,在岩层中有时也使用合成树脂);粘结型锚杆按注浆方式的不同,可分为一次注浆、二次简易高压注浆、二次分段注浆及多次注浆型锚杆;

(5) 按作用机理(是否预先施加预应力)可分为普通型锚杆(有些文献中又称之为非预应力锚杆,本书中将全长粘结型普通锚杆称之为土钉)及预应力锚杆;

(6) 按使用年限,可分为临时锚杆(我国相关规范规定小于2年的锚杆)及永久性锚杆;

(7) 按锚杆杆体(或称锚筋)材料的不同,通常又将预应力锚杆分别称作锚杆(锚筋为变形钢筋)、锚索(锚筋为钢绞线或钢丝)及锚管(锚筋为钢管)。

在众多类型的预应力锚杆中,水泥作为粘结材料的拉力型锚杆为使用得最多的锚杆,本书中所谓的锚杆,即为这种锚杆,主要应于土层,其基本特征为:锚杆由锚头、自由段及锚固段组成,锚杆的一端(锚头)与各种形式的支护结构物连接,另一端(锚固段)锚入稳定的土体中,借助于水泥等粘结材料实现锚固作用;通常对其施加预应力,通过杆体(自由段)的受拉作用承受锚头传递的荷载,以达到基坑及构筑物稳定的目的。美国等国家从20世纪初期开始进行锚杆的研究应用,我国则从50年代开始,并于80年代开始应用于基坑工程。

4.4.2 什么条件下不宜采用锚杆支护?

锚杆一般不单独用于基坑支护中,通常与各种桩(墙)、土钉墙等支护结构物共同工作。

(1) 锚杆的适用范围较广,但是在软弱及松散的土层中,土体能为锚杆提供的单位长度的锚固力较低,而且锚杆在软弱及松散的土层中的蠕变通常较大,而蠕变又是导致锚杆的预应力损失的主要因素之一,因此现行的规程规范指出,在有机质土、液限 W_L >50%、液性指数 I_L>0.9 及相对密实度 D_r<0.3 的土层中,均不适用于永久性锚杆。

(2) 在淤泥、淤泥质土中应用时,要采取相应的控制蠕变的措施后才能应用。临时性锚杆的要求相对宽松一些,上述土层如果经过了处理,可以适量应用。

(3) 经验表明,在回填土中应用锚杆时,往往会在锚杆的端部沿着锚杆排列的方向产生竖向的通长裂缝,即使是有些回填了十多年的土中也会出现这种现象,因此,锚杆也不适宜应用在回填土中,尤其是承载力较大的和永久性的锚杆。

4.4.3 锚杆施工有哪些要求?

锚杆一般按下面的顺序进行施工:施工准备→钻孔→杆体制安→注浆→锚头制安→张拉锁定,必要时可进行二次注浆或多次注浆。其中，施工准备内容应包括根据岩土工程勘察报告、设计图纸及周边环境编制施工组织设计，选择适合的施工机械及施工工艺，确定施打顺序及劳力、工期安排，核查原材料等工作。施工中应注意：

（1）钻孔时应满足孔位偏差、孔径、倾斜度、深度、清孔等技术要求。

（2）杆体制安时应满足材料表面洁净、顺直和对中等技术要求，永久性锚杆还要采取防腐措施。

（3）注浆时除原材料应符合设计要求外，还应保证水灰比、拌制及放置时间、过滤、注浆量、采用多次注浆时的注浆时间与注浆压力、浆液饱满等技术要求。

（4）锚头安装时要注意轴线的对中。

（5）张拉锁定时应保证锚固体的强度大于15MPa并不小于设计强度的70%。

（6）张拉时要保证孔位、台座与千斤顶的对中，张拉及锁定荷载要达到设计要求。

4.4.4 如何选择适合的锚杆成孔工艺及钻机？

锚杆成孔是影响锚杆工期及造价的最主要因素。可用于锚杆成孔的钻机较多，不同的机械有着不同的施工工艺，通常根据不同的地质条件、锚杆直径及设计承载力来选择不同的施工机械和施工工艺。锚杆成孔方法分为干法和湿法两种。

1. 干作业法成孔。

适用于在地下水位以上的黏土、粉质黏土及砂土，成孔机械可分为两种，一种是旋转成孔类的钻机配设螺旋钻具或麻花钻具，成孔时利用钻头切削土体，被切削下来的土屑顺钻杆排出孔外，钻孔完成后利用压缩空气清孔；另一种是气动冲击或回转冲击成孔的潜孔钻及专用的土锚钻机，利用压缩空气作为动力冲击钻进或回转冲击钻进，冲切下来的土屑被压缩空气吹出孔外。

在容易塌孔的砂层作业时应选择可用套管护壁的钻机。在裂隙发育及较为松散的土层中,可能会因为空气泄漏损失过多而很难将碎屑吹出孔外从而导致成孔困难,也可能因为容易塌孔或掉碴而卡钻,所以不宜选择无套管的气动成孔钻机。

2. 湿作业法成孔。

即压水钻进成孔,可将钻进、出碴、护壁、清孔等工序一次性完成,不易塌孔,是国内外应用较多的成孔作业方法,可广泛应用于各种土层而不受地下水位高低的限制,但当钻孔用水对周边的建(构)筑物地基基础、锚杆的锚固层及边坡的稳定有不良的影响时(如滑坡治理、既有建筑物纠偏时)不宜采用。湿法作业的机械可选用地质钻机及专门的锚杆钻机,在易于塌孔的土层中成孔及较大承载力的锚杆成孔时,应选用专门的锚杆钻机。

4.4.5 在易塌孔的土层中,锚杆应如何成孔?

在饱和软黏土及砂、卵石层中干法成孔的难度很大,容易造成缩孔或塌孔,一般采用湿作业法。当设计锚杆的承载力不高时(小于300kN),可以采用泥浆(利用膨润土或黏土造浆)护壁的方法,但在注浆前应将孔壁冲洗干净;由于泥浆护壁方法在孔壁上形成的泥皮会降低孔壁对锚固体的握裹力,当锚杆设计承载力较高时,不应使用泥浆护壁,而应采用专用的锚杆钻机全套管跟进方式成孔,将杆体安放并完成一次注浆后再将套管拔出。

4.4.6 如何保证锚杆成孔质量?

成孔工艺及成孔质量是影响锚杆锚固力的主要因素之一。锚杆设计承载力较高时,不应使用泥浆护壁,经验表明,当设计承载力大于300kN时,采用泥浆护壁成孔的锚杆的锚固力很难得到保证。成孔工艺确定后,作业时应符合下列条件:

1. 孔位、偏斜度及倾角

孔位的偏差及钻孔的偏斜直接影响锚杆杆体的安装质量及力学效果,因此许多规范规程指出,锚杆的水平及竖直位置偏差不应超过50~100mm,钻孔的中心偏离轴线的误差不应大于锚杆长度的 2‰~3‰,倾角的允许误差为 2°~3°。

2. 长度及孔径

钻孔的长度及直径是保证锚杆能够获得足够的锚固力的主要条件,因此施工中必须要得到保证。不管是空气清孔还是清水洗孔,都会在钻孔端部剩下少量的废渣,因此钻孔深度应超过锚杆设计长度 0.5m 左右,以利用该段积聚孔内积水及土粒碎屑。

3. 清孔

清孔是保证锚杆锚固力的另一重要环节。孔壁上附着的土屑或泥浆会降低锚杆的锚固力,因此注浆前应进行清孔作业。干法成孔时,一般采用气冲法清孔。气压及风量过小时无法将孔洞清理干净,而过大时在某些土层中又容易造成塌孔,因此要根据不同的土层调整适合的风压及风量。湿法成孔时一般采取清水洗孔的方式,用清水反复冲洗孔洞直到孔口流出清水,用压缩空气将孔内水吹净后再安放杆体、注浆。在某些易塌孔的土层中采用泥浆护壁成孔时,用清水洗孔容易造成塌孔,此时可用清水洗孔至一定程度后,改用水泥浆液以置换泥浆的方式洗孔,当确定孔口溢出的水泥浆液中不夹带土屑时,安放锚杆杆体,然后再次注浆。

4.4.7 杆体制作及安装时,应注意什么事项?

热轧 HRB335、HRB400 和 RRB400 级变形钢筋及钢绞线是使用最多的锚杆材料,其中钢绞线强度高、重量轻、易于安装,近年来在工程中应用得最多。当设计轴向荷载较小(小于 300kN)时,也可采用 HRB335、HRB400 和 RRB400 级钢筋,中等设计承载力(400kN 左右)可采用精轧螺纹钢筋。锚筋制作安装时应注意:

(1) 杆体组装前应除锈膜、除油污、调直。

(2) 在自由段涂防腐漆或润滑油后,外包塑料布或塑料套管,套管两头扎牢,防止注浆时浆液流入自由段内包裹锚筋。

(3) 为使锚筋获得足够的握裹力及保护层厚度,锚筋需置于钻孔中心轴线位置,为此需使用对中架(或称定位器)对锚筋进行定位,对中架每 1~2m 设置一个,对中架要保证锚筋的保护层厚度不少于20mm。

(4) 钢绞线按设计长度加张拉段长度(一般为0.8~1.2m)下料,钢筋锚杆长度超过12m时,锚筋需要接长。规范规定锚筋的接长需采用双面搭接焊或双侧帮条焊,焊接长度比普通钢筋混凝土结构的要求有所增加,一般不应小于$8d$。锚筋由两根以上钢筋组成时,并排钢筋的连接也应焊接。由于焊接使杆体局部截面积增大,给锚杆定位及注浆带来困难,有时使用机械连接方法对锚筋进行接长,即锚筋通过连接件(钢套筒)的机械咬合作用相互连接。

(5) 杆体安装时应保证平直、对中、不扭压、不弯曲,速度不宜过快,要避免撞击孔壁,发生安装困难时应拔出,清孔后再安装。

(6) 注浆管宜绑在杆体上,随杆体一起放入,注浆管的端部应距钻孔底端50~100mm,注浆后可不必拆除。采用二次注浆时,二次注浆管的出浆孔及端头应密封好,防止一次注浆时浆液流入二次注浆管内。

4.4.8 锚杆的注浆质量如何控制?

注浆是锚杆施工的关键工序之一,也是影响锚杆锚固力最主要的因素之一,施工中必须要高度重视。实践证明,即使是采用泥浆护壁的成孔方式,如果注浆效果好,也能使锚杆获得较高的承载力。应从以下几个方面控制注浆质量:

1. 注浆材料

一次注浆可用水泥砂浆或水泥净浆,为防止注浆过程中发生机械故障和管路阻塞,应选用中、细砂,水泥宜选用普通硅酸盐水泥,砂及水泥等注浆材料应满足规范要求。

2. 浆液拌制

浆液应搅拌均匀,搅拌时间一般不小于2min,浆液应过筛并随拌随用,在初凝前用完,水灰比控制在0.45~0.5。有些文献指出,一次注浆时水灰比宜为0.4~0.45,但笔者在实践过程中发现,当水灰比小于0.45时,浆液的可泵性较差,国内现有的砂浆泵及灰浆泵很难将其泵出,可操作性太差。

3. 一次注浆

一次注浆多为压力在 0.4~0.6MPa 以下的常压重力式反向注浆,即注浆管插入孔底后开始注浆,边注浆边匀速拔管,直至孔口溢浆。注浆速度不得太快,拔管时应保证注浆管的出浆口始终埋置在孔中浆液内,以保证浆液能把孔中的气体全部排出。当使用密封圈或密封袋(有时也采用混凝土或水泥砂浆封堵孔口)封闭注浆段时,应采用一根小直径的排气管将注浆段内的空气排出。

4. 二次注浆

二次注浆的胀开压力应为 2.5~5MPa,即应在一次注浆形成的水泥结石体强度达到 5MPa 左右时开始二次注浆。两次注浆的间隔时间受水泥品种及施工条件的影响而不同,一般为十几个小时至二十几个小时。水泥结石体被劈裂后,注浆压力会有所下降,但不应低于 2.5MPa。较高的注浆压力在钻孔的周围形成径向压力,增加了锚固体表面的抗剪能力及粘结摩擦力,浆液向土体的扩散,扩大了锚固体表面积,同时也增加了注浆量,而注浆量的增加是提高锚固力的重要措施之一。一次注浆一般为常压注浆,注浆量较少,当孔径及孔深确定后,一次注浆量就可基本确定,二次注浆可以注入更多的浆液,在软弱及松散土层中,注入大量的水泥浆液是获得较高的承载力并加固土体的好方法。

4.4.9 在裂隙发育的土层中施工时,应如何控制注浆质量?

在裂隙发育的土层中注浆时,浆液可以沿裂缝渗透很远,虽然灌注了大量的水泥浆液而孔口仍无返浆,或者浆液从附近的锚杆孔或地表某处冒了出来。这种情况下,由于浆液不饱满及水泥浆液的泌水现象导致的锚固体强度降低,通常会导致锚杆的锚固力降低达不到设计要求,而且浪费了水泥。此时应采取一定的措施尽量封闭锚固体周围的裂隙,如一次注浆时灌注水泥砂浆,减小水灰比,预注浆处理,将碎纸(最好使用纤维较长的粗糙纸)捣成纸浆摊涂在孔壁上或者将木屑粉碎后吹入孔洞与浆液混合,均能起到一定的作用。裂隙极发育地层,应在注浆前进行钻孔的渗透性试验,根据试验中水的损失量及损失速度,能够比较可靠地确定浆液配合比、灌浆量及注浆压力。

4.4.10 二次高压注浆的工艺过程是怎样的?

土层锚杆的薄弱环节通常是锚固体与土体间的粘结,而不是水泥结石体与锚筋间的粘结。低压下进行的常规注浆(或称一次注浆)形成的锚固体的直径通常为钻孔直径大小,不能为锚杆提供很大的锚固力。为了提高锚固体的粘结摩阻力,常常采用二次高压注浆工艺。二次高压注浆分简易注浆及分段注浆,简易二次高压注浆工艺简单,造价较低,锚杆设计承载力不高(一般低于600kN)时基本上能满足锚固力要求,所以在工程中得到了普遍采用。相对而言,二次分段注浆(或称可重复注浆)对设备、材料及工艺的要求及造价较高,一般只在设计承载力较高时使用。

1. 简易二次注浆的工艺过程

大体为:使用两条注浆管,随锚筋一起置入孔内,其中一条作为一次注浆管,可采用塑料管或金属管制作,通常采用低压(低于1MPa)孔底反向重力式注浆方法进行第一次注浆,注完浆后将注浆管拔出再用。另一条为二次注浆管,一般采用PVC管制作,与锚筋绑扎在一起,只能一次性使用,不能拔出。在设计锚固段每250~500mm对开溢浆孔,孔口及管底用塑料胶条封住,以防止一次注浆时浆液流入管内造成堵塞。当一次注浆形成的水泥结石强度大于5MPa时,用高压软管将二次注浆管与注浆泵相连,进行第二次高压劈裂注浆。

2. 二次分段高压注浆的工艺较为复杂

大体为:在自由段与锚固段分界处设置密封袋或灌浆塞等止浆装置,一次注浆时,密封袋内充满灰浆后膨胀,挤压钻孔孔壁,防止了灰浆进入自由段。二次注浆管(或称外套管)每1m对开溢浆孔,孔口用橡胶圈密封,该橡胶圈只允许灰浆从管内向管外的单向流动。二次注浆作业时另用一根小直径注浆钢管(或称注浆枪、芯管),钢管端头约 500mm 范围内开设数个溢浆孔,开孔段的两端设置密封袋或密封阀等止浆装置。芯管放入套管指定位置后开始注浆,灰浆迅速将芯管开孔段两端的密封袋充满,密封袋防止了浆液向管两端的流动,同时使管内产生了较高压力,使浆液能够冲开套管溢浆孔的橡胶圈及外面包裹的一次注浆后形成的水泥结石体,向外喷出。该孔位完成注浆后,清洗注浆管及芯管,移动芯管到套管的下一个开孔处注浆。如果锚固段的承载力仍不足,可以重复注浆。

4.4.11 锚头安装时应注意哪些事项?

锚头位于锚杆的外端,是对锚杆进行张拉锁定的构件,对自由段施加预应力并将锚固段的约束力传递到结构物上,其构件一般包括锚具及钢垫板。常见的锚具有螺杆螺母和锚杯(或称锚环、锚枕等)夹片(或称锁片、楔片等)锚具(楔形或锥形)两种,钢筋锚杆通常采用前一种,锚索只能采用后一种。

(1) 当锚筋不采用螺纹钢筋而采用人字纹及月牙纹钢筋时,国内通常的作法是在锚筋的头部焊接一根精轧螺纹钢筋作为螺杆,张拉后用螺母锁定。螺纹杆体则不用再焊螺杆。螺杆与钢筋焊接时,应保证螺杆的中心轴线与锚筋的中心轴线重合。

(2) 锚头垫板(或称承压板)的作用是承受千斤顶施加的压力并将压力均匀分布到台座(或称荷载分布板,包括横梁、钢筋混凝土荷载分布板等)上,垫板的承压面应平整,必须与锚杆中心轴线垂直,否则会导致锚杆、螺母或锚具发生偏心产生弯矩,对锚杆产生不利的荷载,从而降低了锚杆的承载力。钢垫板通过设置斜垫板或水泥砂浆座底来调整其平面角度。

总之,锚头的安装应保证锚杆受力荷载与锚杆轴线重合。

4.4.12 锚杆张拉与锁定时,应注意哪些事项?

锚杆张拉与锁定时,应注意:

1. 张拉准备工作

锚固体与台座的混凝土抗压强度均应达到设计强度的70%并不小于15MPa,台座应具备足够的刚度、强度和稳定性,不得在张拉过程中产生有害的变形及转动。张拉前,还应保证台座及钢垫板的承压面平整并与锚杆轴线垂直,张拉过程中锚筋应置于台座及垫板预留孔的中间,不与孔壁接触。张拉前尚须对该张拉设备进行标定。当锚杆相距较小且锁定荷载较大时,应考虑采用跳孔张拉方式。

2. 预张拉

应对锚杆进行预张拉 1~2 次,预张拉荷载取 0.1~0.2 倍的设计承载力,以使锚筋完全平直,不产生相互交叉或缠绕,各部位接触紧密。

3. 张拉

一般分 4~6 级对锚杆进行张拉,每级荷载为 0.25~0.5 倍的设计荷载,每级观测时间为 5~10min,最大张拉荷载一般为 1.2 倍(永久性锚杆为 1.5 倍)设计荷载,对应观测时间为 10~15min。锚杆张拉控制应力不超过 0.8 倍锚筋极限抗拔力。

4. 锁定

观测数据表明,锚杆锁定时存在瞬间应力损失,该损失值受施工人员作业水平、自由段长度及锁定荷载、锚筋材料、锚具等因素影响,锚环夹片式锚具的预应力损失值较小,一般为 5%~7%,而螺杆螺母式锚具预应力损失较大,一般为 10%~15%,因此,锁定时的张拉荷载应大于设计锁定荷载,这样才能使实际锁定荷载达到设计的锁定荷载值。

4.4.13 锚杆张拉时,应防止哪些错误做法?

通常根据锚杆的抗拔力试验来检验评定锚杆的施工质量。锚杆张拉时常常会出现一些错误做法,影响了试验的结果。常见的错误做法：

(1) 锚筋为人字纹钢筋或月牙钢筋时,通常在头部焊接一根精轧螺纹钢筋作为锚头螺杆,焊接方式一般为双侧帮条焊。千斤顶对螺杆施加拉力时,通常以钢垫板为反力支座,所以要避免帮条钢筋抵住钢垫板。

(2) 同样原因,也要避免锚杆钻孔内的水泥结石体抵住垫板。对垫板下孔口空隙的充填应该在张拉之后进行,或者填充材料不使用灰浆而是润滑油。

(3) 台座、垫板及锚具上为锚筋穿过而预留的孔洞应足够大且不能有障碍物,应保证锚筋在孔洞中能自由转动和上下移动。如果夹杂了某些杂质,如细钢筋,可能会造成锚筋紧贴孔壁而产生摩阻力。

(4) 有时施工人员会在锚杆钻孔中塞入钢扣件等金属物品以提高锚杆的承载力。如果该物品没有达到锚固段而是停留在了自由段,则对锚杆是有害的。

(5) 锚杆张拉通常采用油泵、千斤顶设备。对锚杆施加拉力时,千斤顶回程油室的阀门须打开,使回程油室的液压油回到油泵。如果该阀门没有打开,则回程油室内的油被压缩,千斤顶没有产生行程,即产生的拉力并没有完全施加在锚杆上,而此时压力表因为与行程油室相通而仍表示了较高的油压值。

发现以上这些错误的作法并不难,大多时候通过分析锚头位移与张拉应力的关系就知道了。

4.4.14 腰梁施工应注意那些事项?

腰梁(或称围檩、围图、横梁、环梁等)的作用为:作为锚杆的台座,将锚杆的约束力均匀地传递到支护结构上。

(1) 腰梁可采用钢筋混凝土或型钢制作。结构物表面不平时应采取凿除或铺抹水泥砂浆等措施进行找平,以保证腰梁与结构物能够稳固、紧密、全面地接触。

(2) 腰梁的承压面应与锚杆的轴线方向垂直,而锚杆通常有15°~25°的倾角,因此腰梁的承压面应与结构物的竖直平面有15°~25°的夹角。

(3) 钢腰梁通常在腰梁与结构物之间设置斜垫块(可用角钢

焊接而成)以使腰梁产生倾角,而混凝土腰梁的承压面往往设计成与底面不平行(或者只在与锚杆交叉处不平行),其夹角即为锚杆的倾角。

(4)腰梁通常是平直的,与结构物的夹角是统一的,这就要求锚杆的定位应准确,尤其在竖直方向更应严格按规范要求不得产生过大的偏差,其倾角也不能产生过大的偏差,否则会导致锚杆的中心轴线与腰梁的不垂直和不对中,使锚杆产生弯曲,从而降低了其承载力。

(5)为使锚杆均能达到最佳使用状态,腰梁应分段制作,分段安装,各段之间无需连接。

(6)安装腰梁前测量锚杆的实际孔位,使腰梁尽量处于置中位置。

4.4.15 永久性锚杆的施工中,应强调什么关键技术?

除了安全系数外,永久性锚杆与临时锚杆的最大不同,就是对防腐的要求不同。永久锚杆的防腐较为复杂,一般应由锚杆设计单位做出专业设计,笔者曾遇到一个工程实例,设计使用年限为50年的永久锚杆,因施工中防腐措施不妥,只使用了不到10年就被腐蚀断裂了。锚杆的腐蚀方式可能是化学或电化学腐蚀。锚杆不受力的作用时,围绕在锚杆周围的30~50mm厚的密实的水泥结石体可以为锚杆提供可靠的防腐保护,但是,拉力型锚杆在受到拉力后,自由段上的应力会传递到锚固段上,锚固体与土层接触处产生剪力和径向应力,沿锚固段逐渐向端部发展,锚固体处于受拉状态而产生拉伸裂缝。因此,对于永久性锚杆的锚固段而言,水泥浆对锚杆提供的保护是有限的。压力型锚杆防腐蚀能力较强,但因较为复杂、造价较高,国内应用不多。防腐施工可重点考虑以下几个方面:

1. 防腐材料

防腐材料在锚杆使用年限内,应保持其耐久性;有足够的强度和韧性,在规定的工作温度内或张拉过程中,不得开裂、变脆或成为流体;不得与相邻材料发生不良反应,应保持其化学稳定性和抗渗性能。

2. 防腐方法

防腐方法应因地制宜,且不能影响锚杆的正常使用,应对不同的部位(锚头、自由段、锚固段)分别做防腐处理。

3. 浆液

水泥宜采用普通硅酸盐水泥,不得使用有氯离子的外掺剂,水泥浆中氯化物的含量不得大于 0.1%,硫酸盐含量不得超过水重的 1%。

4. 高压注浆

应采取二次分段注浆的施工工艺,采用较高的注浆压力(3~5MPa),可以更有效地填充锚固体周围土体中的孔隙和节理,切断了地下水到达锚杆的通道,同时也能提高水泥结石体的密实度,达到了防腐的目的。

5. 锚固体防腐

锚固段的防腐一般采用聚丙烯或聚氯乙烯材料的波纹形塑料管作为防护管,套在锚筋上。在锚筋与防护管之间的空隙充填的流质材料应在锚杆变形时不开裂、不变脆,一般采用环氧树脂,防腐要求较低时也可采用水泥浆。当采用水泥浆体,应通过设置对中支架使锚筋居中,以保证锚筋有至少 20mm 的浆体保护层。保护管与孔壁间采用二次高压分段注浆。因保护管的表面为波纹形,能够保证锚杆与水泥结石体之间有足够的握裹力。

6. 自由段防腐

自由段的防腐结构必须不影响锚筋的自由伸长,保证所有的荷载都能向下传递到锚固段。通常作法是把润滑油、防腐膏或沥青在锚筋上涂抹均匀,然后以 50% 的搭接宽度用聚乙烯或聚氯乙烯材料的塑料布全长包裹,塑料布外再涂抹润滑油或防腐膏,最后装入外表光滑的塑料套管内。套管外壁与孔壁间用水泥浆液充填饱满。

7. 锚头防腐

锚头便于检查,防腐相对容易一些。锚杆张拉后把润滑油或沥青在锚头上涂抹均匀,然后用混凝土将锚头整个密封。如果锚杆可能会再次张拉,则用盒具密封,盒具的空腔内充填润滑油。需要注意的是,由于钻孔倾斜及水泥干缩等原因,孔口处浆液常常是不饱满的,当覆盖了垫板后,通常会在垫板底形成空隙,该空隙必须通过注入灰浆或润滑油进行充填。

4.4.16 大承载力锚杆的施工中,应强调哪些关键技术?

设计承载力较大(大于600kN)的土层锚杆,基本上都采用土锚专用钻机成孔,采用钢绞线作为锚筋。施工中通常采取扩大孔径、增长孔深、改善注浆工艺等手段以获得较大的承载力。

(1) 锚固段单位长度的表面摩阻力随长度的增加而减小,国内外大量实测资料表明,根据土层的不同,锚固段的经济合理长度为10~11m,超过这一长度后,单位面积锚固力明显下降,也就是说,一味地通过增加锚杆的长度来提高承载力是不合理的。增大孔径可增加锚固体与土层的摩擦面积,但是受机械限制,孔径一般不超过150mm。提高承载力的最有效方案之一是对锚固段进行扩孔。扩孔一般采用专用的扩孔机械或爆破方法。在土质适宜时,也可采用高压水(或浆液)冲射扩孔方式(类似于高压喷射注浆法)形成扩大头。根据需要,可仅在锚杆端部扩孔,也可多段扩孔。另一个有效方案是采用二次分段高压注浆。

(2) 还需注意的一个问题是张拉。张拉应力必须作用在锚杆轴线方向上,不能偏心,不能让锚杆产生任何弯曲。大承载力锚杆的锚筋一般由多根钢绞线组成,实际中是无法保证每根钢绞线都是均匀受力的,当情况严重时,可能会出现钢绞线逐根被拉断的情况。为防止这种现象的发生,必须采取预张拉,应该对每一根钢绞线都单独预张拉。

(3) 此外,大承载力锚杆锁定时的瞬间应力损失及蠕变都较大,应进行应力监测以确定是否需补偿张拉。

4.4.17 与土钉墙联合支护时,锚杆施工中应注意什么事项?

作为复合土钉墙的一种,土层锚杆与土钉墙的联合支护近年来在基坑工程中得到了广泛的应用,但其属于一种新型的支护形式,目前并无成熟的数学模型及理论计算公式。土钉墙是一种被动受力体系,通常是在土体产生变形后才形成对土体的侧向约束,而锚杆是一种主动受力体系,通过预先对土体施加反向的应力,减小了土体的侧向变形。两者是矛盾的,人们尚不清楚锚杆与土钉是如何共同工作的。根据已有的经验,锚杆—土钉墙支护体系破坏时,锚杆一般均在正常工作状态,因此锚杆无需设计较大的承载力,锁定荷载也不宜过大,要允许土体有一定的位移,以便能够充分调动土钉参与工作。另外施工中也应注意,通常锚杆的倾角比土钉大,锚杆钻孔时应避免与土钉触碰、交叉。

4.5 土 钉 墙

4.5.1 土钉墙和复合土钉墙的概念是什么?

土钉墙是近年来发展起来的用于土体开挖和边坡稳定的一种新型的挡土结构。对土钉墙技术的研究使用,法国、美国、德国等国家开展得最早,是从 20 世纪 70 年代初期开始的;国内是从 80 年代初期开始的,最早应用于矿山、矿井、隧道、隧洞等的建设,90 年代初开始应用于基坑的支护。土钉墙支护作为一门新兴的技术,行业内没有统一的名词,其称呼可谓五花八门,如:土钉支护、锚钉支护、喷锚支护、锚喷支护、喷锚网支护、土钉喷锚网支护、锚钉墙支护等等,这些概念大体上与本书所述的土钉墙的意义大体相同,但也有部分学者认为其含义是有所区别的。为了不产生混淆,这里有必要将本书所述的土钉墙的含义简述如下:土钉墙是一种原位加固土技术,由被加固的原位土体、放置于原位土体中的土钉、附着于坡面的面板及必要的防水措施构成，形成一个类似于重力式挡土墙的结构。

土钉为非预应力全长粘结型，杆体（或称锚筋）为细长金属杆件，如变形钢筋、钢管、角钢等，施工方法有成孔后插筋注浆、直接打入、打入后注浆等几种。面层为钢筋混凝土结构，混凝土通常采用喷射方法而成，有时也采用现浇方法。钻孔注浆式土钉（也称作钢筋土钉）的杆体一般为变形钢筋，打入式土钉的杆体一般为钢筋、钢管或角钢，打入注浆式土钉（也称作钢管土钉、锚管等）的杆体一般为直径48~63mm、壁厚2.5~5mm的焊接钢管，要求较高时也可采用无缝钢管。

复合土钉墙是近年来在土钉墙基础上发展起来的新型支护结构，它是将土钉墙与深层搅拌桩、旋喷桩、各种微型桩、钢管土钉及预应力锚杆等结合起来，根据具体工程条件多种组合，形成复合基坑支护技术，它弥补了一般土钉墙的许多缺陷和使用限制，极大地扩展了土钉墙技术的应用范围，复合土钉墙技术具有安全可靠、造价低、工期短等特点，获得了越来越广泛的工程应用。

4.5.2 土钉墙支护适用于何种条件下的基坑？

土钉墙支护的基坑开挖深度一般不超过12m，如果与有限放坡、预应力锚杆、排桩等联合支护时，深度可适当增加。土钉墙适宜的土质为地下水位以上或经降水后的人工填土、粉土、黏性土、黄土类土和弱胶结性的砂土。土钉墙施工设备少，操作方便，工艺简单，用电量及用水量很少，基本上无污染（喷射混凝土时所产生的粉尘无风时一般只飘散十几米远后便自行坠落），噪音较低（施工噪音一般只有喷射混凝土作业时的空气压缩机噪音），施工速度快，造价低廉，因此在城市的基坑开挖中得到了广泛的应用。

4.5.3 何种条件下的基坑不宜采用土钉墙支护？

以下几种基坑条件不宜采用土钉墙支护：
（1）尽管在实际应用中，土钉墙的坡顶位移值较小，但土钉墙的变形计算目前尚无成熟的理论,设计的坡顶位移量多为经验数值,且土钉的蠕变也难以计算,因此不适宜用在对变形有较严格要求的基坑。

(2) 土钉墙不宜作挡水结构,不宜单独用于含水量大的粉细砂层、砾砂层、卵石层;在粒径较大的碎石类土中,因为施打土钉困难,也较少采用。

(3) 土钉墙是在土方开挖后施工的,每层开挖深度一般 1~1.5m,一般至少需要 1~2d 的时间才能完成土钉的作业,而土钉的施打、注浆实际上对边坡的原状土产生了扰动,土体的抗剪强度在土钉完成时降至最低,当注入的浆液凝结后土体的稳定性才开始提高,在这段时间内边坡不能失稳,也就是说要求土体必须有一定的临时自稳能力,而淤泥等饱和软弱黏土及饱和的粉细砂等土的临时自稳能力极低,因此不应采用土钉墙支护。

(4) 尽管土钉墙在基坑开挖较浅的淤泥质土层中有成功应用的例子,但案例很少,而且因土钉与土体间的界面摩阻力小,土钉必然布置密且长度较长,造价不一定节省,故一般也不采用。

4.5.4 土钉墙的施工顺序?

根据土质状况、土钉形式及喷射混凝土的厚度等不同情况,土钉墙的施工顺序有所不同。以钻孔注浆式土钉墙为例,其施工工艺流程为:土方开挖→喷射第一层(底层)混凝土→在土中钻孔→清孔→放入已加工的土钉杆体→全长注浆→在喷射混凝土底层上绑扎钢筋网→设置加强筋→设置土钉锚头与加强筋压紧焊牢→喷射第二层(面层)混凝土→开挖下一层土方。打入注浆式土钉没有成孔、清孔等环节;打入式土钉则没有成孔、清孔、注浆等环节。

喷射混凝土厚度较薄、土质情况较好时,常常一次喷射而成,即不进行初喷。为了使钢筋网置于混凝土的中间位置,采用设置砂浆垫块的方式以保证钢筋网与坡面保持一定距离(一般为 20~35mm)。这样做的优点是:

(1) 加快工程进度;

(2) 成孔作业时会有土屑或泥浆从孔口流出污染坡面,如果坡面已经进行了初喷,则混凝土面因受到污染需要在二次喷射之前进行清洗,如果清洗不干净就会影响到两层混凝土之间的粘结。所以,即使在分两次喷射而成时,现场也往往采取先成孔作业、再分两次喷射的流程。

4.5.5　土钉墙支护对基坑土方的开挖有何要求?

土钉墙工法有着很强的空间效应和时间效应。相对于其他围护结构而言,土钉墙支护作业与土方开挖的关系最为紧密,土钉墙对土方开挖的要求很高,开挖方法对边坡的稳定起着很重要的影响。边坡开挖后,在边坡土体自重及附加荷载的作用下,土体中的剪应力及土钉墙的倾覆力矩增大;当剪应力大于土体自身的抗剪强度或倾覆力矩大于抗倾覆力矩时,边坡就会产生失稳破坏。土方的开挖不当,会加大边坡失稳的概率。因此,土方开挖时应做到:

(1) 土方不能开挖过快。土方的开挖速度快,就意味着边坡的加荷速率大,土体容易产生侧向的塑性流动变形,进而使土体抗剪强度降低,从而降低了边坡的安全性。

(2) 土方不能一次性开挖过深。土体的抗剪强度很低,但具有一定的自稳能力,即边坡开挖后保持直立的能力。不同的土质存在着不同的最大直立自稳高度,超过这一高度(深度)或者在其他因素(如地下水、地面超载等)诱发下,边坡将发生突发性的整体破坏。因此,土方一定不能超挖。砂性土的最大直立自稳高度约为 0.5~2.0m,黏性土的范围更大些。一般土钉的排距(即纵向间距)为 1~1.5m,为了配合土钉的施工,土方的每层开挖深度与土钉排距相同,为 1~1.5m。

(3) 土方开挖的纵向(沿边坡方向)长度不能过长。纵向长度加长后虽然便于施工,但工作面过长来不及施工会使边坡直立的时间加长,从而加大了边坡的危险性;而较短的开挖长度显然会增大边坡的临时安全性。因此,一般开挖长度在 15~25m 之间,为了增加工作面,更多采用跳段开挖的方式。

(4) 工作面开挖宽度(开挖后形成的边坡与尚未开挖的土方之间的距离)一般为 8~12m,这只是为了便于土钉的施工,也可以更宽一些。

(5) 当边坡有可能发生渗流破坏或坑底隆起时,土方的开挖要考虑被动土压力区的稳定问题。留置的土方要有足够的被动土压力,以便能够和已完成施工的土钉墙共同承担基坑外荷载的作用。

(6) 土方开挖后,要及时进行土钉墙作业。由于土体的徐变,土钉的受力随时间而增加,边坡的安全性也随时间增加而减小。坡面裸露的时间越长,边坡的安全性越低,而且受各种因素诱发而导致失稳的可能性也就越大。

4.5.6 如何保证钻孔注浆式土钉(钢筋土钉)的成孔质量?

成孔是钻孔注浆式土钉施工的第一步,分为人工洛阳铲成孔和机械成孔两种方式。

(1) 人工洛阳铲成孔是干法取土式成孔,自从洛阳铲成功应用到土钉成孔后,这种技术以其工具简单、价格低廉和无需特殊技能等优点,迅速在全国普遍应用。洛阳铲成孔直径约为 70~110mm,深度一般不超过 15m,越深越难于成孔。

(2) 机械成孔直径较大,一般为 90~130mm。机械成孔可选用的设备类型较多,有地质钻机、锚杆钻孔、螺旋钻机、岩石钻机等回转成孔的设备以及潜孔锤等冲击成孔的设备等。

不管人工成孔还是机械成孔,孔深、孔径均应达到设计要求,在放入杆体前须清孔,将孔内残留及松动的废土清除干净。值得注意的是,在容易塌孔的土中,宜采用套管护壁成孔方式。当采用机械回转方式成孔时,如果采用膨润土等泥浆护壁,由于泥浆在孔壁上产生的泥皮会降低土钉与土体的粘结摩阻力,故宜先进行土钉的抗拔力试验以确定效果。可通过二次注浆等措施减弱这种不良影响。

4.5.7 如何保证钻孔注浆式土钉的注浆质量？

在这种土钉中，注浆起着非常重要的作用。浆液固化后与杆体形成土钉，承担着各种力的作用。

(1) 注浆材料多为水泥净浆或水泥砂浆，水灰比一般不大于0.5，强度一般不小于 10MPa。

(2) 为了施工便利，土钉孔一般孔口向下倾斜 5~20°。

(3) 注浆多为压力在 0.4~0.6MPa 的常压重力式反向注浆，即注浆管插入孔底(一般距孔底留有 200~500mm 的距离，以防止浆液直接冲刷孔壁)后开始注浆，边注浆边匀速拔管，直至孔口溢浆。

(4) 注浆速度不得太快，一般应控制在 10~15s/m；拔管时应保证注浆管的出浆口始终埋置在孔中浆液内，以保证浆液能把孔中的气体全部排出。

(5) 为了注浆饱满，孔口还应有止浆塞、排气管等止浆措施，或者简单地用泥土封口。

(6) 浆液开始收缩后应及时补浆，一般应补浆 2~3 次。土钉倾角越小，补浆次数越多。

(7) 为了提高水泥浆的早期强度，可加入速凝剂或早强剂。水泥砂浆的硬化干缩较小，一般不用补浆，与锚筋的握裹力更大，可以代替水泥净浆使用。

4.5.8 如何保证钻孔注浆式土钉的杆体制作安装质量？

为了保证杆体与水泥浆的粘结力，通常使用直径在 16~32mm 范围内的螺纹钢筋、人字纹钢筋等 HRB335 级和 HRB400 和 RRB400 级热轧变形钢筋作杆体材料，钢筋的加工应满足规范规定的钢筋制作安装要求。为了保证杆体处于土钉孔洞的中央位置，杆体放入之前要设置定位支架，其间距一般 1.5~2.5m。杆体的制安及注浆应及时进行，以防止塌孔。

4.5.9 如何保证打入注浆式土钉(钢管土钉)的施工质量？

国内的钢管土钉应用于基坑工程较钢筋土钉晚，20世纪90年代中期才开始使用，因此人们对其了解得较少。钢管表面光滑，与周边水泥浆液、土体等介质的界面摩阻力显然不如变形钢筋，所以抗拔力不如钢筋土钉。浆液也并不能像钢筋土钉那样严密地包裹在杆体周围连成一体共同受力，所以浆液的作用也不如钢筋土钉那么明确。钢管土钉的优点是施工工序少、速度快；在粉细砂、回填土、软土等钢筋土钉施工困难的土层具有优越性，在碎石土层中也有一定的施工能力。钢管土钉挤土成形，钢管对土体的挤密和浆液在土体中的扩散都会提高土体的强度，增加土体的稳定性。钢管土钉施工中应注意：

(1) 钢管兼作注浆管，所以要加工成花管。通常距头部(与面层连接端)2~3m后每隔250~500mm对开一对$\phi 8 \sim 12$的出浆孔直至尾部，每相邻两对出浆孔的孔中心轴线相互垂直。为了尽量使每个出浆孔都能出浆，钢管越长，出浆孔应越小。开孔位置不能太靠近头部，这是因为注浆过程中，当孔口溢浆时通常就停止了注浆，如果出浆孔离端部太近，往往在别的出浆孔出浆量还很少甚至没有出浆时，就已经有浆液从钢管孔口处流了出来，影响注浆质量。

(2) 孔外焊有倒刺，一方面保证注浆孔在钢花管打入过程中不被土屑塞死，另一方面可以增加钢花管与周围介质的摩阻力。倒刺要焊牢，不能在钢管打入过程中脱落。

(3) 根据不同的土质情况，注浆压力宜在1~2MPa左右，随土的密实度降低而降低。注浆压力过高，会使浆液很快从管口等处溢出，实际注浆量减少；注浆压力过低则出浆慢，扩散半径小。因为要与钢管共同承担力的作用，所以钢花管内的浆液也要饱满，操作要点可参见钢筋土钉注浆。

4.5.10 土钉与面层如何连接?

土钉与喷射混凝土面层必须有效地连接,通常有两种连接方式。

1. 通过加强筋连接

一般每排土钉都设有横向通长的加强筋,有时甚至还设置土钉间纵向的加强筋。加强筋不仅增加了面层的强度、刚度,还加强了土钉墙的整体性。通常在土钉的头部焊接短钢筋(形状为井字或一字)或角钢作为锚头,锚头压紧加强钢筋后与之焊牢。喷射混凝土时要特别注意锚头位置,要喷射密实。

2. 螺纹连接

在土钉的头部焊接上精轧螺纹钢,通过钢垫板、螺母与面层连接。这种连接方式比较复杂,造价较高,一般在较重要的工程或支护面有较大的侧压力等特殊条件下使用。钢垫板下应该用高强度等级水泥砂浆找平,在土钉的端部最好仿照预应力锚杆设置600～800mm的自由段以利于喷射混凝土凝固后拧紧螺母,并使土钉产生少量的预应力。

4.5.11 哪些因素会影响到喷射混凝土的施工质量?

喷射混凝土分为干混合料喷射法(简称干喷法)与湿混合料喷射法(简称湿喷法)两种。与干喷法相比,湿喷法研究应用得较晚,目前还没能在国内的工程中广泛使用,因此这里主要对干喷法而言。影响干喷法施工质量的因素较多,大体为:

1. 用水量

喷射混凝土中的用水量是喷射混凝土的关键技术。用水量过少,则回弹量大,混凝土拌和不好,水泥水化不充分,喷射混凝土强度偏低;用水量过大,则易流淌下坠或拉裂。实践证明,最佳含水量约是水灰比 0.45 左右的含水量。为了使水与混合料拌合均匀,要保持水环出水眼的畅通;要保持喷嘴处的水压略大于料流压力,以保证压力水穿透料流与混合料拌和。用水量完全由喷射手控制,取决于喷射手的技术水平。为了使喷射手能迅速进入最佳状态,大面积喷射前最好进行现场试喷。

2. 风压与风量

喷射混凝土所用的空气压缩机的排风量不能小于 $9m^3/min$,一般也不大于 $17m^3/min$。工作风压是由喷射机的输送能力决定的,主要取决于输料管的长度。风量与风压不足不仅容易导致喷射过程中堵管,而且会减弱喷射料流的冲击力,粗骨料不易嵌入新鲜的混凝土层中,从而使混凝土的密实度降低。而风压过大,料流的冲击力也大,回弹率也增大,粉尘浓度也增大。经验证明,料流在喷头处的出口压力为 $0.1 \sim 0.12MPa$ 左右效果最佳。风压在喷射过程中不能有过大的波动(一般认为波动幅度不应大于 $10kPa$),风压的波动会造成混合料在输料管中速度的波动,使喷射手难以调节水灰比,从而会造成混凝土干湿不均,质量不能得到保证。

3. 喷嘴角度、距离与移动

喷嘴与受喷面的最佳距离为 $0.6 \sim 1.0m$,距离过大会增加回弹量,降低密实度;过小也会增加回弹量,且喷射手容易受到回弹骨料的伤害。喷射出的料流应与受喷面形成 $90°$ 角,否则会使冲击力减小造成混凝土密实度降低以及回弹量过多。喷射混凝土应分层进行,喷嘴不能长时间指向同一地点,否则会增加回弹量及容易造成厚度不均。喷嘴最好稳定而系统地做椭圆形、一圈压半圈地移动,每圈横向距离宜为 $400 \sim 600mm$,纵向距离 $150 \sim 250mm$。

4. 混合料

水泥、砂、石、外加剂、水等材料要满足混凝土质量规范要求。石子宜选用卵石,碎石对管路磨损较大且较容易堵管。石子粒径不应大于 $20mm$,以利于输送和减小回弹量。砂子宜选用中粗砂,细度模数大于 2.5;砂子过细,会使混凝土干缩增大;砂子过粗,会使回弹量增大。骨料含水率宜为 $5\% \sim 7\%$,含水率过小则颗粒表面可能不能被水泥充分包裹,也无足够时间使水与干混合料在喷嘴处充分拌和;含水率过大,则易引起水泥预水化,还会使混合料易结块成团,与水拌和不均且容易堵管。

4.5.12 当喷射混凝土底面为水泥土拌合桩时,如何处理桩间土?

很多人认为,当喷射混凝土的底面为搅拌桩、旋喷桩等水泥土拌合桩时,由于底面形状为波面起伏形状,需要将桩间凹处所残留的土清除掉,再进行喷射混凝土。这种做法实际上不一定采用。水泥土桩的桩身强度远大于土,作为受喷面,喷射混凝土的回弹量也大大高于土,所以残留的桩间土对粘住混凝土减小回弹量是有利的。水泥土桩与土钉墙共同作用时,一般是用作止水帷幕和帮助土体临时自稳,在设计时通常不考虑其对边坡稳定性的有利影响。但由于水泥土桩约束了坡面侧向变形,实际上起到了混凝土面层的作用,尽管水泥土桩形成的水泥土墙面在多大程度上分担着面层的作用尚无理论依据,但这是不争的事实。在附着的桩间土掉下来后,用碎石或碎砖填充后再进行喷射混凝土覆盖,经实践证明也是一种可行的办法。

4.5.13 坡面上如何设置泄水孔?

为了避免土体处于饱和状态并减轻作用于面层上的静水压力,通常在坡面上设置泄水孔。泄水孔一般纵横间距1.5~2.5m,长度0.4~1.0m,直径60~130mm,孔中间为滤管,滤管四周用中粗砂填实。滤管常采用直径不小于40mm的PVC管,在土体中的部分加工成花管,滤孔面积约为花管表面积的20%~25%,管口略向下倾斜,管外包两层细目纱网。当土钉墙与水泥土拌合桩联合支护时,通常设计时已经考虑了地下水对土钉墙的影响,原则上可不用设置泄水孔。但是当涌水量较大使土钉墙作业困难时,可以适当设置一些泄水孔。

4.5.14 怎样进行土钉的长度检验?

钻孔注浆式土钉在注浆施工后,几乎是无法检验其长度的,因此其长度检验一般注浆前实施。打入式土钉在打入前检验。而钢管注浆式土钉,除了在打入前检验外,还可以在打入后注浆前用细钢筋捅入,直接测其长度。后一种方法应用较多。

4.5.15 做土钉的抗拔力试验,应注意哪些事项?

土钉墙质量检验时,一般要检验土钉的抗拔力。由于抗拔试验是在土钉的端部施加拉力,共同抗拔的土钉粘结段长度过长,与土钉的实际工作状态不符,测试时的端部最大拉力大于土钉的设计内力,而且端部受拉容易引起杆体的受拉屈服,所以抗拔试验应在专门设置的试验土钉(非工作土钉)上进行破坏性试验,试验土钉的施工工艺应与工作钉完全相同。如果采用工作钉作为检验钉,试验可不进行到破坏,当试验荷载值使土钉界面粘结应力的计算值达到设计时所采用的标准值的1.25倍时,即检验合格。检验时应注意:

(1) 要将土钉与周围的喷射混凝土切开,以保证土钉单独受力;

(2) 将土钉端头1m长度范围内的锚固体与土体剥离(或在土钉注浆时将之保留成非粘结段),以消除加载试验时面层变形所产生的影响;

(3) 检验所用的千斤顶宜为穿孔液压式,千斤顶量程要适当,反力支架可置于喷射混凝土面层上。

4.5.16 永久性边坡的土钉墙支护施工中,应特别强调哪些关键技术?

永久性边坡支护与临时性边坡支护最大的不同之一,就是对防腐的要求不同。永久性土钉墙长期暴露在空气中,混凝土的起层、剥落、裂缝等现象,容易使钢筋直接与空气接触,造成腐蚀。土钉锚头部分,往往因灌浆不足而不被水泥浆包裹或包裹较薄,水泥固化物容易受到破坏而造成锚头腐蚀。因此,打入式土钉及打入注浆式土钉是不能用于永久性工程的。

钢筋土钉在施工中,应特别强调:注浆水泥宜选用普通硅酸盐水泥;土钉灌浆后应该二次甚至多次补浆,直到土钉锚头部分完全被水泥浆液包裹;或者在水泥浆液中通过试验掺入适量的膨胀剂,以补偿收缩;以水泥砂浆替代水泥净浆;浆液中不能含有氯盐外掺剂;杆体距孔底留有 200mm 的距离;喷射混凝土应设计有较高的强度;其厚度不应小于 100mm,一定要分两次以上喷射而成,初喷时将底层完全覆盖 30～40mm;将土钉锚头多余的部分切割掉;在加强筋、锚头等部分喷射混凝土应适当加厚,以保证钢筋保护层的厚度;必要时在钢筋外涂一层或多层防腐涂料;喷射混凝土完成后加强养护,防止出现收缩裂缝或温度裂缝等。

4.5.17 在地下水较为丰富的情况下,土钉墙施工时应注意哪些事项?

经验表明,大多数土钉墙的破坏,都是由于水的作用,土钉墙施工必须有适当的排水措施。

(1) 土钉墙边坡坡顶及坡脚均应设置排水沟,坡脚水沟应距离坡脚 300mm 以上,排水沟采用水泥砂浆抹面以防止渗漏。

(2) 地表应覆盖水泥砂浆或混凝土,防止地表水向地下的渗透。

(3) 边坡上还应设置泄水管,以便排除喷射混凝土面层后的积水及土中渗水。

(4) 如地下水量很大,应采取预降水或帷幕止水。

(5) 边坡表面渗水量较大导致难以形成喷射混凝土面层时,可埋设少量表面排水管将渗水向下导流,或埋设深层排水管将地下水导出,同时在拌合喷射干料时掺入适量速凝剂。

4.5.18 喷射混凝土完成后如何养护?

喷射混凝土的养护与现浇混凝土相比并无特殊之处,但施工单位往往对这个问题重视不够。喷射混凝土一般采用喷水养护方式。喷射混凝土终凝 2h 后即开始喷水养护,养护期根据温度湿度等条件不同而有所区别,一般不应少于3d,喷水次数根据混凝土的湿润状态决定。

4.5.19 复合土钉墙的常用类型有哪些?

根据理论研究和工程实践、复合土钉墙主要有下列六种类型,如图4-1所示。

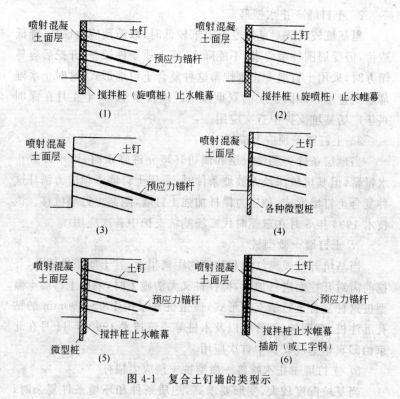

图4-1 复合土钉墙的类型示

1. 土钉墙＋止水帷幕＋预应力锚杆

土钉墙＋止水帷幕＋预应力锚杆是应用最为广泛的一种复合土钉墙形式,由于降水经常引起基坑周围建筑、道路的沉降,造成环境破坏,引起纠纷,所以,一般情况下,基坑支护均设置止水帷幕,止水帷幕可采用搅拌桩、旋喷桩及注浆等方法形成,由于搅拌桩止水帷幕效果好,造价便宜,所以在可能条件下均采用搅拌桩作为止水帷幕,只有在搅拌桩难以施工的地层使用旋喷桩。止水后土钉墙的变形一般比较大,在基坑较深变形要求严格的情况下,需要采用预应力锚杆限制土钉墙的位移,这样就形成了最为常用的复合土钉墙形式。该技术1996年12月在深圳宏明广场基坑支护中首次应用。

2. 土钉墙＋止水帷幕

当基坑较浅或对基坑变形要求较低时,取消预应力锚杆,降低造价,但受周围环境要求,不能降水,或土质条件较差,开挖后容易塌方时,采用土钉墙＋止水帷幕这种复合土钉墙形式,这时止水帷幕起到止水和加固土层的双重作用。该技术1996年4月在深圳兴华广场基坑支护中首次应用。

3. 土钉墙＋预应力锚杆

当地层条件为黏性土层和周边环境允许降水时,可不设置止水帷幕,但基坑较深及无放坡条件时,采用土钉墙＋预应力锚杆这种复合土钉墙形式,预应力锚杆加强土钉墙,限制土钉墙位移。该技术1994年5月在东莞时代广场基坑支护中首次应用。

4. 土钉墙＋微型桩

当基坑开挖线离红线和建筑物距离很近,且土质条件较差,开挖前需对开挖面进行加固,搅拌桩又无法施工时,采用土钉墙＋微型桩这种复合土钉墙支护形式,微型桩常采用100～300mm的钻孔灌注桩、型钢桩、钢管桩以及木桩等。该技术1990年11月在北京怡园宾馆基坑支护中首次应用。

5. 土钉墙＋止水帷幕＋微型桩＋预应力锚杆

当基坑深度较大,变形要求高,地质条件和环境条件复杂时,采用土钉墙＋止水帷幕＋微型桩＋预应力锚杆复合土钉墙形式,这种支护形式常可代替桩锚支护结构或地下连续墙支护,在这种支护形式中,预应力锚杆一般2～3排,止水帷幕一般为旋喷桩或搅拌桩,微型桩直径较大或采用型钢桩。该技术1996年在深圳某大厦基坑支护中首次应用。

6. 土钉墙＋止水帷幕插筋＋预应力锚杆

这种复合土钉墙形式与上一种类似，也是基坑支护条件特别复杂时采用，只是取消微型桩，在搅拌桩或旋喷桩中插筋来加强支护结构的抗弯抗拉性能，在单排搅拌桩中常插入型钢，在多排搅拌桩时内外插入粗钢筋和钢管，形成配筋的止水帷幕墙，结合多排预应力锚杆，解决复杂条件的基坑支护问题。该技术20世纪90年代中后期开始应用于场基坑支护工程中。

4.6 地下连续墙

4.6.1 地下连续墙适用什么条件？

随着城市建设的快速发展和工程建设规模的不断扩大，深基坑工程越来越多，施工的条件也越来越受到限制。深基坑工程有时难以用传统的方法进行施工，或者拟建场地周围邻近建筑物、道路、管线、河流等，而采用钢筋混凝土地下连续墙工艺就是施工深基坑工程有效的方法之一。

地下连续墙适用于各种地层施工。除了在岩溶地区和承压水头很高的砂砾层需结合并采用其他辅助措施外。在岩层中，地下连续墙可采用冲击成孔（槽）方法施工。地下连续墙刚度大，既可挡土又可承重，防渗性能好，成为深基坑工程的首选。

(1) 在城市建筑群中，深基坑工程临近已有或正在建设的建筑物、构筑物，或为了保护已有的交通干线、地下管线，最适宜采用地下连续墙工艺。

(2) 有的深基坑由于受到水文地质条件的限制，施工时难以降低地下水位，且降水易引起周围邻近地面沉降，给邻近建筑物、道路、管线带来危害，如穿过城市建筑物密集区的江河边或拟建场地地层复杂，地下连续墙也成为首选工艺。

(3) 有的深基坑工程由于开挖深度、周围情况、施工条件和水文地质条件等的限制，施工时难以采用常用的支护结构和安全有效的止水方式,如:钢板桩、灌注桩和桩间止水,地下连续墙几乎成为惟一可采用的有效的施工方法。

(4) 有的工程虽可用沉井施工,但由于工程情况(平面尺寸大、刚度较小等)的限制,沉井下沉过程中易出现裂缝等,这种情况下,也有采用地下连续墙工艺。

(5) 地下连续墙也常用于"逆作法"施工的深基坑中。

4.6.2 地下连续墙施工工序如何划分?

地下连续墙施工工序流程见图 4-2,主要工序如下:

1. 场地平整、测量放线

拟建场地必须尽量平整夯实,高差宜控制在±100mm之内,便于泥浆自由回流至泥浆池。如果原地形高差较大,可采取分片平整夯实,尽量避免出现挖填方量太多,造成不经济或场地不坚实。测量放线工作是地下连续墙施工准备的一项重要工作。在拟建场地四周设置易于保护的测控点,特别是转角位的控制点应准确,便于保护,并采用多种方法校核。

2. 导墙施工

导墙虽然是临时结构,但必须精心施工,绝对不可马虎了事。导墙位置的准确、坚固、平直和垂直度是确保地下连续墙施工质量的重要环节之一。

3. 槽段划分

槽段划分应从设计要求、施工能力和地质情况三个方面综合考虑。导墙施工完毕后,应将设计图上槽段划分放样至导墙顶面,并做好不退色标记和误差记录。

4. 泥浆制备

地下连续墙挖槽是在泥浆护壁下进行的。泥浆具有一定的相对密度(是否适应施工地层),是确保槽壁从开挖至混凝土灌注前不产生坍塌的关键,同时,具有一定粘度的泥浆,可以悬浮泥碴,并随泥浆排出槽外,提高成槽效率。

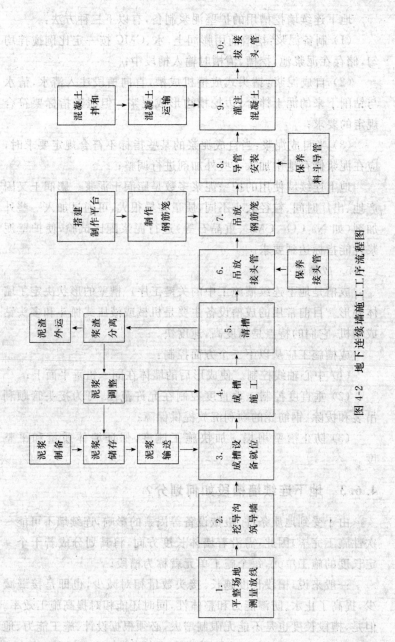

图 4-2 地下连续墙施工工序流程图

地下连续墙挖槽用的护壁泥浆制备,有以下三种方法:

(1) 制备泥浆:挖槽前用膨润土、水、CMC 按一定比例搅拌均匀,储存在泥浆池,挖槽、清槽时输入槽段中;

(2) 自成泥浆:钻头式成槽机成槽,直向槽段注入清水,清水与钻削下来的泥土拌合,边挖槽边形成泥浆。但泥浆指标要符合规定的要求;

(3) 半自成泥浆:当自成泥浆的某些指标不符合规定要求时,应在泥浆储存池中加入一些外加剂进行调整;

地下连续墙使用的护壁泥浆多数是膨润土泥浆。膨润土又因产地、出厂时间、粒径大小不同,质量差异很大,可通过加入一些外加剂(如 Na_2CO_3、CMC、重晶石等)进行泥浆配比试验,使护壁泥浆性能指标达到要求。

5. 成槽施工

成槽是地下连续墙施工中的关键工序。槽壁的形状决定了墙体外形。目前常用的成槽设备主要是机械或液压式抓斗和多头钻成槽机,它们的特点是精度高,速度快。

成槽施工应从以下三个方面控制:

(1) 中心轴线控制。使成形后的墙体在同一铅垂平面上;

(2) 垂直度控制。垂直度控制在允许范围,可为接头管顺利吊装和拔除、钢筋笼的顺利沉放提供保障;

(3) 防止槽壁坍塌。加快施工速度,保证墙体质量和平整度。

4.6.3 地下连续墙槽段如何划分?

由于受到地质条件、机械设备等因素的影响,连续墙不可能一次性施工完毕,因此,需沿着墙体长度方向,将其划分成若干个一定长度的施工单元,每个施工单元就称为槽段。

一般来说,槽段长度越长,接头数量相对减少,也即是接缝减少,提高了止水、防渗能力和整体性,同时还能相对提高施工效率。但是,槽段长度也是不能无限制增大,必须根据设计、施工能力、地

质等条件而定。因此,槽段划分时应考虑下列主要因素:

1. 设计要求和结构特点

(1) 连续墙的使用目的,是永久性墙还是临时性墙;是承重墙还是非承重墙。

(2) 连续墙的平面形状,如拐角、T形、变截面等,其形状越复杂,施工精度要求越高,难度越大,应尽量划分成为合适的形状。

(3) 墙体的深度和厚度。

2. 施工能力

(1) 对相邻结构物的影响,如相邻建筑物或构筑物基础形式、沉降要求。

(2) 起重机的起重能力,应估算钢筋笼的重量和尺寸,由此推算槽段长度。

(3) 单位时间内供应混凝土的能力,一般情况下,一个槽段的全部混凝土,宜在4小时内灌注完毕。

(4) 泥浆池(罐)的容积。一般情况下,施工现场的泥浆池(罐)的容积,应不小于每一槽段容积2倍,因此槽段长度的选择也应考虑此因素。

(5) 成槽设备的最小挖槽长度。目前连续墙施工的专业设备——抓斗,其长度一般在于2700mm左右,槽段划分也应充分考虑到。

(6) 施工所用的接头形式。每种接头形式所要求预留的空隙都不一样。

(7) 导管的间距。在一个槽段内同时使用两根或三根导管灌注混凝土时,相邻导管间距不应大于3m,导管距槽段接头端不宜大于1.5m。所以槽段长度划分要考虑这个原则。

3. 地质条件

地质条件决定槽壁的稳定性,对于黏性土,自身稳定性较好,不易坍塌,槽段可以适当放长些。而砂性土,自身稳定性差,槽壁易坍塌,应尽量缩短些。岩石强度高或入岩深度较大,成孔时间长,易造成槽壁坍塌,槽段长度也应尽量缩短。另外,地下水位的变化也直接影响槽壁的稳定性。

一般情况下,作为结构槽段的长度宜为4～8m。

4.6.4 地下连续墙采取何种形式的接头？槽段的接头应如何处理？

地下连续墙是由一个个槽段组成的,而槽段在施工过程中的连接处称为"接头"(相邻槽段的施工缝就称为接头)。为了确保接头质量,达到受力抗渗漏要求,人们设计了各种各样的接头施工方式。如:接头管接头、接头箱接头、隔板式接头(平形、椎形、V形)、工字钢接头、管桩接头、反弧型冲击接头(接头段)等等。

常用的施工接头有以下三种:

1. 接头管接头(见图4-3)

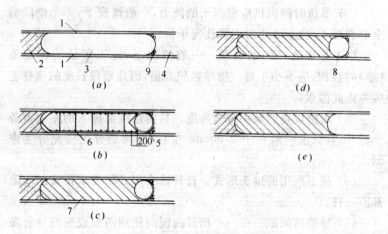

图4-3 接头管接头的施工程序

(a)开挖槽段;(b)吊放接头管和钢筋笼;
(c)灌注混凝土;(d)拔出接头管;(e)形成接头

1—导墙;2—已灌注混凝土的单元槽段;3—开挖的槽段;4—未开挖的槽段;5—接头管;6—钢筋笼;7—拟灌注混凝土的单元槽段;8—接头管拔出后的孔洞;9—砂袋

这是地下连续墙施工应用最多的一种施工接头,在一个槽段清槽完成以后,用吊机将接头管吊入槽段端部,安放钢筋笼并灌注混凝土,然后在混凝土终凝之前将接头管拔出。如果槽段太深,接头管可以分节吊装并连结稳妥。接头管必须插入槽底,垂直紧贴槽段端部并将其固定,以防灌注混凝土时接头管倾斜移动而影响其拔除及影响下一槽段施工。在开始灌注的混凝土初凝后,可开始提动或转动接头管,每隔20~30min提动一次,每次起拔量应视灌注速度而定,接头管不宜停在初凝混凝土内0.5h以上。因此,确定初凝时间就特别重要。施工现场可以通过不同灌注阶段的混凝土试件来确定。起拔接头管常用拔管器,吊机辅助,严禁吊机直接拔管,接头管拔出后槽段端部形成半圆形混凝土面。

2. 工字钢接头

这种接头方式在地下连续墙中的运用也较为普遍,施工最为简便。见图4-4,采用8~10mm厚的钢板焊接成工字钢型组合体并与钢筋笼端部焊接牢固。由于工字钢与槽段端部间有相当的空隙,为了避免混凝土灌注时绕过外侧面充填这部分空隙(凹位),在钢筋笼制作时,应用厚泡沫板绑扎在凹位并固定牢靠,钢筋笼安装完毕后,钢筋笼与槽端部的空隙再用砂袋充填。这样,混凝土灌注过程中,槽段端部就不会被绕过来的混凝土充填,为相邻的下一槽段成槽施工提供了便利。由于使用工字钢接头形式,混凝土多少都会有些绕过来充填砂袋之间的空隙位,因此,相邻槽段成槽之前,采用冲击成孔法,使用特制的方锤,将混凝土、砂袋和厚泡沫板冲碎;清槽时,同样使用特制的方锤刷,将吸附在工字钢上的泥皮、泥碴清刷干净,以保证接头质量,提高抗渗性能。

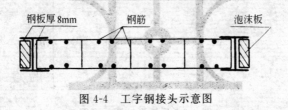

图4-4 工字钢接头示意图

3. 反弧形冲击接头(接头段)

这也是一种常用的方法,施工时,在槽段的两端先钻(冲)两个导向孔(如图 4-5),相邻两个槽段之间预留一定的长度作为接头段后施工,这个长度应不小于一倍墙厚,且不大于 2 倍墙厚。待相邻两个槽段完成混凝土施工后且有一定的强度时,用反弧形冲锤(见图 4-6)冲击成孔;成孔后,清孔并安放钢筋笼灌注水下混凝土,完成接头段的施工。这种接头型式特点:对槽段的导向孔垂直度要求高,泥浆制备要适用于本地层,尽量避免坍塌;接头段成孔过程中同时要切削相邻两槽段的少部分混凝土,进尺较慢且易斜孔,应安排经验丰富且有责任心的操作人员施工;一旦发现斜孔,必须及时纠偏。清孔时,也应用反弧形锤刷清附着在混凝土表面的泥皮和泥渣;采用这种接头型式,接头数量是以上两种的两倍,但只要精心施工,严格控制每道工序,接头止水效果还是非常理想的。

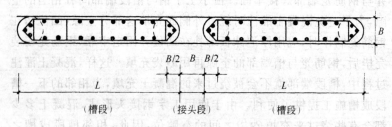

图 4-5　反弧形冲击接头示意图

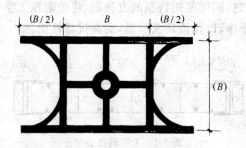

图 4-6　反弧形冲锤示意图

4.6.5 导墙有哪些作用？它的深度、厚度一般宜为多少？

1. 导墙的作用

导墙是地下连续墙成槽之前修筑的临时结构，其作用是多方面的，主要作用如下：

(1) 确定成槽位置。地下连续墙成槽施工之前，在拟建地下连续墙墙面线两侧构筑导墙，以控制地下连续墙的平面位置，并成为成槽的导向。

(2) 挡土作用。在地下连续墙成槽时，接近地表的土极不稳定，容易坍塌，而泥浆也不能起到保护作用，构筑导墙可起到稳定地表土的作用。

(3) 储存泥浆。导墙可存储泥浆，稳定槽内泥浆液面，防止泥浆漏失和地表水流入槽内。

(4) 测量基准。导墙确定了地下连续墙的位置，标明槽段划分，同时也作为测量成槽的标高、垂直度和精度的基准。

(5) 作为重物的支承。它是成槽设备的支承，又是钢筋笼、接头管、拔管器、料斗的支点，有时还承受其他设备的荷载。

2. 导墙的形式与尺寸

导墙的形式多种多样，横断面如"‖"、"⊤"、"⊥"、"][" 形等。导墙一般采用现浇钢筋混凝土结构，也有采用工字钢、钢板、槽钢等组合结构。具体采用哪种形式和结构，应根据导墙底土层情况、导墙需承受荷载大小、周围环境等因素综合考虑。

导墙的深度一般为 1.2~2.0m，厚度为 0.2m，顶面高出地面 0.15m 左右，导墙底高出地下水位既可，配筋结合施工荷载计算确定。

3. 导墙施工

导墙是地下连续墙施工质量保证措施之一，须确保其结构强度和尺寸精确度。钢筋混凝土导墙施工应注意以下几个方面：

(1) 导墙底必须坐在密实的土层上,若土层松散、软弱应进行夯实或换填土。开挖导墙沟槽时,坑底严禁泡水,应采取有效排水措施。导墙背后填土应分层夯实。

(2) 导墙的施工允许偏差按下列规定执行:

1) 内外导墙之间的对称线应和地下连续墙中心轴线重合,对称线允许偏差中心轴线±10mm;

2) 导墙内壁面垂直度允许偏差为 0.5%;

3) 内外导墙间距应比地下连续墙设计厚度加宽 40~60mm,其净距允许偏差为±10mm;

4) 导墙顶面应平整,允许偏差为±20mm。

(3) 现浇的钢筋混凝土导墙拆模后,应立即在两面导墙之间按 1.5m 间距上下同时加设支撑。在导墙混凝土养护期间,严禁重型机械在导墙附近行走、停置和作业。

4.6.6 地下连续墙施工中槽壁坍塌的对策是什么?

地下连续墙槽壁坍塌在施工的不同阶段,处理方法是不一样的。

1. 槽壁坍塌的危害

地下连续墙槽壁坍塌是施工中极为严重事故。它的发生不仅可能导致设备被埋,也可能引起地表土沉陷使导墙断裂、变形、移位,对临近建筑物和地下管线造成破坏。若灌注混凝土过程中产生坍方,则可能导致墙体混凝土夹泥、松散、强度低,甚至形成涌水通道。

2. 槽壁坍塌的主要现象

(1) 泥浆流失,浆面下降;

(2) 泥浆内有大量气泡冒出或泥浆出现异常扰动;

(3) 导墙及附近地面出现沉降;

(4) 抓斗成槽时排土量超出设计量;

(5) 抓斗或钻头升降困难。

3. 处理方法

地下连续墙槽壁小坍塌一般不易被发现,而一经发现,都已经是较为严重的。因此,一旦遇到坍塌,处理一定要果断。

(1) 成槽、清渣阶段。不论是什么原因造成的坍塌,首先应迅速将成槽、清槽设备提升至地面,同时补浆以提高泥浆液面或回填黏性土,待回填土沉积稳定后再配制优质泥浆重新成槽。

(2) 钢筋笼就位后发生坍塌,应尽一切办法将钢筋笼吊出槽外,并向槽内填粘土。

(3) 灌注混凝土过程发生坍塌,惟一办法只有继续将混凝土灌注工作进行下去。待混凝土达到龄期时,通过钻芯法等方法检测墙身混凝土质量,再针对缺陷的具体情况采取措施补强。

4. 预防措施

地下连墙施工过程中槽壁坍塌带来的后果是严重的,除前面提到的外,再次成槽能否成功还是一个问题。

基于以上因素,防止槽壁坍塌关键在于预防为主。施工组织准备阶段,要对存在坍塌的因素进行详尽分析。主要从地质条件、施工方法、泥浆配制三个方面入手,做好充分准备。主要措施有:

(1) 根据土质情况配制合适的泥浆配合比;成槽过程中恶化的泥浆要及时处理和调整,改善泥浆质量;

(2) 观察槽内浆面情况,及时补充泥浆,保证泥浆液面的稳定;

(3) 注意地下水位变化,及时调整泥浆指标;

(4) 清槽时,使用优质泥浆,缩短清槽时间;很多槽壁坍塌都是在清槽阶段产生的,主要原因是忽视了泥浆性能指标,麻痹大意造成的;

(5) 清槽后及时灌注水下混凝土;

(6) 钢筋笼安装时要平、稳、缓、严禁碰撞槽壁;

(7) 减少地面荷载,防止车辆、机械对地面产生振动;

4.6.7 地下连续墙施工时泥浆有哪些要求？如何保证泥浆质量？

地下连续墙成槽泥浆起到护壁和悬渣两大作用，所以在地下连续墙施工中必须高度重视泥浆的性能指标，见表4-1。

制备泥浆的性能指标 表4-1

项次	项目	检验方法	性能指标 一般土层	性能指标 软土层
1	相对密度	泥浆密度秤	1.05～1.25	1.05～1.30
2	黏度	500mL/700mL漏斗法	18～25s	18～25s
3	含砂率	含砂仪	<4%	<4%
4	胶体率	100mL量杯法	≥95%	>98%
5	失水量	失水量仪	<30mL/30min	<30mL/30min
6	泥皮厚度	失水量仪	1.0～3.0mm/30min	1.0～3.0mm/30min
7	静切力	静切力测量仪	10～25mg/cm^3	1min：20～30mg/cm^2 10min：50～100mg/cm^2
8	稳定性	500mL量筒或稳定计	<0.05g/cm^3	≤0.02g/cm^3
9	pH值	pH纸	7～9	7～9

在地下连续墙施工的不同阶段，泥浆性能指标的测定项目是不同的。

(1) 在确定泥浆配合比时，要测定黏度、相对密度、含砂率、胶体率、静切力、pH值、失水量和泥皮厚度。各指标按表4-1控制。

(2) 在检验黏土造浆性能时，应测定泥浆的含砂率、相对密度、稳定性、黏度、胶体率。满足一定要求的黏土可代替膨润土制备泥浆。一般含砂率不大于8%、塑性指数大于25、黏粒直径小于0.005mm的含量超过50%的黏土可用于制备泥浆。如果粉质黏土其塑性指数不小于15、粒径大于0.1mm的含量不超过6%，也适宜制备泥浆。

(3) 在成槽过程中，如采用钻冲法施工，每进尺3～5m或每小时测定一次泥浆相对密度和黏度；如不符合规定指标要求时，应及时进行调整。

（4）在清槽后灌注混凝土前，槽底以上 1.0m 处的泥浆相对密度应小于 1.25，含砂率不大于 8%，黏度不大于 28s。

如何保证泥浆质量呢？

（1）泥浆的质量对保证槽壁不坍塌起着重要作用。因此泥浆性能指标应根据不同土层而选择，如黏度指标就应根据土质中最易坍塌的土层来确定。

（2）泥浆制备时，泥浆要充分搅拌，按一定顺序投料，如 CMC 溶液可能会妨碍膨润土溶胀，宜在膨润土之后加入。搅拌后的泥浆应静置 24h 以上，使膨润土或黏土充分水化后再使用。

（3）在施工区域内应设置集水井和排水沟，防止地表水流入槽段内和泥浆储存池内破坏泥浆性能。

（4）在施工期间，应勤于测定泥浆指标，发现问题及时调整。

（5）严禁混凝土、油料等混入泥浆中。

（6）含有大量土渣的泥浆应及时沉淀分离，指标调整后再重复利用。

4.6.8 地下连续墙的钢筋笼制作安放中应注意什么事项？

钢筋笼制作安放是地下连续墙施工中的主要工序，钢筋笼制作的精度、垂直度及采用的一些保障措施，为施工的顺利安放和保证质量起着重要作用。

1. 钢筋笼制作

（1）钢筋笼制作场地必须坚实，制作平台要牢靠，平台平整度应控制在±10mm 以内。

（2）主筋在下料前后应调直。这道工序不可少。因为主筋调直后，制作出来的钢筋笼表面平整度较好，为钢筋笼的顺利安放提供便利，同时为灌注混凝土用的导管上下运动提供较多空间而不卡管。

(3) 一般情况,钢筋笼端部与接头管或混凝土接头面或工字钢接头间应留有 15～20cm 的空隙,主筋净保护层厚度为 7～8cm,保护层垫块厚 5cm,保护层垫块和槽壁之间留有 2～3cm 的间隙。保护层垫块应用薄钢板制成并焊牢在钢筋笼上,垫块尺寸为 25cm×25cm,按梅花形布置。

(4) 钢筋笼制作要预先确定导管位置,特别是异型槽段,导管位置不合理会影响混凝土灌注质量。一个槽段同时使用两根或三根导管灌注混凝土时,导管间距不应大于 3m,导管距槽段端部不宜大于 1.5m,钢筋笼桁架的布设应满足此要求。为了便于导管插入,纵向主筋应放在内侧,横向钢筋放在外侧。钢筋笼纵向主筋的底端应向内弯折,可防止钢筋笼吊放时插到槽壁上,但向内弯折斜度不应影响导管的插入。

(5) 钢筋笼纵向桁架的弦杆断面应不小于纵向主筋,架立筋宜用圆钢加工。

(6) 纵向钢筋接长一般采用搭接焊。纵横钢筋交叉处至少50%点采用点焊,但钢筋笼四周两道主筋与横向钢筋须全部点焊。临时扎丝在钢筋笼起吊前全部清除。

(7) 预埋件的处理。预埋件有多种形式,如预埋锚固钢筋、钢板、钢盒等,是为了连续墙与结构梁、板、墙连接而预先设立的。锚固筋一般用圆钢,直径≤20mm;采用预埋钢板、钢盒时,钢板、钢盒不能直接焊在钢筋笼面筋上,而应焊在锚筋上,再由锚筋和钢筋笼主筋连接。锚筋间距的布置还必须考虑确保混凝土自由流动以充满锚筋周围的空间。预埋件表面不宜粘贴泡沫塑料。

(8) 分段制作的钢筋笼,分段位置应是结构应力最小的地方,两段钢筋笼按连接工况在同一平台上同时制作。

2. 钢筋笼起吊

钢筋笼从制作平台上起吊时应整体平吊,吊点布置要合理,吊点位置处的钢筋应加固焊接,以防止钢筋笼变形或散架。一般是采用两台吊机各配备一条钢扁担起吊,这样可避免造成钢筋笼变形。

3. 钢筋笼安放

钢筋笼入槽时,应缓慢地、垂直准确地插入槽内。当钢筋笼入槽1m时,须再次复核钢筋笼对中情况,无误后再继续下放。如果钢筋笼是分段制作的,安放时需接长,下段钢筋笼要垂直挂于导墙上,上段钢筋笼用吊机垂直吊着,上下两段直线连接。最快速连接方法是:在每条纵向主筋搭接范围内,用3~4个"U"形扣夹紧搭接的钢筋,并辅以一般的焊接即可。钢筋笼不能顺利安放到位时,应吊出重新安装,严禁强行下冲,以免钢筋笼变形影响导管安放或造成槽壁坍塌影响墙身质量。

钢筋笼不能顺利安装到位,原因有多方面,如槽段倾斜度超过要求、槽段缩颈、槽壁平整度差、钢筋笼制作误差大、起吊过程造成钢筋笼变形、分段钢筋笼连接造成垂直度误差大、保护层垫块及预埋件安装不符合要求等。因此地下连续墙施工时要严格做好过程控制,把好每道工序关,为顺利安放钢筋笼、混凝土灌注创造条件。

4.6.9 地下连续墙的清槽工作是什么?

地下连续墙成槽后槽内泥浆含有大量砂、石、泥等碎屑,此时泥浆密度很大,必须将这部分泥浆置换出来,降低泥浆密度,这个过程称为清槽。

清槽方法很多,常用方法有:泥浆循环法、空气吸泥法、潜水砂泵法、抽砂桶抽渣法。具体采用那种方法,要视地质条件、槽深和施工经验及设备条件而定。置换入槽的泥浆必须是优质泥浆,各项性能指标都能满足技术要求。否则极易造成槽壁坍塌、沉渣超要求,最终影响成墙质量。

1. 泥浆循环法

就是利用钻孔成槽设备,在成槽施工完成后,随即将钻头提高离槽底20cm进行空转,中速压入密度为1.10左右的泥浆,把槽内悬浮渣置换出来。

2. 潜水砂泵法

潜水砂泵放入槽底,从槽段一端到另一端来回移动,将槽底密度很大的泥浆抽出槽外,使槽底沉渣和泥浆密度达到要求。

3. 空气吸泥法

在槽段内安装一条从地面到槽底长度的排浆铁管(ϕ20cm 左右)和通气铁管(ϕ30cm 左右),通气管在离排浆管底部 30cm 处与之接通,压缩空气从通气管压入排浆管中,使排浆管形成一定的真空而带动泥浆排出槽外,达到清槽目的。

4. 抽砂桶抽砂法

把将带有活瓣桶底的抽砂桶沉入槽底,将槽底带有大量土渣高密度泥浆逐桶抽出槽外;如果是抓斗成槽,可充分利用抓斗来抽砂。

清孔的另一个重要工作是:清除相邻已完成混凝土槽段接头面上附着的泥皮和土渣。这些土渣的来源主要是相邻槽段浇灌混凝土时,由于混凝土的流动推挤到槽段的接头处。清除方法:可采用与接头面形状相同并带有钢丝刷的锤上下来回不断拉动,并配合高压水对接头进行冲洗。

钢筋笼就位后超过 4h 如还不能灌注混凝土,应把钢筋笼吊起,冲洗干净后再重新入槽。

灌注混凝土前槽内泥浆指标要求:槽底以上 1m 范围内泥浆密度应不大于 1.25,含砂率不大于 8%,黏度不大于 28s。承重墙沉渣厚度≤10cm,非承重墙沉渣厚度≤30cm。

4.6.10 地下连续墙混凝土的灌注中应注意什么事项?

(1) 混凝土配合比设计应综合考虑工序特点、接头形式、槽段形状、钢筋笼配筋、混凝土入槽气温等情况。细骨料宜用中粗砂。粗骨料粒径宜为 1~3cm,水泥采用普通硅酸盐水泥(转窑),水泥用量不少于 370kg/m³,水灰比≤0.6,坍落度 18~22cm,初凝时间控制在 4h 左右,终凝时间不超过 8h。混凝土搅拌要确保拌和时间、和易性、黏聚性,现场做好坍落度试验。

(2) 钢筋笼安装完后应尽快灌注混凝土。对于接头管,应垂直固定牢固,以免混凝土灌注过程发生倾斜。

（3）在同一槽段内同时使用两根或三根导管灌注混凝土时，导管间距不应大于3m，导管距槽段端部不应大于1.5m。灌注过程各导管底面高差不宜大于0.3m。对"⌐"形和"┬"形槽段，须有一条导管设于转角处，且符合上述规定。

（4）使用两根或三根导管灌注混凝土时，开塞前各料斗存料要保持平衡，且满足开塞后导管底埋入混凝土中；开塞要同步进行。灌注过程各管要均衡下料，槽内混凝土面高差不宜大于0.3m。严禁混凝土从料斗中溢出流入槽段中。

（5）导管埋置深度 一般以1~6m为宜，最深不能超过8m。埋管过深时，一方面由于表面混凝土无法扰动，容易凝结，致使导管被埋(卡)；另一方面也容易造成钢筋笼上浮。要严格控制混凝土灌注速度和时间，要勤量测混凝土面深度并及时拆管，确保混凝土连续性、致密性。

（6）由于混凝土表面与泥浆接触，强度较低，所以墙顶要预留浮浆层(松散层)，以确保墙顶混凝土质量。浮浆层一般为50~80cm，待混凝土到龄期后凿除，或在混凝土灌注完毕后，清除一部分，以减少以后凿除工作量，但要留10cm左右，以免损伤墙顶混凝土。

（7）对于采用接头管接头的地下连续墙，要严格控制拔管时间。拔管过早会造成混凝土坍塌，过迟会使接头管被卡(埋)。拔管一般在混凝土初凝时进行，每次10~20cm，具体提升量视混凝土灌注速度而定。接头管不宜停在初凝混凝土内0.5h以上。拔管时要垂直起拔，严禁偏斜，不得损害接头处混凝土。拔管时间预先通过现场试验确定，并在混凝土施工中严格执行。接头管一般在混凝土灌注完以后4~8h内全部拔出。

4.6.11 当有承重要求时，地下连续墙施工中应注意什么事项？

地下连续墙作为地下室外墙结构时，多数都用作高层建筑裙楼的承重墙。作为承重地下连续墙的施工，除前面提到的注意事项外，还应注意以下几个问题：

(1) 墙顶中心线的允许偏差为±30mm；
(2) 墙体垂直度应小于墙体1‰；
(3) 墙底沉渣厚度应小于100mm；
(4) 每个槽段中最小嵌岩深度应满足设计要求；
(5) 接头处相邻两槽段的挖槽中心线在任一深度的偏差不得大于墙厚的1/3。

4.7 基坑防水治水

4.7.1 基坑工程中对地表及地下水的防治有哪些措施？其适用条件分别是什么？

基坑开挖过程中，经常会遇到地表水及地下水不断地涌入、渗入基坑，造成场地及边坡浸水，使土的物理力学性能变差，危及边坡的安全，且对施工造成不便，因此必须对其进行防治。据统计，多数基坑工程事故都是因水害引起的，因此对地表水及地下水防治的成功与否往往是基坑支护成败的关键。水害分地表水害及地下水害，地表水可分为雨水、地面滞水（如施工用水及雨水的积聚）及基坑周边的河渠、管道、沟塘水等，地下水按埋藏条件，可分为上层滞水、潜水和承压水三种类型。基坑工程中常用的对地下水的防治措施有明沟排水（或称明排水、明沟降水、集水井降水）、井点降水（或称暗降水、人工降水）、帷幕止水（或称截水、隔水）和回灌等几种形式，对地表水通常采取明排水及挡水堤（墙）截水处理。

1. 明沟排水

当降水引起的地下水土的流失不会危及周边建（构）筑物、设施及基坑自身的安全时，可采取排、降水措施。如果基坑四周的土体较为稳定（不易被渗流冲刷而塌方）、降水深度较小（不大于5m）、土层渗透系数较小（不大于20m/d）、渗水量较小、可能有局部渗透但不会造成渗流破坏，可以采取明沟排水措施。

2. 井点降水

在砂石类土及粉土等透水性较强(渗透系数为 0.1～200 m/d)、含水量较大的土层中开挖时,明沟排水常常无法满足边坡稳定及施工要求,通常要进行井点降水。在弱透水性的黏性土层中,很难降水一般也无需降水。降水的作用一般有以下几个方面:

(1) 防止地下水因渗流产生的流砂、管涌、突涌等渗流破坏。

(2) 消除或减弱地下水作用在边坡或坑底的渗透压力,提高边坡及坑底的稳定性。

(3) 减少土体的含水量,有效地提高土体的各项物理力学性能指标,从而增加边坡及坑底的稳定性。

(4) 保持基坑的干燥,减少土粒流失,改善施工环境,便于施工及保证施工质量。但降水导致周边土层中地下水位的不均匀下降,对周边环境产生着不良影响。

3. 止水帷幕

止(截)水帷幕通常是一种较好的选择。止水帷幕设置在基坑的四周,切断了基坑内外的水力联系,使坑内的地下水位的降低基本不对坑外水位产生影响,从而保护了周边环境。止水帷幕几乎适用于所有的地质条件。

4. 回灌

为了避免降水导致周边土层中地下水位的不均匀下降这种不良影响,通常采取帷幕止水或回灌措施。回灌的目的是为了形成一道竖向的水幕,稳定或抬高了回灌井点及回灌井点影响范围内的地下水位,使基坑降水的影响范围不超过回灌井并排的范围,阻止了回灌井点以外的地下水向基坑内的渗流,从而尽量使回灌井以外的地下水位保持了原有的水位,土压力仍保持了原有的平衡状态,保证建筑物等基本上不受降水的不良影响。实际工程中回灌常常受到各种条件的限制而不能得到应用,如:工程地质条件是复杂多变的,受地质条件及施工状况影响,实际工程中很难保证回灌井点以远的地下水位不受降水影响而下降,回灌对基坑周边环境的保护效果通常不如止水帷幕;降水井点通常布置在基坑的四周,因为回灌井点不能与降水井点距离太近(不宜小于 6m),而建筑红线范围内多数时候都没有充裕的位置可以施工回灌井;如果地下水量丰富而基坑暴露时间又很长,降水回灌的费用可能高过止水帷幕的费用,等等。回灌对地质条件的要求与降水基本相同,但砂砾类土、碎石类土的透水性很强,抽水量及回灌量均很大,降水、回灌系统的费用可能会较高。

5. 挡水堤(墙)

在地表水流的上游或基坑四周边坡的坡顶,设置挡水土堤或挡水砖墙将地表水截住,防止其向基坑内涌入。

需要说明的是,以上几种防治地下水的措施通常是组合使用的。如:不管是井点降水,还是帷幕止水,均应在基坑内设置排水明沟;设置止水帷幕的基坑,往往也采用井点降水以疏干基坑内含水层中的水及降低地下水位;明沟排水、井点降水及帷幕漏水时,均可采取回灌措施,等等。另外,还有一种冻结法(把基坑周围一定范围内的土体冻结以起到挡土挡水目的),在某些特定条件下也用于基坑支护。

4.7.2 降水会对周围环境产生什么样的影响?

降水井内的水位降低后,周边含水层的水不断流入,一段时间之后,在井点周围形成了漏斗状的弯曲水面,水面下降的幅度取决于水文地质及工程情况。在连续(持续)抽水的情况下,该降水漏斗的水面一般在几天至几周后逐渐趋于稳定。在水位下降的范围内,土体有效自重应力增加,发生固结、压缩,造成地面及建(构)筑物产生附加沉降。由于降水漏斗的降水面是曲面不是平面,因而产生的固结沉降也是不均匀的,越靠近井点沉降值越大。实际工程中,细小的黏土、粉土甚至砂土颗粒不可避免地透过井管的砂滤层及滤网进入滤管内,连同地下水一起被抽排走,这种现象使固结引起的不均匀沉降加剧。大多数基坑都位于市区内,周边有众多的建筑物、构筑物、道路、市政管线及设备设施,基坑开挖后,形成了以基坑为中心的大范围的降水漏斗;降水影响范围有时可达二、三百米,使地面产生不均匀沉降,可能会造成建(构)筑物、道路、管线等沉降、倾斜、断裂等不同程度的损坏。因此,在降水作业时,一定要做好防治降水产生不利影响的措施。

4.7.3 防止降水对周边环境产生不利影响的措施有哪些?

防止影响措施有:

1. 做好环境影响调查

在降水前应做好周边降水影响范围内的环境的调研工作。查清工程地质及水文地质情况,查清是否有河流、湖泊、暗沟、池塘等贮水体及分布状况,了解地表及地下的建(构)筑物、道路、各种市政管线的结构、材质、分布、使用等情况,了解是否有对沉降敏感的机械设备,等等。

2. 采取预防措施

根据已了解的情况及本地区的工程经验,计算降水影响范围及固结沉降,充分估计降水可能造成的后果,制定周密可行的监测方案,确定是否需要采取止水帷幕或回灌措施、建筑物是否需采取注浆等预加固措施。

3. 制定合理的降水方案

在满足基坑干燥及防止管涌、流砂、突涌等渗流破坏的要求前提下,总抽水量应尽量减少,根据这一原则确定井点的种类、位置、间距、数量、深度等参数;地下水位的反复升降会增加土体的沉降量,所以井点应连续运转,尽量避免间歇性抽水;在降水深度不变的情况下,降水速度越慢,则降水曲线越缓,降水影响的范围越大,而不均匀沉降也越小,所以可以根据具体情况调整降水速度,以保护不同范围内的建筑物;井管制安时应重视滤网及砂滤层的施工质量,尽量减少土层中的细颗粒的渗透和被抽水时带走。

4. 基坑外设置水位观测井

水位观测井的技术要求与回灌井相同,兼起回灌作用,严密监测水位变化情况,一旦需要立即回灌。

4.7.4 基坑明沟排水系统应如何设置?

明沟排水系统由明沟及集水井构成,以其施工简单、造价低廉得到了广泛的应用。

(1) 明沟及集水井应设置在地下室外墙与边坡坡脚之间,距坡脚不小于 0.3m,距基础边不小于 0.4m;排水沟底比基坑底低 0.3～0.5m,宽度不小于 0.3m,纵坡 1‰～2‰,将水向集水井汇集。排水沟一般采用砖砌,水泥砂浆抹面,砂浆应饱满密实,防止渗漏。集水井在基坑转角及沿排水沟每 20～40m 设置一个,井底应比排水沟底低 0.5～1m(深于抽水设备进水阀的高度),直径(边长)宜为 0.6～0.8m,井壁可用混凝土滤水管或砖砌,井底铺设 0.2～0.3m 厚卵石或碎石反滤层以便于沉淀泥砂。

(2) 抽排出的地下水应排放到基坑外,不得产生回渗。通常同时在基坑四周采取截水、封堵、导流等措施排除地表水,防止地表水对基坑边坡产生冲刷和潜蚀。地表明沟的作法与坑底明沟基本相同,但地表通常不设置集水井,为防止水中的泥砂进入市政管网,通常在地表设置沉砂池,将抽排出的地下水经三级沉淀过滤后再排汇入到市政地下水管网。地表无排水明沟时,通常设置挡水矮墙,防止地表水涌入基坑。

(3) 当基坑开挖深度较大、边坡出现多层渗水时,可分 2～3 层分层设置排水沟形成多级降水,每级降深不超过 5m。分层排水时,应注意防止上层排水沟的水渗漏或溢出后冲刷下部的边坡。

(4) 当基坑面积及渗水量较大、利用设置在四周坡脚的排水沟不能有效地排除地下水时,或者受场地限制设置明沟比较困难时,可采取暗沟(盲沟)排水方式:在场地内纵向设置一条或多条主排水沟,横向设置多条次排水沟,排水沟的间距一般为 40～50m,主沟底比次沟底低 0.3～0.5m,比基坑底低 0.5～1m,沟宽根据汇水量确定,主次沟内均采用级配碎石或砾砂外包土工布后铺设成盲沟,在地下室范围外、主次沟的交叉处设置集水井。盲沟应在基坑回填前分段用黏土回填夯实以截断水流,防止地下水继续在沟内流动破坏地基土。

4.7.5 井点降水有哪些类型？其适用条件分别是什么？

井点降水形式通常分为轻型井点、喷射井点、管井井点、电渗井点、自渗井点等几种，其中前三种较为常用。

1. 轻型井点

在基坑的四周或一、两侧以单排或双排按 0.8～2.4m 的间距埋设井点管，钻孔直径一般 0.2～0.45m，井管采用直径 38～110mm 的钢管、镀锌管等金属管，井管的上端通过连接弯管与集水总管连接，集水总管与抽水设备相连，启动抽水设备后，地下水在抽水设备形成的真空压力下，经滤管进入井点管及集水总管，由离心泵排出。根据抽水设备的不同，又可分为真空泵、射流泵及隔膜泵轻型井点三种。轻型井点的主要适用对象为渗透系数 0.1～50m/d 的填土、粉土、黏性土及砂土层中的上层滞水或水量不大的潜水。一级（层）轻型井点的降水深度一般不超过 6m，达不到降水要求时，可采用双级（层）或多级井点。

2. 喷射井点

其适用对象与轻型井点基本相同，井点间距一般为 2～4m，井管为金属管，由内管和外管组成，外管直径 73～108mm，内管直径 50～73mm，过滤器直径 89～127mm，钻孔直径一般 0.2～0.45m，井点布置及井管埋设方法与轻型井点相同，降水深度可为 8～20m。喷射井点根据其工作时使用的介质不同，分为喷水井点及喷气井点两种，工作时利用高压水泵（空气压缩机）通过井点管中的内管向安设在井点管内部特制的喷射器注入高压水（气），在喷射器内形成高速射流产生负压（真空），将地下水经过滤管吸入射流器，在强大的压力作用下，水流在内管中不断汇集上升扬出地面，经排水管道排走。

3. 管井井点

管井以其排水量大、降水深度大、设施简单、造价较低等优点，得到了广泛的应用。其适用对象为渗透系数大于 1m/d 的碎石土、砂土、粉土、残积土、风化岩、可溶岩、破碎带等岩土层中水量丰富的潜水、承压水、裂隙水等,适用于各种类型基坑的含水层大面积疏干和降低地下水位。井管的各部分(包括滤管、滤管下端的沉砂管及滤管上端的直管,但井管口例外)一般为同一种材料构成,根据井深、井径、降水时间、造价等因素,可选用钢管、铸铁管、钢筋笼管等金属管以及塑料管、水泥管等非金属材料。管井井点间距一般 10~30m,直径 0.2~0.8m,降水深度不限,当深度大于 10m 时,也称作深井井点。抽水设备主要为深井泵或深井潜水泵,以单井单泵方式抽水,当降水深度小于 10m 时也可采用离心泵在地面抽水。

4. 电渗井点

适用于渗透系数小于 0.1m/d 的饱和黏土,一般与其他井点结合使用。利用井点管作阴极,另埋设金属棒作阳极,通电后,带正电荷的孔隙水向阴极方向流动,由井点管汇集排出。

5. 自渗井点

也称砂渗井、砾渗井、越流自渗井等。部分地区降水范围内地层为三层或多层结构,其中上下层为含水层,中间层为隔水层,下层含水层水位低于基坑底,导水能力远大于上层含水层。井点的作用是连通上下层水力,使上层地下水流入下层,以达到降低地下水位的目的。

4.7.6 止水帷幕的形式有哪些?其适用条件是什么?

止水(或称截水、隔水、挡水、防水)帷幕的成形方式有深层搅拌法、高压喷射注浆法、灌浆法、小直径灌注桩、地下连续墙、连续排桩,其中前两种较为常用,后两种均为挡土兼挡水结构。

(1) 深层搅拌法、高压喷射注浆法的适用条件见有关章节。

(2) 基坑工程中的灌浆法,就是利用气压、液压、化学或电化学原理,把水泥、水玻璃、环氧树脂等能固化的浆液通过埋入土层中的注浆管注入土体,充填土体中的裂隙或孔隙,达到隔水的效果。灌浆形式有单管法、套管(袖阀管)法、布袋法、双管双液法等,因为浆液注入土体中均匀程度难以控制,很难形成完整的帷幕,故一般不单独用于帷幕止水,常用于堵漏。

(3) 小直径灌注桩,用作止水帷幕时直径一般为 0.1～0.35m,浇灌素混凝土,可以相互搭接的方式形成帷幕,或者夹在两条围护桩之间与围护桩共同构成帷幕,使用地质钻机成孔,因止水效果较差,一般只在涌水量不大且场地狭小、别的施工机械难以进场施工时才使用。

(4) 地下连续墙通常用作挡土、挡水结构兼地下室外墙的一部分,因造价较高,很少单独用作止水帷幕。用作止水帷幕时,可用冲孔或射水法成槽,灌注素混凝土。

(5) 连续排桩。连续排桩的成孔方式有冲孔、人工挖孔及钻孔等方式,其中钻孔咬合桩利用液压摇动式全套管灌注桩机(简称磨桩机)成孔,钢套管挡土兼挡水,可实现干孔浇注混凝土,可人工清底,振动小、噪声低,无泥浆污染,成桩质量好,具有广阔的发展前景。

4.7.7 井管制安中应注意哪些问题?

应注意以下问题:

(1) 在降水过程中,地下水通过砂砾滤层、滤网进入滤管。滤管上的渗水孔一般为 $\phi 8\sim15mm$ 的圆孔(管井井管的滤管上也可加工成宽度不小于 0.75mm 的条孔),轻型井点及喷射井点的滤管孔隙率应大于 15%,管井滤管的孔隙率应大于 23%。通常滤管外包两层滤网,内层为 30～80 目(孔/cm²)的细滤网,外层为 3～10 目的粗滤网,滤网材料可为黄铜丝、镀锌铁丝、尼龙丝、塑料纱网等,为避免滤孔淤塞,用铁丝缠绕滤管将滤网隔开,滤网外再缠绕铁丝以扎紧滤网并作为滤网保护层。

(2) 滤网与井壁之间需填充滤料,可用边冲水或摇动井管边下料的方法,使滤料填充密实,投料量不小于理论值的 95%,距井口 1～2m 范围内用黏土或水泥浆封堵严密,防止地表水渗入。粉细砂层中滤料层的厚度一般为 150～200mm,中粗砂层中不小于

100mm,砾石卵石层中不小于 75mm。滤料不应选用棱角状石碴料、风化料及泥灰岩等软质岩石,应选用圆形、亚圆形的硬质岩石,滤料直径为 6～8 倍的含水层平均粒径,但不大于 20mm。也可采用专用预制混凝土滤管。

(3) 轻型井点及喷射井点常采用水冲法、射水法、套管法、钻孔法等方法安装井管,管井井点一般采用钻孔法。如果井管安装过程中产生了泥浆,则需在井管安装后抽水前洗井。洗井的方法通常采用自制的简易吸泥管,其工作原理与喷射井点降水相似,大体为:利用一根 $\phi 50 \sim 100mm$ 的金属管或塑料管作导流管,导流管顶部接一条弯管作为出泥口,导流管底部连接一个三通接头,三通的弯接头与一条风管相连,另一个直通接头与 0.5～1m 长的进泥管相连。吸泥管与风管同时放入井内,启动空气压缩机,压缩空气从风管通到导流管底部,从出泥口排出,在三通处形成负压,将泥浆连同砂石颗粒吸入进泥管,在三通处与空气混合后被吹出管外。为减少压缩空气损失,三通的弯接头通常与进泥管成 30°～60°的角度。洗孔宜自上而下,每 30min 左右将出泥口堵住,憋气 2～3min,使井水产生沸腾,破坏泥浆与滤料的粘结力,破坏井壁的泥皮。如此反复清洗 3～4 遍,直到井水变清。井点用了一段时间之后,井底沉积了大量泥砂影响了降水时,也可采用这种方法重新洗井。

4.7.8 深层搅拌桩止水帷幕施工时,应强调什么关键技术?

搅拌桩止水帷幕发生渗漏的原因,大多数都是搭接不良。桩径偏小、桩身垂直度偏差过大、桩距过大、桩位不准确等原因都会导致两条桩之间搭接不良。现行的许多规范规程都允许搅拌桩有 50mm 的桩位偏差,4% 或不大于 20mm 的桩径偏差,0.5%～1.5%的垂直度偏差,按极限偏差计算,如果搅拌桩长度 10m,其桩端偏差最大可达 220mm,而两条桩的搭接长度,一般只有 50～150mm,两条桩的桩端可能有 70～170mm 的间隙。也就

是说,即使在规范允许的误差内施工,理论上也很难保证良好的搭接。所以,施工中必须要强调:

(1) 桩位偏差不得大于50mm,其偏差应已包括了放线误差。

(2) 因为相邻两桩是连续施工的,桩径变小使两桩实际搭接长度加倍变短,因此桩径不宜出现负偏差。要及时更换搅拌头叶片,使最小桩径不小于设计桩径。

(3) 垂直度偏差不大于0.5%。垂直度往往是保证两桩能相互搭接的关键,保证垂直度的方法见有关章节。

(4) 设计两桩的搭接长度不应小于100mm。搅拌桩越长,设计搭接长度应越长。

(5) 基坑开挖深度超过15m或砂砾层深厚(大于5m)的土层中,宜采用双排桩止水。

4.7.9 旋喷桩止水帷幕施工时,应强调什么关键技术?

深层搅拌桩的桩径是可以控制的,相对固定的,而旋喷桩桩径是通过切割土体形成的,可控性很差,即使工艺参数相同,在不同种类及密实度的土体中直径也是不同的,同一条桩很难保证上下桩径(加固长度)一致,即使在土质均匀的情况下,也会出现上粗下细的现象。因此,只有保证旋喷桩在不同土质中的桩径大体一致,才能保证两条桩之间的搭接良好。因此,施工中应注意:

(1) 采取不同的介质喷射压力、提升及旋转速度会改变桩径的大小,在较硬及较深处的土体中,应增大喷射压力、降低提升及旋转速度。

(2) 必要时通过重复喷射增大桩径。

(3) 土洞、裂隙、暗河等不良地质条件会导致水泥浆液的流失,造成水泥土强度偏低甚至发生断桩,施工必须引起重视。施工中遇到不良地质条件时,通常会发生冒浆量减少甚至不冒浆现象,处理措施有:不提升钻机原地喷射以增大灌浆量;重复喷射;在浆液中掺入适量的速凝剂或喷射水玻璃或喷射水泥水玻璃混合液,以缩短浆液固结时间；在该钻孔附近重新钻孔施工，等等。

（4）摆喷及定喷桩与旋喷桩相比，连续性更好且节约水泥；其平面形状为薄壁(板)形，受水面及暴露面均为壁板的侧面，不易受土质不均引起的桩径变化的影响，更易满足帷幕相互搭接的要求，所以当无挡土要求时宜优先选用。

（5）土层中存在较大直径的块石、卵石等障碍时，摆喷比定喷、旋喷桩有更好的适应性，应优先选用。

（6）通常情况下，三重管法成桩质量比双、单重管法好，但是，在地下水流速较大时，单管法、双管法(浆气法)由于水灰比较小，有时反而比三管法成桩质量要好。

4.7.10 水泥土桩墙止水帷幕出现局部渗漏时应如何处理？

止水帷幕出现渗水漏水是常见的现象，不仅给施工造成不便，而且还可能会造成严重后果，所以必须要及时处理，处理原则是堵排结合。

（1）漏洞不大、渗漏水量不大、不影响施工、也不会对周边环境造成损害时，可不作修补，将水导入基坑底的排水沟，避免浸泡坑底。

（2）漏洞不太大、渗漏水量不大、但对施工及周边环境会造成一定的影响时，可采取正面的引流、修补。在渗漏较严重的部位打入一根或几根钢管(或硬塑料管)作引流管，打入土体0.3～0.5m，入土部分钻孔加工成花管，角度略向上以便于排水，然后用速凝水泥砂浆或混凝土封堵漏洞。待砂浆或混凝土达到一定强度后，可将引流管口封住。如果引流出的水是清水且水量不大，也可不封口。

（3）漏洞不大、漏水量较大且有一定的水压时，正面的引流、修补很难实施，可以采取帷幕后注浆方法。在帷幕后埋入注浆管，注浆管距离渗漏处0.5～2m，注浆范围(即加固段)为渗漏处上下1～2m范围内，浆液一般采用水泥浆、水玻璃或水泥与水玻璃的混合浆液,其中混合浆液因固化时间可调节、凝结快、强度高、无污染等优点最为常用。注浆顺序应由远及近、自下而上,一次性足量连续灌注。

(4) 漏洞较大时,往往会出现涌泥、涌砂。当情况严重、可能会危及边坡和周边环境的安全时,应立即局部回填,防止水土的大量流失。处理方法可采取正面封堵、背面封堵或两者结合的方案。正面封堵时,先用导水管将大部分水引出洞口,同时使用碎砖、砂袋、木板等物填筑漏洞以阻止砂土的流失,然后再用速凝水泥砂浆或混凝土进行表面封堵。背面封堵可采用注浆方案。当水的流量、流速较大时,注浆有时也难奏效,可以试用海带胀杆堵漏。将干海带紧密包裹在花管(可用钢管或硬塑料管加工成花管)上,裹体长度应保证能在漏洞上下两端各长 1~2m,包裹数层,包裹后胀杆直径约为花管直径的 2~3 倍,海带外面用细铁丝扎紧,铁丝圈数不宜过多,能保证海带在胀杆安装过程中不脱落即可。钻孔将胀杆埋入,钻孔位置与帷幕距离不大于 0.5m,相互连通,使胀杆能相互接触。干海带遇水后膨胀,几个小时后就可将洞口封堵。该方法虽然不能完全将地下水封堵,但是可以有效地防止土粒的流失,封堵竖向的通长裂隙最为适合。海带完全胀开后,还可以利用该胀杆进行注浆。正面封堵时也可采用海带作为漏洞的填充物。

(5) 排桩间止水帷幕失效时,可能使桩间出现较大漏洞,可采用支模浇混凝土堵漏,方法为:向洞内打入钢管或木棒将土临时稳住不再继续塌方,设导流管将洞内水引出,清除漏洞内桩间土 0.2~0.4m 深,在洞两边的桩上以 150~250mm 的间距植入 $\phi 8$~12 钢筋(或在两边桩上各凿出 1 根主筋后与之焊接),在钢筋内侧或外侧支模,灌注速凝混凝土。模板支在钢筋内侧时不再拆除。混凝土达到一定强度后封堵引流管。

(6) 涌水量大、流速大、各种封堵方法都很难见效或难以实施时,降水不失为一种行之有效的办法。在漏水点处设置降水井点,将地下水降低后再行处理。但是,由于降水会对周边环境产生不利影响,应慎重使用,堵漏措施实施后应尽快停止降水。

(7) 渗漏发生在坑底以下时,往往以管涌或流砂的形式出现,因情况不明,处理难度较大。流砂或管涌不严重时,可将土挖开,按上述办法处理。如果情况严重,比如帷幕桩普遍吊脚(桩端没有穿过砂层)或嵌固深度不够而导致大范围的坑外水绕过帷幕墙趾向坑内渗流时,可在帷幕前打设一排钢板桩(或槽钢),桩底应进入坑底隔水层不小于1m,打设宽度应比渗漏范围宽3~5m,板桩与帷幕间再采取注浆措施。

4.7.11 回灌有哪些形式？施工时应注意什么事项？

如果建筑物离基坑较远、地表以下即为均匀透水层且中间无隔水层时,可采用最为简单经济的回灌沟(渠),否则应采用回灌井或回灌砂井。为保证回灌砂井有良好的透水性,填料应选用含泥量小于3%、不均匀系数3~5的纯净中粗砂,灌砂量不小于理论值的95%。沿砂井顶设置一道砂沟,将井点抽出来的水适量地经过砂沟进入砂井再回灌到地下。回灌井的材料、过滤器作法、质量要求及埋设方法与管井基本相同,但过滤器长度应更长一些,最好是从自然水位以下直到井管底部均为过滤器,以利于回灌水的渗透。施工中应注意：

(1) 回灌井点与降水井点距离不宜小于6m。回灌井与降水井的位置过小时,水流彼此干扰,透水通道容易贯通,造成从降水井点中抽取的水多为回灌井点的水,使基坑内的水位下降缓慢甚至停止下降,失去了降水的作用。

(2) 回灌井的平面位置和数量应根据降水井和被保护物的位置确定,井底应进入稳定水面下1m,且位于透水性良好的土层中。

(3) 回灌量应根据实际地下水位的变化而及时调整,尽可能保持水位平衡,既要达到回灌的目的,又要防止回灌水量过大渗入基坑而影响施工。因此,应在建筑物及回灌系统的两侧等位置设置水位观测井,以便能够根据水位变化情况及时调节回灌水量。回灌水一般通过水箱靠水位差自流,通过注水总管流入回灌井,水箱的高度应根据回灌水量来调节，需要加大回灌量时，通过加高水箱以增大回灌水压力。

（4）回灌水应是清水，以防井点过滤器被堵塞，降低回灌渗透能力。

（5）回灌井与降水井是一个完整的系统，必须共同有效地工作，才能保证地下水位处于动态平衡。回灌井必须在降水井点抽水前或抽水同时开始工作，并不得中断。如其中一方因故停止工作，另一方也应同时停止，恢复工作时亦应同时进行。

4.8 基坑监测

4.8.1 基坑监测的意义是什么？

基坑监测的意义是：

1. 保证基坑支护结构和周边环境的安全

基坑开挖过程中，土体的应力状态由静态变为动态，不可避免地要引起土体的变形，如沉降、侧向位移及坑底隆起等，无论哪种变形超过容许值，都会危及边坡的稳定。基坑往往处于繁华的市区，场地周边有各种建（构）筑物、市政管线、道路、生产设施等，土体的变形直接影响其正常使用，甚至造成破坏。土体的变形是从量变到质变的渐变过程，这个过程中土体及支护结构的受力、变形逐渐发生变化，施工监测的目的之一就是及时了解这些变化，以便对基坑及周边环境的安全状态做到心中有数，避免达到极限状态，发生破坏。

2. 能够进行动态设计及信息化施工

有几个因素决定了基坑支护的设计与工程的实际状态存在差异：

（1）基坑支护工程的设计处于半理论半经验状态，设计中采用的许多设计参数都是经验数据，设计理论不成熟，具有不确定性。基坑围护的设计方法是将侧向土压力作为已知荷载，用以求出支护结构的内力及验算稳定性,因为只有处于极限平衡状态时,土压力才是已知值,而实际上主动与被动土压力不太可能同时达到极限平衡状态,在达到之前两者都是未知量。设计计算时结构物的受力是在系统静力平衡条件下确定的,而实际施工中,如支撑、锚杆加设时土方已部分开挖,结构物、土体及已加设的支撑或锚杆已经受力并产生变形。

(2) 土的性状是复杂多变的,从地质钻孔所获得的样本是有限的,所取得的试验数据相对拟建场地来说是极少的,不能说明场地土质的全部性能,而且其数据的准确性受操作人员的经验等因素影响较大。

(3) 施工条件(如降水、地面堆载、施工机械车辆的行走与振动、周围已有建筑物和道路及地下管网等)的改变是随机的,难以控制的;地下水的变化会导致土体物理力学参数的改变;不同的施工队伍及不同的施工工艺都会导致施工质量的不同;等等,这些因素都会导致土体及支护结构的实际受力状态的改变。

(4) 土体及各种支护结构的变形都是难以准确计算的,往往依赖经验的积累。

从以上分析可以看出,如果没有监测,基坑工程实际上是处于一种"盲人骑瞎马"的状态,是十分危险的,这就需要用监测数据反馈到设计及施工单位,做到动态设计及信息化施工。

动态设计及信息化施工的过程为:设计者在确定基坑支护方案时,根据计算模型,分析预测土体及支护结构在施工过程中的状况,提出变形、受力的预测结果;通过基坑监测采集相应的信息,处理后与预测结果相比较,对设计中不符合实际的部分进行修改;利用已取得的数据校核作为设计依据的土力学参数,并分析预测下一阶段土体及围护结构的状况;继续采集相应信息进行反馈。如此反复循环,不断采集信息、修改设计并指导施工,使设计施工与实际状态逐渐相符合。

3. 总结积累工程经验

为完善设计理论提供依据,用以指导以后的设计、施工。

4.8.2 基坑监测包括哪些内容?

按可能发生后果的严重性,规程规范中将基坑支护分为三个安全等级,每个等级应采取的基坑监测内容是不同的,如表 4-2 所示。

基坑监测项目表　　　　表 4-2

基坑侧壁安全等级 监测项目	一级	二级	三级
支护结构(水平位移)变形	应测	应测	应测
周围建筑物、地下管线变形	应测	应测	宜测
地下水位	应测	应测	宜测
桩、墙内力	应测	宜测	可测
锚杆拉力	应测	宜测	可测
支撑轴力	应测	宜测	可测
立柱变形	应测	宜测	可测
土体分层位移	应测	宜测	可测
支护结构界面上侧向压力	宜测	可测	可测

基坑监测的内容大体分为变形监测、应力(应变)监测及地下水监测,变形监测对象包括土体、支护结构及周边环境,应力(应变)监测对象为支护结构,具体项目包括:

(1) 边坡土体的倾斜及顶部的水平位移、沉降;
(2) 基坑底部的回弹与隆起;
(3) 支护结构的倾斜及顶部的水平位移、沉降;
(4) 周边建(构)筑物的沉降、水平位移与倾斜;
(5) 周边管线、道路的沉降及水平位移;
(6) 支护结构、地表与建(构)筑物的裂缝;
(7) 桩墙等支护结构的内力(拉、压应力),土钉的拉应力;
(8) 支撑及锚杆的轴力(应力、应变);
(9) 侧向土压力;

(10) 孔隙水压力及水位等等。

这些监测项目根据基坑支护的安全等级、复杂程度、支护结构等具体情况分别采用,一般来说,土体或支护结构的顶部水平位移、周边建(构)筑物及市政管线的沉降是所有基坑都必须要进行监测的内容,除此外较为常用的监测项目还包括土体或支护结构的倾斜、建筑物的倾斜、边坡土体的顶部(即地表)沉降、桩墙等支护结构的内力、支撑及锚杆的轴力(应力、应变)、地下水位、较大跨度支撑(及立柱)的沉降等。

4.8.3 编写基坑监测方案及监测报告有何要求?

监测方案中应包括监控目的、监测项目、监控数据报警值、监测方法、测量仪器、精度要求、测点布置、测点的保护及补救方法、监测周期、工序管理、记录制度、信息反馈制度等。监测方案应由基坑支护设计单位与监测单位共同编制,监测项目、数据报警值、精度要求、测点数量及设置位置、监测周期等要求均由设计单位给出,由于工程中测点的破坏几乎都是施工单位引起的,测点的保护工作应主要由施工单位负责,监测及监理单位起指导监督作用。

编写监测报告时,应对观测数据进行及时地分析整理,绘制出变形、应力等参数的时间变化曲线,对发展趋势作出评价,数据达到报警值时及时通知各有关单位和人员,应在24h之内提交报告。报告中还应该详细记录观测时的施工进度状况、温度、雨水等气象状况、周边环境及施工条件的改变,如基坑周边地面超载状况、基坑渗漏状况、市政管线(供水、雨水、污水管及水沟等)的渗漏状况等,以供分析数据时参考。

4.8.4 沉降监测中应注意哪些事项?

应注意的事项有:
1. 观测点的位置

沉降观测点(或称变形点、沉降点)应设置在最能反映出结构的变形特征的部位,应避开障碍物以便于观测和检查,标志应稳固、明显、合理并不影响该结构物的使用。

观测对象为边坡及支护结构时,测点一般设置在土体的顶部及较大跨度的水平支撑(及立柱)上。

观测建(构)筑物时,测点一般设置在建筑物四角、大转角、沉降缝或伸缩缝的两侧、新旧建筑、高低建筑及纵横墙的交接处、不同基础及结构型式的连接处、主要柱基或纵横轴线上、沿外墙每10～15m 或每 2～3 条柱基上等。

对地下管线的沉降监测(包括水平位移监测)比较复杂,因为管线基本上都埋设在道路下面或两侧,各种管线排列密集且有一定埋深,对其一一监测是不现实的,通常采取替代方案。一种常用的替代方案是在欲监测的管线的附近钻孔埋设测杆来测量管线底部土层沉降,更为粗略的作法是通过测量管线上覆土的沉降(一般为路面)来推测管线的沉降,该办法在路面沉降不大时是可行的,但在路面沉降较大时仍无法判断路线的受损状况。通常需要监测对沉降比较敏感的煤气管、上下水管等,测量其接头处的沉降。

2. 基准点及工作基点

基准点应建立在变形区以外的稳定地区,每个工程一般有 3 个,以便相互校核。工作基点作为高程及坐标的传递点,是测量变形点的直接依据,应选在靠近观测点、利于观测的比较稳定的位置。基准点及工作基点应定期校核。当对观测数据有怀疑时,应随时检核。

3. 精度要求

测量精度等级不低于三等水准测量,即沉降点的高程中误差点为±1mm,相邻沉降点的高程中误差为±0.5mm。

4. 观测周期

基坑开挖前进行初次观测作为原始数据,观测频率根据变形速率、施工进度等因素而调整,一般开挖期间及开挖后 15d 内每 1～2d 观测次数不少于 1 次;完成开挖 15d 后每 3～5d 不少于 1 次;1 个月后 7～10d1 次;变形数值较小、变化速率较小时可减少测量频率。出现异常情况时,应加密观测次数。

5. 仪器校准

使用前对仪器设备进行校准，使用期间按有关规定进行定期校准。

6. 测量路线

可设置成闭合环、结点或附合水准路线等形式，每站高差中误差±0.3mm，往返较差、附合或环线闭合误差±0.6$\sqrt{n}$（n为测站数）。

7. 减小测量误差的措施

每次测量都应该采用相同的测量路线、方法、仪器、人员及基本相同的工作环境以减少误差。

4.8.5 水平位移监测中应注意哪些事项？

应注意以下事项：

1. 观测点的位置

水平位移观测点一般布置在支护桩墙的冠梁上或者基坑四周坑壁边缘，间距10～15m，基坑较浅、安全等级较低时可适当放宽。标志应稳固、明显、通视条件较好，可与沉降观测利用同一标志作为位移观测点。

2. 精度要求

测量精度等级不低于三等，即水平位移点的点位中误差为±6mm，测角中误差±2.5°，最弱边相对中误差≤1/40000。

3. 测量方法

基坑边或支护结构为直线边时，常采用较为简单的视准线法，采用该法时其测点埋设与基准线的偏离不宜大于20mm，对活动觇牌的零位差应进行测定。观测点不在同一直线上、比较杂乱时，可采用测角前方交会法、小角度法等方法，其距离可用电磁波测距仪测定，如果使用钢尺，应事先进行检定，丈量长度不宜超过1尺段，且应进行长度修正。因易受各种因素影响，工作基点与观测点的距离不应大于200m。

4. 仪器选用

水平测量的主要仪器为 J2 经纬仪、带有读数的觇牌、T 型尺、钢卷尺等,使用前应该进行校准。

5. 监测协调

基准点、工作基点、观测周期、仪器校准、减小测量误差的措施等与沉降观测相同。

4.8.6 倾斜监测中应注意哪些事项?

应注意以下二点:

(1) 土体或围护结构内部沿垂直方向的水平位移用测斜仪测量,测斜仪按测头传感元件的不同可分为伺服加速度式、钢弦式、滑动电阻式、电阻片式几种,以伺服加速度式最为常用。测斜仪由测斜管、探头、电缆、测读仪组成,测斜管材料可为 PVC 管或铝合金。测斜管最好绑在钢筋笼上与其一起沉入孔(槽)中浇灌在混凝土中,也可钻孔埋入。

安装时应注意,要保持测斜管的垂直,保证管内的一对导槽的指向与测点位移方向一致,管身不得扭曲,上下管导槽对齐,连接平滑,接头处密封以防水泥浆进入。安装后用清水将管内清洗干净,用测头模型放入检查测斜管安装质量,不得直接放入测头以免损坏。测量时应保证测头与测斜管内的温度一致、显示读数稳定后再测量,速度不宜过快,应自下而上测量,测完一次后将测头旋转 180°再测一次,以消除探头自身误差。由于测斜仪测量的是相对误差,一般视桩底为不动点,如果不能保证桩端不动,则须以桩顶为基准点,再用经纬仪测出管口的水位位移值。

(2) 建筑物的倾斜监测,一般使用 J2 经纬仪在建筑物外部以投点法或测角法测得。投点法观测时,应在底部观测点位置安置量测设施(如水平读数尺等)。测量时应测定建筑物顶部相对于底部的水平位移与高差,再计算倾斜度、倾斜方向与倾斜速率。测点应采用标记形式或直接利用符合位置与照准要求的建筑物的特征部位,沿建筑物主体竖直线(如主墙角)在顶部、底部分别对应设置。对变形敏感的建筑,应从相互垂直的两个方向上进行倾斜观测。

4.8.7 支护结构应力监测中应注意哪些事项？

支护结构的应力监测包括桩墙的主受力钢筋的拉压应力、支撑或锚杆的轴力(应力、应变)，采用的传感器可分为钢弦式应力计及电阻式应变计两种，钢弦式应力计因受湿度的影响较小、抗干扰能力强、零漂温漂小及长期稳定性较好等优点，在工程中得到较多的应用。测量桩墙及混凝土支撑的内力时，通常使用钢弦式钢筋测力计，安装位置应选在支护结构中弯矩出现极值的部位。安装时应注意：拉、压两种钢筋计的位置不要装反；尽量不要使钢筋计处于受力状态，特别是不要受弯；导线很容易受到损伤，要保护好；钢筋计应保持垂直及位置的准确性，不得上下左右前后偏位。鉴于岩土工程的特殊性，钢筋计的量程应比设计最大应力值大20%~50%。钢支撑的应力测量通常使用钢弦式表面式应变计或钢弦式轴力计，安装时也应注意其位置及轴线的准确性，安装表面式应变计时要保证应变计与支撑表面的良好接触。锚杆拉力监测通常采用钢弦式锚杆测力计，安装在锚头与承压板之间。锚杆测力计与表面式应变计一样，因其完全暴露在外容易受到损伤，应注意特别保护。

5 沉 井

5.0.1 沉井的适用范围如何？

沉井通常是一座上无顶下无底，四周有壁的筒形钢筋混凝土结构物。沉井既是一种深基础工程的常用施工方法，也是深基础工程的一种结构型式。其特点是：将位于地下一定深度的建筑物基础或构筑物，先在地面以上制作，形成一个筒状结构，然后在筒内不断挖土，借助井体自重而逐步下沉，下沉到预定设计标高后，进行封底，构筑筒内底板、梁、楼板、内隔墙、顶板等构件，最终形成一个地下建筑物基础或构筑物。

沉井的平面一般是圆形、方形、矩形及多边形，沉井与大开挖方法相比，占地面积小，可大量减少土方量，操作简便，节约投资。采用沉井可以避免周围土方的坍陷，也无需使用临时支护措施和挡土结构。近年来，沉井的施工技术和施工机械都有较大改进。为了降低沉井施工中井壁侧面摩阻力，出现了触变泥浆润滑套法、壁后压气法等方法。在密集的建筑群中施工时，为了确保地下管线和建筑物的安全，创造了"钻吸排土沉井施工技术"和"中心岛式下沉施工工艺"。这些施工新技术的出现可使地表产生很小的沉降和位移，但也存在施工工序较多，施工工艺较为复杂，技术要求高，质量控制要求严等问题。

沉井按制作材料划分有：混凝土、钢筋混凝土、钢、砖、石等多种。应用最多的则为钢筋混凝土沉井。

沉井的平面形状有圆形、方形、矩形、椭圆形、多边形及多孔井字形等，如图 5-1 所示。圆形沉井可分为单孔圆形沉井、双孔圆形沉井和多孔圆形沉井。但是，圆形沉井的建筑面积，由于要满足使用和工艺要求,而不能充分利用,所以,在应用上受到了一定的限制。方形及矩形沉井在制作与使用上比圆形沉井方便。从生产工艺和使用要求来看,一般方形、矩形沉井,其建筑面积较圆形沉井更能得到合理的利用。两孔、多孔井字形沉井的孔间有隔墙或横梁,可以改善井壁、底板、顶板的受力状况,提高沉井的整体刚度,在施工中易于均匀下沉。椭圆形沉井因其对水流的阻力较小,多用于桥梁墩台基础、江心泵站与取水泵站等构筑物。

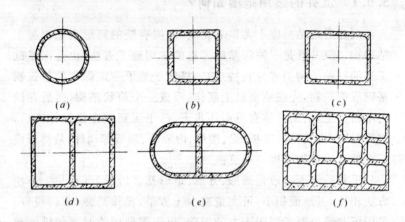

图 5-1 沉井平面图
(a) 圆形单孔沉井;(b) 方形单孔沉井;(c) 矩形单孔沉井;
(d) 矩形双孔沉井;(e) 椭圆形双孔沉井;(f) 矩形多孔沉井

沉井常用于地下泵房、水池、桥墩、各类地下厂房、大型设备基础、地下仓(油)库、人防掩蔽所以及盾构隧道和顶管施工中的工作室。目前沉井下沉深度已超过100m。

5.0.2 沉井制作应注意什么问题?

沉井主要由井壁、刃脚、内隔墙组成。井壁主要承受土水压力,它具有足够的自重,来克服下沉时的摩阻力;刃脚由钢材制作,呈刀刃状结构,预埋在井壁底部混凝土中,主要是便于将沉井沉入土中,并防止土层中的障碍物损坏井壁。内隔墙主要是为了增加沉井整体刚度、改善井壁受力状态、便于控制下沉速度和纠偏。

沉井制作质量检验：

（1）沉井制作后长宽实际尺寸与设计尺寸的偏差，不得超过0.5％，且不得超过100mm；

（2）沉井制作后曲线部分半径实际尺寸与设计尺寸的偏差，不得超过0.5％，且不得超过100mm；

（3）井壁厚度的实际尺寸与设计尺寸的偏差，不得超过15mm。

沉井不宜过高，沉井制作过高可能会引起沉井重心过高失稳，从而导致沉井下沉倾斜。沉井制作应控制一次最大浇筑高度在12m以内，以保持重心稳定。

5.0.3 沉井下沉一般采用什么方法？

沉井下沉有排水下沉和不排水下沉两种方法。沉井下沉中的挖土作业，最好是在干燥的环境中进行，这样操作方便，且对于土层中的漂石、障碍物等也容易排除，下沉中也不易发生偏差，即使发生了偏差也容易纠正，下沉到设计标高时，能直接检验土质等。因此，应尽量采用排水下沉方法。但如果沉井下沉地点水源丰富，存在严重的流砂地层或周围环境不允许降水时，只好采用水下挖土的湿作业不排水下沉方法。

排水下沉常用的排水方法有明沟集水井排水、井点排水、井点与明沟排水相结合的方法。

明沟集水井排水：在沉井周围距离其刃脚2～3m处挖一圈排水明沟，设置3～4个集水井，深度比地下水深1～1.5m，沟和井底深度随沉井挖土而不断加深，在井内或井壁上设水泵，将水抽出井外排走。为了不影响井内挖土操作和避免经常搬动水泵，一般采取在井壁上预埋铁件，焊接钢结构操作平台安设水泵，或设木吊架安设水泵，用草垫或橡皮承垫，避免振动。如果井内渗水量很少，则可直接在井内设高扬程小潜水泵将地下水抽出井外。

井点排水：在沉井周围设置轻型井点、电渗井点或喷射井点以降低地下水位,使井内保持干挖土。

井点与明沟排水相结合的方法:在沉井上部周围设置井点降水,下部挖明沟集水井设泵排水。

不排水下沉方法有：

(1) 用抓斗在水中取土下沉；

(2) 用水力冲射器冲刷土,用空气吸泥机吸泥,或水力吸泥机抽吸水中泥土；

(3) 用钻吸排土沉井工法下沉施工。其特点为,通过特制的钻吸机组,在水中对土体进行切削破碎,并同时完成排泥工作,使沉井下沉到达设计标高。钻吸排土沉井工法具有水中破土排泥效率高、劳动强度低、安全可靠等优点。

5.0.4 沉井施工下沉困难的对策是什么？

1. 沉井下沉困难的原因

(1) 沉井自重不够,不能克服四周井壁与土的摩擦阻力和刃脚下土的正面阻力；

(2) 井壁制作表面粗糙,凹凸不平,加大了井壁与土的摩擦阻力；

(3) 刃脚方向削土深度不够,正面阻力过大；

(4) 遇孤石或大块石等障碍物,沉井局部被搁住,或刃脚被砂砾挤实；

(5) 遇摩擦阻力大的土层,未采取减阻措施或减阻措施效果不好；

(6) 在软黏性土层中下沉,因故中途停沉过久,侧压力增大而使下沉过慢或停沉。

2. 预防措施

(1) 沉井严格按设计要求和工艺标准制作,保持尺寸准确,表面平整光滑。

(2) 使沉井有足够的下沉自重,下沉前进行分阶段下沉系数 K 的计算。

(3) 在软黏性土层中,对下沉系数不大的沉井,采取连续挖土,连续下沉,不要中间停歇时间过长。

(4) 在井壁上预埋长管,在下沉缓慢或停沉时,进行射水以减少井壁与土层之间的摩擦阻力。

(5) 在井壁周围空隙中充填触变泥浆或黄泥浆,以降低摩擦阻力,并加强管理,防止泥浆流失。泥浆应根据土层特性来使用。

3. 治理方法

(1) 如因沉井侧面摩擦阻力过大造成,一般可在沉井外侧用 0.2～0.4MPa 压力水流动水针(或胶皮水管)沿沉井外壁空隙射水冲刷助沉。下沉后,射水孔用砂子填满。

(2) 在沉井上部加荷载,或继续浇筑上一节井壁混凝土,增加沉井自重使之下沉。

(3) 将刃脚下的土分段均匀挖除。减少正面阻力;或继续进行第二层(深 400～500mm)"锅底"状破土,促使刃脚下土失稳下沉。

(4) 对于不排水下沉,则可以进行部分抽水以减少浮力,借以加重沉井。

(5) 遇小孤石或块石搁住,可将四周土挖空后取出,对较大孤石或块石,可用炸药或静态破碎剂进行破碎,然后清除。如果采用不排水下沉,则应由潜水员进行水下清理。

(6) 遇硬质胶结土层时,可用重型抓斗或加入水枪的射水压力和水中爆破联合作业;也可用钢轨冲击破坏后,再用抓斗抓出。

(7) 如因沉井四壁减阻措施被破坏,应设法恢复。

5.0.5 沉井施工下沉过快的对策是什么?

1. 沉井下沉过快的原因

(1) 在软黏土层中,沉井侧面摩擦阻力很小,当沉井内挖土较深,刃脚下土层掏空过多,使沉井失去支撑,常导致大量下沉或急剧下沉。

(2) 在黏土层中挖土超过刃脚太深,形成较深锅底,或黏土层只局部挖除,其下部存在的砂层被水力吸泥机吸空时,刃脚下的黏土一旦被水浸泡等原因造成失稳,会引起突然塌陷,使沉井突沉。当采用不排水下沉施工中途采取排水迫沉时,突沉情况尤为严重。

(3) 沉井挖深已超过刃脚很多,由于沉井四周设有导向装置顶住而保持暂时不沉,当导向装置一旦松开,沉井往往产生突沉。

(4) 沉井下遇有粉砂层,由于动水压力作用向井筒内大量涌砂,产生流砂现象,而造成急剧下沉。

(5) 井壁外部砂土液化。

2. 预防措施

(1) 在软土地层下沉的沉井可增大刃脚踏面宽度,或增设底梁以提高正面支承力;挖土时,在刃脚部位宜保留约500mm宽的土堤,控制均匀削土,使沉井挤土缓慢下沉。

(2) 在黏土层中严格控制挖土深度(一般为400mm),不能太多,不使挖土超过刃脚出现深的锅底,将刃脚掏空。黏土层下有砂层时,防止把砂层吸空。

(3) 考虑导向装置临时支撑井壁造成暂时不下沉因素,控制挖土深度。

(4) 控制排水高差和深度,减小动水压力,不使产生流砂或隆起现象,或采取不排水下沉方法施工。

3. 治理方法

(1) 加强操作控制,严格按次序均匀挖土,避免向刃脚过多掏空,或挖土过深,或排水迫沉水头差过大。

(2) 在沉井外壁空隙填粗糙材料增加摩阻力;或用枕木在定位垫架处给以支撑,重新调整挖土。

(3) 发现沉井有涌砂或软黏土因土压不平衡产生流塑情况,为防止突然急剧下沉和意外事故发生,可向井内洒水,把排水下沉改为不排水下沉施工。

(4) 减少每一节筒身高度,减轻井身自重。

(5) 如井外部的土液化产生虚坑时,填碎石进行处理。

5.0.6 沉井筒体发生偏斜的处理方法有哪些？

1. 沉井下沉倾斜可能是以下原因

(1) 沉井制作场地土质软硬不均，事前未进行地基处理，筒体混凝土浇筑后产生不均匀下沉；沉井制作高度过大，重心过高，易于产生倾斜；

(2) 沉井制作质量差，刃脚不平，井壁不垂直，刃脚和井壁中心线不垂直，使刃脚失去导向功能；

(3) 拆除刃脚垫架时，没有采取分区、依次对称地抽除承垫木；

(4) 抽除承垫木后又未及时回填夯实，致使沉井在拆垫架时和开始下沉阶段就出现倾斜；

(5) 土层软硬不均，或挖土不均匀，或局部超挖过深，使井内土面高低悬殊；或刃脚下掏空过多，导致沉井倾斜；

(6) 不排水下沉沉井，未保持井内水位高于井外，造成向井内涌砂，引起沉井歪斜；

(7) 刃脚局部被石块或障碍物搁住；或排水下沉，井内一侧出现流砂；

(8) 沉井壁上留有较大孔洞，使重心偏移，未进行填重，使井壁各部达到平衡就下沉；

(9) 井外临时弃土或堆重对沉井产生偏心土压；或在井壁上施加施工荷载，对沉井一侧产生偏压；

(10) 在下沉过程中，未及时采取防偏、纠偏措施；

(11) 在软土中下沉封底时，未分格、逐段对称进行，造成沉井不均匀下沉而引起倾斜。

2. 预防和治理沉井下沉倾斜主要措施和方法有

(1) 沉井制作场地应先经清理平整夯实。如土质不良或软硬不均，应全部或局部进行地基加固处理（如设砂垫层，灰土垫层等）。

(2) 沉井制作应控制一次最大浇筑高度在 12m 以内，以保持重心稳定。

(3) 严格控制模板、钢筋、混凝土质量，使井壁外表光滑，各部尺寸在规范允许偏差范围以内。

（4）抽出沉井刃脚下的承垫木，应分区、分组、依次、对称、同步地进行。每次抽出垫木后，及时回填砂砾或碎石，并夯打密实，定为支点处的垫木，应最后同时抽出。

（5）根据不同土质情况，采用不同的挖土顺序，分层对称均匀开挖。对松软土质，可以先挖沉井中部土层，沿沉井刃脚周围保留土堤，使沉井挤土下沉；对中等密实的土，如刃脚土挖出后仍很少下沉，可以在从中部向刃脚分层均匀削薄土堤，使沉井平稳下沉；对土质软硬不均的土层，应该先挖硬的一侧，后挖软的一侧；对流砂层只挖中间不挖四周；对坚硬土层，可以按撤出垫木的顺序分段掏空刃脚，并随即回填砂砾，待最后几段掏空并回填后，再分层逐步挖去回填填料。沉井倾斜如受地下水方向影响时，先挖背水方面的土，后挖迎水方向的土。

（6）不排水下沉应常向井内注水，保持井内水位高于井外1～2m，以防向井内涌砂。排水下沉井内侧出现流砂，应采取措施减小或平衡动水压力，或改用不排水下沉，或用井点降水。

（7）刃脚遇到小块孤石搁住，可将四周土挖空后立即撬去；较大孤石，用风动工具破碎，或钻孔爆破成小块取出，炮孔应与刃脚斜面平行，药量控制在200g以内。

（8）井壁孔洞应封闭，内用填配重（块石、铁块等）办法，使保持井壁各段重量均衡。达到平衡下沉。

（9）井外卸土、堆重，井上施工荷载，务使均匀、对称。

（10）下沉过程中加强测量观测，在沉井外设置控制网，沉井顶部设十字控制线和基准点，在井筒内壁按四或八等分画垂线，设置标板，吊锤球以控制平面和垂直度。下沉过程中，每班观测不少于2次，发现倾斜及时纠正。

5.0.7 沉井施工中出现涌砂应采用哪些措施？

沉井施工中涌砂，可能有以下原因：井内"锅底"状开挖过深，境外松散土涌入井内；井内表面排水后，井外地下水动水压力把土压入井内；爆破处理障碍物，井外土受震进入井内。

沉井施工中针对涌砂可以采取以下措施：

（1）采用排水法下沉时，水头宜控制在1.5～2.0m；

（2）挖土避免在刃脚下掏空，以防流砂大量涌入，中间挖土也不宜挖成"锅底"状；

（3）穿过流砂层应快速，最好加荷，使沉井刃脚切入土层；

（4）采用井点降低地下水位时，应防止井内流淤；

（5）采用不排水法下沉时，应保持井内水位高于井外水位，以免涌入流砂。

5.0.8 如何进行沉井封底？

沉井下沉达到设计标高，并经2～3d观测证明下沉已稳定，或经观测在8h内累计下沉量不大于10mm时，应进行沉井封底，即在底部用混凝土封住，使水和土不能再进入井筒内空间。封底作业方法一般有排水封底和不排水封底两种。

1. 排水封底的施工技术及操作方法，应符合以下要求

（1）首先应将新老混凝土接触面冲刷和凿毛，对井底进行修整成锅底形。由刃脚向中心设置放射形排水沟，铺设卵石作滤水暗沟，在井底部位设置集水井，深度在地下水位下1.5～2m，如设置多集水井时，井间应设置盲沟相互连通，插入四周带孔眼的钢管或混凝土集水管并应高出地下水位面500mm，集水井管的四周填卵石，使井底的水流汇集在井中，再用泵排水，以保持地下水位低于井底面300～500mm。

（2）进行清底，井底表面不得有积水，经检查验收合格后，浇筑一层厚约500～1500mm的混凝土垫层，振捣必须密实。

（3）垫层混凝土强度达到设计强度的50%以上时，即可绑扎底板钢筋，钢筋两端应伸入刃脚或凹槽内，然后浇灌底板混凝土。底板混凝土的浇筑应在整个沉井面积（除集水井口）上分层浇注，每层厚度为300～500mm，由四周向中央进行，振捣密实。混凝土采取自然养护，养护期间应继续抽水。待底板混凝土强度达到设

计强度的 70% 以上时,再将集水井逐个停止抽水和封堵。

(4) 集水井口封堵。首先应将高出井底标高的滤水井管割掉,使其低于井底板 50~100mm,并将滤水井中水抽干,在套管内迅速用干硬性高强度混凝土浇灌堵塞,振捣密实,然后套上法兰盘,用螺栓拧紧或焊固,上部用混凝土垫平捣实。

2. 不排水封底的施工技术及操作方法,应符合以下要求

(1) 首先应将井底浮泥清除干净,并将新旧混凝土接触面用水冲刷干净,铺设碎石垫层。

(2) 封底在水下浇筑混凝土,应采用提升导管浇筑井底垫层混凝土。

(3) 待水下封底混凝土达到设计强度后,方可从沉井内抽水;抽水后再将垫层表面清理干净,不得有大面积积水现象。然后安排水封底方法浇筑钢筋混凝土底板。

5.0.9 沉井施工允许标高偏差和水平位移偏差是多少?

沉井下沉完毕,其偏差应符合下列规定:

(1) 标高偏差:刃脚平均标高与设计标高偏差不得超过 100mm。

(2) 水平位移偏差:刃脚平面中心的水平位移不得超过下沉总深度的 1%;当下沉总深度小于 10m 时,水平位移允许 100mm。

(3) 倾斜偏差:矩形沉井偏差(圆形沉井为相互垂直两直径与圆周的交点)中任何两角的刃脚底面高差,不得超过该两角间水平距离的 1%,且最大不得超过 300mm。如果两角间水平距离小于 10m 时,其刃脚底部高差允许为 100mm。

6 质量检测及验收

6.0.1 地基的主要检测方法有哪些?

地基的主要检测方法有:荷载板试验,静力触探,标准贯入试验,动力触探,十字板剪切试验,旁压试验,现场直剪试验等。荷载板试验分为地基土荷载板试验和复合地基荷载板试验,地基土荷载板试验又可分为浅层荷载板试验和深层荷载板试验,动力触探分为轻型动力触探、重型动力触探和超重型动力触探三种。此外,还有土工试验方法。

6.0.2 桩基的主要检测方法有哪些?

由于桩能将上部结构的荷载传到深层稳定的土层,从而可以大大减少基础的沉降和建筑物的不均匀沉降。所以,桩基础在地震区、湿陷性黄土地区、软土地区、膨胀土地区以及冻土地区等都被广泛采用。

施工完毕后,工程桩主要进行单桩承载力检测和桩身完整性检测两部分。基桩检测方法可根据检测目的按表 6-1 进行选择。

检测方法及检测目的 表 6-1

检测方法	检 测 目 的
单桩竖向抗压 静载试验	确定单桩竖向抗压极限承载力; 判定竖向抗压承载力是否满足设计要求; 通过桩身内力及变形测试,测定桩侧、桩端阻力; 验证高应变法的单桩竖向抗压承载力检测结果
单桩竖向抗拔 静载试验	确定单桩竖向抗拔极限承载力; 判定竖向抗拔承载力是否满足设计要求; 通过桩身内力及变形测试,测定桩的抗拔摩阻力

续表

检测方法	检测目的
单桩水平静载试验	确定单桩水平临界和极限承载力,推定土抗力参数;判定水平承载力是否满足设计要求;通过桩身内力及变形测试,测定桩身弯矩和挠曲
钻芯法	检测灌注桩桩长、桩身混凝土强度、桩底沉渣厚度,判定或鉴别桩端岩土性状,判定桩身完整性类别
低应变法	检测桩身缺陷及其位置,判定桩身完整性类别
高应变法	判定单桩竖向抗压承载力是否满足设计要求;检测桩身缺陷及其位置,判定桩身完整性类别;分析桩侧和桩端土阻力
声波透射法	检测灌注桩桩身混凝土的均匀性、桩身缺陷及其位置,判定桩身完整性类别

基桩检测除施工后按表 6-1 所列方法进行外,尚应按照有关验收规范进行桩基施工过程中的检测和检验,加强施工过程质量控制。

6.0.3 地基基础原材料检验主要有哪些技术标准?

原材料检验主要有以下技术标准:

1. 水泥类

《水泥取样方法》(GB 12573—1990);

《水泥标准稠度用水量、凝结时间、安定性检验方法》(GB/T 1346—2001);

《水泥细度检验方法(80μm 筛筛析法)》(GB 1345—91);

《水泥比表面积测定方法(勃氏法)》(GB/T 8074—87);

《水泥密度测定方法》(GB/T 208—94);

《水泥强度快速检验方法》(JC/T 738—86(96));

《水泥胶砂强度检验方法(ISO 法)》(GB/T 17671—1999);

《水泥胶砂流动度测定方法》(GB/T 2419—94);

《水泥压蒸安定性试验方法》(GB/T 750—92);

《水泥胶砂干缩试验方法》(JC/T 603—1995);

《水泥组分的定量测定》(GB/T 12960—1996);

《水泥化学分析方法》(GB/T 176—1996);

《铝酸盐水泥化学分析方法》(GB/T 205—2000);

《水泥强度试验用标准砂》(GB 178—77);

《水泥的命名、定义和术语》(GB 4131—97);

《硅酸盐水泥、普通硅酸盐水泥》(GB 175—1999);

《矿渣硅酸盐水泥、火山灰质硅酸盐水泥及粉煤灰硅酸盐水泥》(GB 1344—1999);

《复合硅酸盐水泥》(GB 12958—1999);

《快硬硅酸盐水泥》(GB 199—90);

《白色硅酸盐水泥》(GB 2015—91);

《铝酸盐水泥》(GB 201—2000);

《砌筑水泥》(GB/T 3183—1997);

《钢渣矿渣水泥》(GB 13590—92);

《道路硅酸盐水泥》(GB 13693—92);

《石灰石硅酸盐水泥》(JC 600—1995);

《彩色硅酸盐水泥》(JC/T 870—2000)。

2. 建筑钢材类

《金属拉伸试验试样》(GB 6397—86);

《钢及钢产品力学性能试验取样位置及试样制备》(GB/T 2975—1998);

《金属材料室温拉伸试验方法》(GB/T 228—2002);

《金属材料弯曲试验方法》(GB/T 232—1999);

《金属材料、线材反复弯曲试验方法》(GB/T 238—2002);

《钢铁及合金化学分析方法　还原型硅钼酸盐光度法测定酸溶硅含量》(GB/T 223.5—1997);

《钢铁及合金化学分析方法　锑磷钼蓝光度法测定磷量》(GB 223.59—87);

《钢铁及合金化学分析方法　高碘酸钠(钾)光度法测定锰含量》(GB/T 223.63—88);

《钢铁及合金化学分析方法　管式炉内燃烧后碘酸钾滴定法

测定硫含量》(GB/T 223.68—1997);

《钢铁及合金化学分析方法　管式炉内燃烧后气体容量法测定碳含量》(GB/T 223.69—1997);

《钢的化学分析用试样　取样法及成品化学成分允许偏差》(GB 222—1984);

《金属洛氏硬度试验方法》(GB/T 230—2002);

《焊接接头拉伸试验方法》(GB/T 2651—89);

《焊接接头弯曲及压扁试验方法》(GB 2653—89);

《钢筋焊接及验收规程》(JGJ 18—2003);

《钢筋焊接接头试验方法标准》(JGJ/T 27—2001);

《钢筋机械连接通用技术规程》(JGJ 107—2003);

《带肋钢筋套筒挤压连接技术规程》(JGJ 108—96);

《钢筋锥螺纹接头技术规程》(JGJ 109—96);

《钢筋混凝土用热轧带肋钢筋》(GB 1499—1998);

《钢筋混凝土用热轧光圆钢筋》(GB 13013—91);

《钢筋混凝土用余热处理钢筋》(GB 13014—91);

《冷轧带肋钢筋》(GB 13788—2000);

《碳素结构钢》(GB 700—1988);

《碳素结构钢冷轧钢带》(GB 716—91);

《合金结构钢》(GB/T 3077—1999);

《碳素结构钢和低合金结构钢热轧钢带》(GB/T 3524—92);

《优质碳素钢热轧盘条》(GB/T 4354—94);

《优质碳素结构钢》(GB/T 699—1999);

《低碳钢热轧圆盘条》(GB/T 701—1997);

《预应力混凝土用热处理钢筋》(GB 4463—84);

《预应力混凝土用低合金钢丝》(YB/T 038—93);

《预应力混凝土用钢丝》(GB/T 5223—2002);

《预应力混凝土用钢绞线》(GB/T 5224—2003);

《混凝土制品用冷拔冷轧低碳螺纹钢丝》(JC/T 540—1994);

《碳钢焊条》(GB 5117—95);

《低合金钢焊条》(GB 5118—95)；

《埋弧焊用碳钢焊丝和焊剂》(GB 5293—99)。

3. 混凝土类

《普通混凝土拌合物性能试验方法标准》(GB/T 50080—2002)；

《普通混凝土力学性能试验方法标准》(GB/T 50081—2002)；

《普通混凝土长期性能和耐久性能试验方法》(GBJ 82—85)；

《早期推定混凝土强度试验方法》(JGJ 15—83)；

《混凝土抗压强度》(JGJ/T 23—2001)；

《普通混凝土配合比设计规程》(JGJ 55—2000)；

《建筑砂浆基本性能试验方法》(JGJ 70—90)；

《砌筑砂浆配合比设计规程》(JGJ 98—2000)；

《预拌混凝土》(GB/T 14902—2003)；

《混凝土质量控制标准》(GB 50164—1992)；

《混凝土强度检验评定标准》(GBJ 107—1987)。

4. 混凝土用砂、石、水类

《普通混凝土用砂质量标准及检验方法》(JGJ 52—92)；

《普通混凝土用碎石或卵石质量标准及检验方法》(JGJ 53—92)；

《混凝土拌合用水标准》(JGJ 63—89)。

5. 外加剂类

《混凝土外加剂》(GB 8076—1997)；

《混凝土外加剂匀质性试验方法》(GB/T 8077—2000)；

《混凝土泵送剂》(JC 473—2001)；

《砂浆、混凝土防水剂》(JC 474—1999)；

《混凝土膨胀剂》(JC 476—2001)。

6. 防水材料类

《建筑防水涂料试验方法》(GB/T 16777—1997)；

《建筑涂料　涂层试板的制备》(GB/T 9152—88)；

《建筑涂料　涂层耐冻融循环性测定法》(GB/T 9154—88)；

《建筑涂料　涂层耐碱性的测定》(GB 9265—88)；

《建筑涂料 涂层耐洗刷性的测定》(GB 9266—88);
《乳胶漆耐冻融性的测定》(GB 9268—88);
《浅色漆对比率的测定(聚酯膜法)》(GB 9270—88);
《合成树脂乳液砂壁状建筑涂料》(JC/T 24—2000);
《合成树脂乳液外墙涂料》(GB/T 9755—2001);
《合成树脂乳液内墙涂料》(GB/T 9756—2001);
《溶剂型外墙涂料》(GB/T 9757—2001);
《复层建筑涂料》(GB/T 9779—88);
《高分子防水材料 片材》(GB 18173.1—2000);
《高分子防水材料 止水带》(GB 18173.2—2000);
《弹性体改性沥青防水卷材》(GB 18242—2000);
《塑性体改性沥青防水卷材》(GB 18243—2000);
《聚氯乙烯防水卷材》(GB 12952—2003);
《氯化聚乙烯防水卷材》(GB 12953—2003);
《自粘橡胶沥青防水卷材》(JC 840—1999);
《改性沥青聚乙烯胎防水卷材》(JC/T 633—1996);
《三元丁橡胶防水卷材》(JC/T 645—1996);
《氯化聚乙烯-橡胶共混防水卷材》(JC/T 684—1997);
《沥青复合胎柔性防水卷材》(JC/T 690—1998);
《水性沥青基防水涂料》(JC 408—91);
《聚氨酯防水涂料》(JC 500—1996);
《聚氯乙烯弹性防水涂料》(JC/T 674—1997);
《聚合物乳液建筑防水涂料》(JC/T 864—2000);
《聚合物水泥防水涂料》(JC/T 894—2001);
《溶剂型橡胶沥青防水涂料》(JC/T 852—1999)。

7. 砖和砌块

《砌墙砖试验方法》(GB/T 2542—2003);
《加气混凝土性能试验方法总则》(GB/T 11969—1997);
《加气混凝土体积密度、含水率和吸水率试验方法》(GB/T 11970—1997);

《加气混凝土力学性能试验方法》(GB/T 11971—1997);
《混凝土小型空心砌块试验方法》(GB/T 4111—1997);
《蒸压加气混凝土应用技术规程》(JGJ 17—1984);
《烧结普通砖》(GB 5101—2003);
《烧结多孔砖》(GB 13544—2000);
《烧结空心砖和空心砌块》(GB 13545—2003);
《普通混凝土小型空心砌块》(GB 8239—1997);
《轻集料混凝土小型空心砌块》(GB/T 15229—2002);
《蒸压加气混凝土砌块》(GB/T 11968—1997);
《粉煤灰砖》(JC 239—2001);
《粉煤灰砌块》(JC 238—91)(1996);
《非烧结普通粘土砖》(JC 422—91)(1996);
《中型空心砌块》(JC 716—86)(1996)。

6.0.4 何为见证取样检测?见证取样送样的范围及程序?

根据建设部建建(2000)211号《关于印发〈房屋建筑工程和市政基础设施工程实施见证取样和送检的规定〉的通知》的要求,在建设工程质量检测中实行见证取样和送检制度,即在建设单位或监理单位人员见证下,由施工人员在现场取样,送至试验室进行试验。见证取样数量:涉及结构安全的试块、试件的送样比例不得低于有关技术标准规定应取样数量的30%。按规定下列试块、试件和材料必须实施见证取样和送检:

(1) 用于承重结构的混凝土试块;
(2) 用于承重墙体的砌筑砂浆试块;
(3) 用于承重结构的钢筋及连接接头试件;
(4) 用于承重墙的砖和混凝土小型砌块;
(5) 用于拌制混凝土和砌筑砂浆的水泥;
(6) 用于承重结构的混凝土中使用的掺和剂;
(7) 地下、屋面、厕浴间使用的防水材料;

(8)国家规定必须实行见证取样和送检的其他试块、试件和材料。

见证取样送检的程序：

(1)建设单位应向工程质量监督机构和工程质量检测单位递交"见证单位和见证人员授权书"。授权书应写明本工程现场委托和见证人员姓名，以便工程质量监督机构和检测单位检查核对；

(2)施工企业取样人员在现场对原材料取样和试块制作时，见证人员必须在旁见证；

(3)见证人员应将试样送至检测单位或采取有效的封样措施送样；

(4)委托检验任务时，须由送检单位填写委托单，见证人员应在检验委托单上签名；

(5)检测单位应检查委托单及试样上的标志，确认无误后方进行检测；

(6)检测单位应按照有关规定和技术标准进行检测，出具公正、真实、准确的检测报告，并加盖检测专用章和CMA章；

(7)检测单位应在检验报告单备注栏中注明见证单位和见证人员姓名，发生试样不合格情况，首先要通知工程质量监督机构和见证单位。

6.0.5 施工用混凝土强度评定标准是什么？合格评定的方法有哪些？

施工用混凝土强度评定标准是：

《建筑工程施工质量验收统一标准》(GB 50300—2001)；

《混凝土结构工程施工质量验收规范》(GB 50204—2002)；

《混凝土强度检验评定标准》(GBJ 107—87)；

《普通混凝土力学性能试验方法》(GB/T 50081—2002)；

《普通混凝土拌合物性能试验方法》(GB/T 50080—2002)；

《普通混凝土长期性能和耐久性能试验方法》(GBJ 82—85)；

《早期推定混凝土强度试验方法》(JGJ 15—83)。

我国把混凝土按立方体抗压强度来分级,称之为强度等级,混凝土的标准试件为边长为 150mm 的立方体。划分混凝土强度等级的特征强度定义为:在混凝土强度测定值的总体中,低于该强度的概率不大于 5%(即 0.05 分位数)。混凝土强度等级是混凝土物理力学性能的基本度量尺度,是通常用来评价混凝土质量的一个主要的技术指标,是反映混凝土工程质量的一个最基本参数。

最常用的混凝土强度评定标准是《混凝土强度检验评定标准》(GBJ 107—87),混凝土强度合格评定方法有三种,第一种是方差已知的统计方法,第二种是方差未知的统计方法,第三种是非统计评定方法。标准规定,凡有条件的混凝土生产单位均应采用统计方法进行混凝土强度的检验评定,预拌混凝土厂、预制混凝土构件和采用现场集中搅拌的施工单位,应按统计法评定混凝土强度,并应定期对混凝土强度进行统计分析,控制混凝土质量;对零星生产的预制构件的混凝土或现场搅拌的批量不大的混凝土,可按非统计方法评定。

一个验收批的混凝土应由强度等级相同、生产工艺条件和配合比基本相同的混凝土组成,一般来说,一个验收批的批量不宜过大,因为批量过大,一旦检验不合格,需做处理的混凝土量太大,造成不必要的经济损失;但批量过小,也会使检验工作量太大;批量应根据具体生产条件来确定,对于施工现场的现浇混凝土,宜按分项工程来划分验收批。

一个验收批由若干组混凝土试件构成,每组由三个试件组成,每组混凝土强度代表值的取舍原则如下:

(1) 取三个试件强度的算术平均值作为每组试件的强度代表值;

(2) 当一组试件中强度的最大值或最小值与中间值之差,超过中间值的 15% 时,取中间值作为该组试件的强度代表值;

(3) 当一组试件中强度的最大值和最小值与中间值之差,均超过中间值的 15% 时,该组试件的强度不能作为评定的依据。

第一种:方差已知的统计方法

当同一品种的混凝土生产,有可能在较长的时间内,通过质量管理,维持基本相同的生产条件,即维持原材料、设备、工艺和人员配备的稳定性,即使有所变化,也能很快地予以调整而恢复正常。在这种生产状况下,每批混凝土强度变异性基本稳定,每批混凝土的强度标准差 σ_0 可按常数考虑,其数值可以根据前一时期生产累计的强度数据加以确定。在这种情况下,采用方差已知的统计方法。方差是在生产周期三个月内,不少于 15 个连续批的强度数据确定,一个验收批由连续的三组试件组成,其强度应同时满足下列要求:

$$m_{fcu} \geqslant f_{cu.k} + 0.7\sigma_0 \qquad (6\text{-}1)$$

$$f_{cu.min} \geqslant f_{cu.k} - 0.7\sigma_0 \qquad (6\text{-}2)$$

当混凝土强度等级不高于 C20 时,强度的最小值尚应满足下式要求:

$$f_{cm.min} \geqslant 0.85 f_{cu.k} \qquad (6\text{-}3)$$

当混凝土强度等级高于 C20 时,强度的最小值尚应满足下式要求:

$$f_{cu.min} \geqslant 0.90 f_{cu.k} \qquad (6\text{-}4)$$

式中　m_{fcu}——同一验收批混凝土立方体抗压强度的平均值(MPa);
　　　$f_{cu.k}$——混凝土立方体抗压强度标准值(MPa);
　　　σ_0——验收批混凝土立方体抗压强度的标准差(MPa);
　　　$f_{cu.min}$——同一验收批混凝土立方体抗压强度的最小值(MPa)。

第二种:方差未知的统计方法。它是现场浇灌混凝土强度的主要评定方法。当混凝土生产连续性较差,在较长的时间内不能保证维持基本相同的生产条件,混凝土强度变异性不能保持稳定时,或生产周期短,在前一个检验期内的同一品种混凝土没有足够的数据用以确定验收批混凝土的强度标准差 σ_0 时,应由不少于 10 组的试件组成一个验收批,其强度应同时满足下列公式的要求:

$$m_{fcu} - \lambda_1 S_{fcu} \geqslant 9.0 f_{cu.k} \qquad (6\text{-}5)$$

$$f_{cu.min} \geqslant \lambda_2 f_{cu.k} \qquad (6\text{-}6)$$

式中　S_{fcu}——同一验收批混凝土立方体抗压强度的标准差(MPa);
　　　当 S_{fcu} 的计算值小于 $0.06 f_{cu.k}$ 时,取 $S_{fcu} = 0.06 f_{cu.k}$;

λ_1, λ_2——合格判定系数,按表 6-2 取用。

混凝土强度的合格判定系数 表 6-2

试件组数	10~14	15~24	≥25
λ_1	1.70	1.65	1.60
λ_2	0.90	0.85	

第三种:不具备统计方法评定条件,试件组数小于 10 组,用非统计方法。当试件组数较少时,检验效率较差,误判的可能性较大。

按非统计方法评定混凝土强度时,其强度应同时满足下列要求:

$$m_{fcu} \geqslant 1.15 f_{cu,k} \quad (6-7)$$
$$f_{cu,min} \geqslant 0.95 f_{cu,k} \quad (6-8)$$

当一个验收批的混凝土试件,仅有一组时,则该组试件的强度不得低于标准值的 115%。

6.0.6 何谓静力触探?如何根据静力触探试验结果估算地基承载力?

静力触探是利用机械或油压装置将带有探头的触探杆压入土层,用电阻应变仪测出土的贯入阻力,并将该贯入阻力与野外载荷试验测得的地基土承载力和变形指标(E_0、E_s)建立相关关系,从而估算地基土的承载力特征值和变形指标等数据。另外,静力触探还可以用于确定桩的持力层,为桩长设计提供依据,并可预估单桩承载力,为确定桩径大小及桩的数量提供必要的数据。静力触探试验主要适用于软土、一般黏性土、粉土、砂土和含少量碎石的地基土。

静力触探试验的触探头根据其结构及功能,主要分为单桥触探头和双桥触探头两种,单桥探头可测出探头阻力,双桥探头则除探头阻力外还可测出摩擦筒外土的摩阻力。触探头的规格和技术标准,应符合表 6-3 的规定。

单桥与双桥触探头的参数表　　　　表 6-3

锥底截面积(cm^2)	锥底直径(mm)	锥角(°)	单桥触探头		双桥触探头
			有限侧壁长度(mm)	摩擦筒侧面积(cm^2)	摩擦筒长度(mm)
10	35.7	60	57	200	179
15	43.7		70	300	219
20	50.4		81	300	189

1. 平整场地和安装静力触探机应符合下列要求：

（1）孔位应避开地下电缆、管线及其他地下设施。

（2）当拟定孔位处地面不平时，应平整场地，并根据检测深度和表面土层的性质，确定地锚的个数和排列形式。

（3）静力触探机安装要平稳，应与下入土中的地锚牢固连接。

2. 静力触探头的选择与检验应符合下列要求：

（1）应根据土层性质和预估静力触探试验贯入阻力，选择合适的静力触探头。

（2）静力触探头应连同仪器、电缆进行定期标定，室内探头标定测力传感器的非线性误差、重复性误差、滞后误差、温度漂移、归零误差均应小于 1％，现场归零误差应小于 3％，绝缘电阻不小于 500MΩ。

3. 量测仪器的安装与检验应符合下列要求：

（1）量测仪器的性能应符合其使用说明书的规定，量测仪器一般每年检验一次。当在规定期限内出现故障时，应随时检验。

（2）深度记录的误差不应超过触探深度的±1％。

4. 静力触探试验贯入的操作应符合下列规定：

（1）静力触探前，应尽量将触探头的电缆线一次穿入需用的全部触探杆。

（2）贯入时采用的量测仪器应与标定触探头时的量测仪器相同。贯入前，应对接上量测仪器对触探头进行试压，检查锥头、摩擦筒是否能正常工作。

（3）触探的贯入速率应控制在 1.2±0.3m/min 范围内。在同一孔中宜保持匀速贯入。

(4) 触探头贯入土中 0.5～1.0m,然后提升 5cm,待量测仪器上无明显温漂时,记录零读数或调整零位,方能开始正式贯入。

5. 静力触探试验的测定和记录,可按下列规定执行：

(1) 贯入过程中,在深度 12m 以内,可按需要每隔 2～4m 测读或调整零读数。终孔时,必须测读和记录零读数。

(2) 每隔 0.10m 测记一次应变量。

(3) 一般每隔 2～4m 核对一次记录深度和实际孔深。当有差错时,应立即查明原因,采取纠正措施,并在记录上予以注明。

(4) 贯入过程中发生的各种异常影响正常贯入的情况,都应在记录上注明。

(5) 记录的原始资料上,应注明下列内容：

1) 工程名称、工程编号及孔号；

2) 触探头的编号、标定方法和标定系数；

3) 实测孔深；

4) 测试日期、测试记录人员。

6. 当未达到预定的贯入深度,而出现下列情况之一时,应立即停止贯入：

(1) 触探头的贯入阻力超过额定荷载值的 20%；

(2) 反力装置失效；

(3) 触探杆斜度超过 5%。

7. 对原始记录出现下列现象时,宜分别进行处理。

(1) 记录数据或记录上出现的零点漂移超过满量程的 ±1% 时,可按线性内插法校正。

(2) 记录曲线上出现脱节现象时,应以停机前记录为准,并与开机后贯入 10cm 深度的记录连成圆滑的曲线。

(3) 记录深度与实际深度的误差超过 ±1% 时,一般可在出现误差的深度范围内,等距离调整。

8. 单桥探头可提供比贯入阻力(p_s),示意图见图 6-1。双桥探头可提供锥头阻(q_c)和侧壁摩擦力(f_s),示意图见图 6-2。单桥

探头的比贯入阻力,双桥探头的锥头阻力、侧壁摩擦力及摩阻比,可分别按下列公式计算:

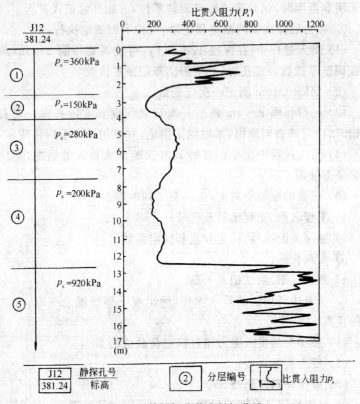

图 6-1 单桥探头静力触探曲线

$$p_s = K_b \cdot \varepsilon_p \quad (6-9)$$

$$q_c = K_q \cdot \varepsilon_q \quad (6-10)$$

$$f_s = K_f \cdot \varepsilon_f \quad (6-11)$$

$$\alpha = (f_s/q_c) \times 100\% \quad (6-12)$$

式中 p_s——单桥探头的比贯入阻力(MPa);

q_c——双桥探头的锥头阻力(MPa);

f_s——双桥探头的侧壁摩阻力(kPa);

α——摩阻比(%);
K_b——单桥探头的标定系数(kPa/με 或 kPa/mV);
K_q、K_f——双桥探头的标定系数(kPa/με 或 kPa/mV);
$ε_p$——单桥探头贯入的应变量(με)或输出电压值(mV);
$ε_q$、$ε_f$——双桥探头贯入的应变量(με)或输出电压值(mV)。

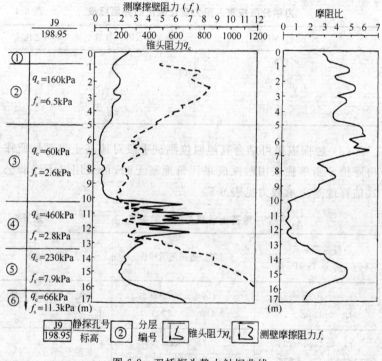

图 6-2 双桥探头静力触探曲线

9. 静力触探资料整理应包括以下成果:

(1) 比贯入阻力或锥头阻力随深度的变化曲线;侧壁摩阻力随深度的变化曲线;摩阻比随深度的变化曲线。

(2) 地基土力学分层柱状图。

当采用单桥探头测试时,应以比贯入阻力与深度的变化曲线进行力学分层。当采用双桥探头测试时,可以锥头阻力与深度变化曲线为主,结合侧壁摩擦力和摩阻比随深度的变化曲线进行力学分层。划分分层界线时,应考虑贯入阻力曲线中的超前和滞后现象,一般以超前和滞后的中点作为分界点。

进行力学分层时,每层中最大贯入阻力与最小贯入阻力之比,不应大于表6-4的规定。

力学分层按贯入阻力变化幅度的并层标准　　　表6-4

p_s 或 q_c (MPa)	最大贯入阻力与最小贯入阻力之比
≤1.0	1.0～1.5
1.0～3.0	1.5～2.0
>3.0	2.0～2.5

(3) 触探成果可结合其他原位测试手段对地基土力学性质作出评价。当单独采用触探成果评价地基土时,可采用以下经验公式估算地基土承载力见表6-5。

地基土承载力的经验关系　　　表6-5

经验关系式 (f_0、p_s、q_c 以 kPa 计)	p_s 或 q_c 适用范围(kPa)	适 用 土 类
$f_0=0.103p_s+27$ $f_0=0.124q_c+27$	$150 \leqslant p_s \leqslant 6000$ $180 \leqslant q_c \leqslant 7200$	淤泥质土、一般黏性土
$f_0=0.14p_s-236$ $f_0=0.17q_c-236$	$p_s>6000$ $q_c>7200$	老黏土、砂土

6.0.7 如何根据动力触探试验结果估算地基承载力?

动力触探适用于强风化、全风化的硬质岩石,各种软质岩石和各类土、换填垫层、预压地基、强夯地基。轻型动力触探还可对深层搅拌桩(3d 内)成桩均匀性进行检测。作为勘探手段,触探可用于划分土层,了解地层的均匀性;作为测试技术,则可估计地基承载力和变形指标等。动力触探一般是将一定质量的穿心锤,以一定的高度(落距)自由下落,将探头贯入土中,然后记录贯入一定深度所需的锤击次数,并以此判断土的性质。

1. 圆锥动力触探试验的类型有轻型、重型和超重型三种,其设备规格和适用范围应符合表 6-6 的规定。

圆锥动力触探试验类型、设备和适用范围　　表 6-6

类　型		轻　型	重　型	超重型
落锤	锤的质量(kg)	10	63.5	120
	落距(cm)	50	76	100
探头	直径(mm)	40	74	74
	锥角(°)	60	60	60
探杆直径(mm)		25	42	50～60
指　标		贯入 300mm 的读数 N_{10}	贯入 100mm 的读数 $N_{63.5}$	贯入 100mm 的读数 N_{120}
主要适用岩土		浅部的填土、砂土、粉土、黏性土	砂土、中密以下的碎石土、极软岩	密实和很密的碎石土、软岩、极软岩

2. 圆锥动力触探试验技术应符合下列规定:

(1) 采用自动落锤装置;

(2) 触探杆最大偏斜度不应超过 2%,锤击贯入应连续进行;同时防止锤击偏心、探杆倾斜和侧向晃动,保持探杆垂直度;锤击速率每分钟宜为 15～30 击;

(3) 每贯入 1m,宜将探杆转动一圈半;当贯入深度超过 10m,每贯入 200mm 宜转动探杆一次;

(4) 对轻型动力触探,当 $N_{10}>100$ 或贯入 150mm 锤击数超过 50 时,可停止试验;对重型动力触探,当连续三次 $N_{63.5}>50$ 时可停止试验或改用超重型动力触探。

3. 圆锥动力触探试验成果分析应包括下列内容：

（1）单孔连续动力触探试验应绘制锤击数与贯入深度关系曲线；

（2）计算单孔分层贯入指标平均值时，应剔除临界深度以内的数值、超前和滞后影响范围内的异常值；

（3）根据各孔分层的贯入指标平均值，用厚度加权平均法计算场地分层贯入指标平均值和变异系数。

4. 根据动力触探试验指标，可进行力学分层，评定土的均匀性和物理性质[状态、密实度]、土的强度、变形参数、地基承载力、单桩承载力，查明土洞、滑动面、软硬土层界面，检测地基处理效果等。

5. 圆锥动力触探试验可按表 6-7～表 6-9 估算地基承载力，碎石土及碎石桩的密实度可根据动力触探锤击数按表 6-10 或表 6-11 估算，碎石土承载力特征值按表 6-12 估算。

一般黏性土、黏性素填土、粉土、砂土承载力特征值 f_{ak}　　表 6-7

一般黏性土	N_{10}	15	20	25	30
	f_{ak}(kPa)	90	120	140	160
黏性素填土	N_{10}	15	20	25	30
	f_{ak}(kPa)	80	110	130	150
粉土、砂土	N_{10}	15	20	25	30
	f_{ak}(kPa)	70	95	115	130

砂性土、一般黏性土承载力特征值 f_{ak}　　表 6-8

	$N_{63.5}$	1	1.5	2	3	4	5	6	7	8	9	10	11	12
f_{ak} (kPa)	中、粗、砾砂				120	160	200	240	280	320	360	400	440	480
	粉细砂 饱和				60	80	100	120	140	160	180	200	220	240
	粉细砂 稍湿				90	120	150	180	210	240	270	300	330	360
	一般黏性土	60	90	120	150	180	210	240	265	290	320	350	375	400

深层搅拌桩强度特征值 q_u 表 6-9

N_{10}	15	20~25	30~35	>40
q_u(kPa)	200	300	400	>500

碎石土(桩)密实度按 $N_{63.5}$ 分类 表 6-10

$N_{63.5}$	密实度	$N_{63.5}$	密实度
$N_{63.5} \leq 5$	松散	$10 < N_{63.5} \leq 20$	中密
$5 < N_{63.5} \leq 10$	稍密	$N_{63.5} > 20$	密实

注：本表适用于平均粒径等于或小于 50mm，且最大粒径小于 100mm 的碎石土。对于平均粒径大于 50mm，或最大粒径大于 100mm 的碎石土，可用超重型动力触探或用野外观察鉴别。

碎石土(桩)密实度按 N_{120} 分类 表 6-11

N_{120}	密实度	N_{120}	密实度
$N_{120} \leq 3$	松散	$11 < N_{120} \leq 14$	密实
$3 < N_{120} \leq 6$	稍密	$N_{120} > 14$	很密
$6 < N_{120} \leq 11$	中密		

碎石土承载力特征值 f_{ak}(kPa) 表 6-12

土的名称 \ 密实度	稍密	中密	密实
卵石	300~500	500~800	800~1000
碎石	250~400	400~700	700~900
圆砾	200~300	300~500	500~700
角砾	200~250	250~400	400~600

6.0.8 如何根据标准贯入试验结果估算地基承载力？

标准贯入试验应与钻探工作相配合，其设备是在钻机的钻杆下端连接标准贯入器，将质量为 63.5kg 的穿心锤套在钻杆上端组成的。试验时，穿心锤以 760mm 的落距自由下落，将贯入器垂直打入土层中，记录实测的锤击数 N；试验后拔出贯入器，取出其中的土样进行鉴别描述。由标准贯入试验测得的锤击数 N，可用于估算地基土的承载力、土的抗剪强度和黏性土的变形指标、判别黏性土的稠度和砂土的密实度以及估计地震时砂土液化的可能性。标准贯入试验适用于砂土、粉土和一般黏性土。

1. 标准贯入试验技术要求应符合下列规定：

（1）标准贯入试验设备规格应符合表 6-13 的规定；

标准贯入试验设备规格　　　　　　　　表 6-13

落锤		锤的质量(kg)	63.5
		落距(cm)	76
贯入器	对开管	长度(mm)	>500
		外径(mm)	51
		内径(mm)	35
	管靴	长度(mm)	50～76
		刃口角度(°)	18～20
		刃口单刃厚度(mm)	2.5
钻杆		直径(mm)	42
		相对弯曲	<1/1000

（2）标准贯入试验孔采用回转钻进，并保持孔内水位略高于地下水位。当孔壁不稳定时，可用泥浆护壁，钻至试验标高以上 150mm 处，清除孔底残土后再进行试验；

（3）采用自动脱钩的自由落锤法进行锤击，并减小导向杆与锤间的摩阻力，避免锤击时的偏心和侧向晃动，保持贯入器、探杆、导向杆连接后的垂直度，锤击速率应小于 30 击/min；

（4）贯入器打入土中 150mm 后，开始记录每打入 100mm 的锤击数，累计打入 300mm 的锤击数为标准贯入试验锤击数 N。当锤击数已达 50 击，而贯入深度未达 300mm 时，可记录 50 击的实际贯入深度，按下式换算成相当于 300mm 的标准贯入试验锤击数 N，并终止试验。

$$N = 30 \times \frac{50}{\Delta S} \tag{6-13}$$

式中　ΔS——50击时的贯入度(cm)。

2. 标准贯入试验成果分析可包括以下内容：

(1) 标准贯入试验成果 N 可直接标在工程地质剖面图上，也可绘制单孔标准贯入击数 N 与深度关系曲线或直方图。统计分层标贯击数平均值时，应剔除异常值。

(2) 标准贯入试验锤击数 N 值，可对砂土、粉土、黏性土的物理状态，土的强度、变形参数、地基承载力、单桩承载力，砂土和粉土的液化，成桩的可能性等做出评价。应用 N 值时是否修正和如何修正，应根据建立统计关系时的具体情况确定。

粉土、砂土、黏性土、花岗岩残积土承载力特征值可按表6-14～表6-17换算。换土垫层和强夯处理地基可按以上相应的土层确定承载力。

砂土承载力参考特征值 f_{ak}　　　　表6-14

N 土的名称	10	15	30	50
中砂、粗砂	180	250	340	500
粉砂、细砂	140	180	250	340

黏性土承载力参考特征值 f_{ak}　　　　表6-15

N	3	5	7	9	11	13	15	17	19	21	23
f_{ak}	105	145	190	235	280	325	370	430	515	600	680

花岗岩残积土承载力参考特征值 f_{ak}　　　　表6-16

N 土的名称	4	10	15	20	30
砾质黏性土	(100)	250	300	350	(400)
砂质黏性土	(80)	200	250	300	(350)
黏　性　土	150	200	240	(270)	

粉土承载力参考特征值 f_{ak} 表 6-17

N	3	4	5	6	7	8	9	10	11	12	13	14	15
f_{ak}	105	125	145	165	185	205	225	245	265	285	305	325	345

6.0.9 如何根据荷载板试验结果确定地基承载力？

荷载板试验是一种传统的最可靠的静载试验方法，它实际上是用一块压板代替基础，在其上施加荷载，观测荷载与压板沉降及时间的关系，模拟建筑物受荷条件下的现场模型试验，从而确定地基承载力与变形参数的一种试验。虽然费时费力，成本昂贵，但对于地基基础一般均应进行载荷试验，以检验地基土的承载力和变形性能。荷载板试验分浅层荷载板试验与深层荷载板试验，前者用于浅层土，后者用于深层土。用于复合地基的叫复合地基荷载板试验，试验方法与浅层荷载板试验相同，但数据分析有差别，复合地基荷载板试验又分单桩复合地基荷载板试验和多桩复合地基荷载板试验。浅层荷载板试验结果仅反映地基土荷载板下 1.5～3.0 倍荷载板直径（或宽度）深度范围内的地基土、复合地基的综合强度和变形特性。因此，应根据持力层的厚度选择压板尺寸，近来压板尺寸越来越大，承压板面积达 4～9m²，最大达 25m²。这里主要介绍浅层荷载板试验。

1. 仪器设备及其安装

（1）荷载板应有足够刚度。宜采用圆形、方形、矩形钢板或钢筋混凝土板。板的直径或宽度应根据所需评估的地基的应力影响深度范围确定。浅层荷载板面积不应小于 0.5m²（软土不应小于 1.0m²）。含桩复合地基的压板尺寸应根据实际桩数所承担的地基处理面积确定。

（2）试验加载宜采用油压千斤顶。当采用两台及两台以上千斤顶加载时应并联同步工作，采用的千斤顶的型号、规格应相同，千斤顶的合力中心应与荷载板中轴线重合。

（3）加载反力装置可选择压重平台反力装置、地锚反力装置和地锚压重平台联合反力装置。并应符合下列规定：

1）加载反力装置能提供的反力不得小于最大加载量的1.2倍；

2）压重宜在检测前一次加足，并均匀稳固地放置于平台上；

3）应对加载反力装置的主要受力构件进行强度和变形验算；

4）压重平台支墩施加于地基上的压应力不宜大于地基承载力特征值的1.5倍。

(4) 荷载量测可用放置在千斤顶上的荷重传感器直接测定。或采用并联于千斤顶油路的压力表或压力传感器测定油压，根据千斤顶率定曲线换算荷载。荷载传感器的测量误差不应大于1％，压力表精度应优于或等于0.4级，压力表量程的选择应使最大加载量时压力表的读数在量程的30％～80％范围内。试验用千斤顶、油泵、油管在最大加载时的压力不应超过规定工作压力的80％。

(5) 沉降量测宜采用位移传感器或大量程百分表，并应符合下列规定：

1）测量误差不大于0.1％FS，分辨率0.01mm；

2）应在荷载板两个正交直径方向（方板和矩形板为边长等分线）对称安装4个位移测试仪表；

3）电测类位移传感器由于温度等因素产生的零漂应满足测试精度的要求；

4）基准梁应具有足够的刚度。固定和支撑位移计（百分表）的夹具及基准梁应避免振动、风、气温及其他外界因素的影响。

(6) 荷载板试验试坑宽度或直径不应小于荷载板直径或宽度的3倍。宜在试压表面用中粗砂找平，其厚度不超过20mm，试验前应对找平砂层进行预压实，但所施加的荷载不应大于荷载分级的1级。

2. 现场检测

(1) 最大加载量不应小于设计要求的地基承载力特征值的2.0倍。

(2) 试验加卸载方式应符合下列规定：

1) 加载应分级进行，采用逐级等量加载；分级荷载应为最大加载量或预估极限承载力的 1/8~1/12，其中第一级可取分级荷载的 2 倍；

2) 卸载应分级进行，每级卸载量取加载时分级荷载的 2 倍，逐级等量卸载；

3) 加、卸载时应使荷载传递均匀、连续、无冲击，每级荷载在维持过程中的变化幅度不得超过该级增减量的 ±10%。

(3) 试验步骤应符合下列规定：

1) 每级荷载施加后按第 5、15、30、45、60min 测读荷载板的沉降量，以后每隔 30min 测读一次；

2) 荷载板沉降相对稳定标准：每 1h 内的荷载板沉降量不超过 0.1mm；

3) 桩顶沉降速率达到相对稳定标准时，再施加下一级荷载；

4) 卸载时，每级荷载维持 0.5h，按第 5、10、15min 测读桩顶沉降量；卸载至零，2h 后再测读一次。

(4) 当出现下列情况之一时，可终止加载：

1) 荷载板周围的土明显出现裂缝和隆起；

2) 沉降急剧增大，某级荷载下的沉降量超过前级的 5 倍；

3) 某级荷载作用下，沉降 24h 尚未达到稳定标准；

4) 沉降量与荷载板直径或宽度比大于或等于 0.06；

5) 已达到设计要求的最大加载量。

3. 检测数据分析与判定

(1) 确定荷载板承载力时，应绘制竖向荷载-沉降(Q-s)、沉降-时间对数(s-$\lg t$)曲线，需要时也可绘制其他辅助分析所需曲线。地基土或复合地基的极限承载力按下列方法确定：

1) 根据沉降随荷载变化的特征确定：对于陡降型 Q-s 曲线，取其发生明显陡降的起始点所对应的荷载值；

2) 根据沉降随时间变化的特征确定：取 s-$\lg t$ 曲线尾部出现明显向下弯曲的前一级荷载值；

3)出现终止试验条件第3款情况,取前一级荷载级。

(2)地基土或复合地基承载力的特征值的确定应符合下列规定:

1)当 Q-s 曲线有比例界限时,取该比例极限所对应的荷载值;

2)当极限荷载小于对应比例界限的荷载的2倍时,取极限荷载值的一半;

3)当从 Q-s 曲线无法确定比例极限时,特征值可按表6-18对应的地基变形取值,但所取的承载力特征值不应大于最大加载量的1/2;

地基土、复合地基的承载力特征值与沉降量的关系　　表6-18

地基类别	地基土性质	特征值对应的沉降量(s/b 或 s/d)
土 地 基	低压缩性土和砂土	s/b 或 $s/d=0.01\sim0.015$
	高压缩性土	s/b 或 $s/d=0.02$
砂石桩、振冲桩复合地基或强夯置换墩	黏性土为主	s/b 或 $s/d=0.015$
	粉土和砂土为主	s/b 或 $s/d=0.01$
土挤密桩、石灰桩或柱锤冲扩桩复合地基		s/b 或 $s/d=0.012$
灰土挤密复合地基		s/b 或 $s/d=0.008$
水泥粉煤灰碎石桩或夯实水泥土桩复合地基	以卵石、圆砾、密实粗中砂为主	s/b 或 $s/d=0.008$
	以黏性土、粉土为主的地基	s/b 或 $s/d=0.01$
水泥搅拌桩或旋喷桩复合地基		s/b 或 $s/d=0.006$

注:s 为载荷实验承压板的沉降量;b 和 d 分别为承压板的宽度或直径,当其值大于2m时,按2m计算。

4)同一地基土或复合地基参加统计的试验点不应小于3点,当满足其极差不超过平均值的30%时,取其平均值作承载力的特征值。当极差超过平均值的30%时,应分析极差过大的原因,结合工程具体情况综合确定。必要时可增加试验点数量。

(3)地基土或复合地基的变形模量按下式计算:

$$E_0 = I_0(1-\mu^2)Qd/s \tag{6-14}$$

式中 E_0——变形模量(MPa);

I_0——荷载板形状系数,圆形取 0.785,方形取 0.886;

μ——土的泊松比(碎石土取 0.27,砂土取 0.30,粉土取 0.35,粉质黏土取 0.38,黏土取 0.42);

d——承压板直径(m)或宽度;

Q——$Q\sim s$ 曲线起始线性段的荷载(kPa);

s——与 Q 对应的沉降(mm)。

地基土深层平板荷载试验适用于确定深部地基土及大直径桩端土层在承压板下应力主要影响范围内的承载力和变形参数,承压板一般采用直径为 0.8m 的刚性板。试验过程基本与浅层平板荷载试验相同,这里不再叙述。

6.0.10 基桩静载荷试验主要有哪几种方式?

静载试验法是一种传统的最可靠的确定单桩承载力的方法,它实际上是模拟建筑物受荷条件下的现场模型试验。在桩顶部逐级施加竖向压力、竖向上拔力和水平推力,观测桩顶部随时间产生的沉降、上拔位移和水平位移,以确定相应的单桩竖向抗压承载力、单桩竖向抗拔承载力和单桩水平承载力的试验方法。基桩静载试验主要有三种,即单桩竖向抗压静载试验用来确定单桩竖向抗压承载力、单桩竖向抗拔静载试验用来确定单桩竖向抗拔承载力、单桩水平静载试验用来确定单桩水平承载力。

当埋设有桩身应力、应变测量传感器时,或桩端埋设有位移测量杆时,可直接测量桩侧抗拔摩阻力,或桩端上拔量。

为设计提供依据的试验桩应加载至破坏,当桩的承载力以桩身强度控制时,可按设计要求的加载量进行;对工程桩抽样检测时,可按设计要求确定最大加载量,一般最大加载量不应小于设计要求的单桩承载力特征值的 2.0 倍。

6.0.11 如何进行单桩竖向抗压静载试验?

单桩竖向抗压静载试验具体试验方法有维持荷载法、多循环加卸载法、等贯入速率法等。我国常用的是维持荷载法，它又可分为快速维持荷载法和慢速维持荷载法。慢速维持荷载法主要按以下步骤进行。

1. 仪器设备及其安装

(1) 试验加载宜采用油压千斤顶。当采用两台及两台以上千斤顶加载时应并联同步工作，采用的千斤顶型号、规格应相同，千斤顶的合力中心应与桩轴线重合。

(2) 加载反力装置可根据现场条件选择锚桩横梁反力装置、压重平台反力装置、锚桩压重联合反力装置、地锚反力装置，并应符合下列规定：

1) 加载反力装置能提供的反力不得小于最大加载量的 1.2 倍；

2) 应对加载反力装置的全部构件进行强度和变形验算；

3) 应对锚桩抗拔力(地基土、抗拔钢筋、桩的接头)进行验算；采用工程桩作锚桩时，锚桩数量不应少于 4 根，并应监测锚桩上拔量；

4) 压重宜在检测前一次加足，并均匀稳固地放置于平台上；

5) 压重施加于地基的压应力不宜大于地基承载力特征值的 1.5 倍。

(3) 荷载量测可用放置在千斤顶上的荷重传感器直接测定；或采用并联于千斤顶油路的压力表或压力传感器测定油压，根据千斤顶率定曲线换算荷载。传感器的测量误差不应大于 1%，压力表精度应优于或等于 0.4 级。一般来说，在最大加载量时，试验用油泵、油管的压力不应超过规定工作压力的 80%。荷重传感器、千斤顶、压力表或压力传感器的量程不应大于最大加载量的 3 倍、也不应小于最大加载量的 1.2 倍。

(4) 沉降测量宜采用位移传感器或大量程百分表，并应符合下列规定：

1) 测量误差不大于 $0.1\%FS$，分辨力优于或等于 0.01mm；

2) 直径或边宽大于 500mm 的桩，应在其两个方向对称安置

4个位移测试仪表,直径或边宽小于等于500mm的桩可对称安置2个位移测试仪表;

3) 沉降测定平面宜在桩顶200mm以下位置,测点应牢固地固定于桩身;

4) 基准梁应具有一定的刚度,梁的一端应固定在基准桩上,另一端应简支于基准桩上;

5) 固定和支撑位移测试仪表的夹具及基准梁应避免气温、振动及其他外界因素的影响。

(5) 受检桩、锚桩(压重平台支墩)和基准桩之间的中心距离应符合表6-19的规定。

受检桩、锚桩和基准桩之间的中心距离 表6-19

反力装置	受检桩中心与锚桩中心（或压重平台支墩边）	受检桩中心与基准桩中心	基准桩中心与锚桩中心（或压重平台支墩边）
锚桩横梁	≥3D且>2.0m	≥3D且>2.0m	≥3D且>2.0m
压重平台	≥4D且>2.0m	≥3D且>2.0m	≥4D且>2.0m
地锚装置	≥4D且>2.0m	≥3D且>2.0m	≥4D且>2.0m

注：D为受检桩或锚桩的设计直径或边宽,取其较大者;如受检桩或锚桩为扩底桩时,受检桩与锚桩的中心距不应小于2倍扩大端直径。

2. 现场检测

(1) 桩顶部宜高出试坑地面,试坑地面宜与桩承台底标高一致。为确保试验顺利进行,需要时可对混凝土桩头加固。如果采用灌注桩和有接头的混凝土预制桩作为锚桩,静载试验前最好对其桩身完整性进行检测,以便正确估算锚桩所能提供的抗拔力。

(2) 试验加卸载方式应符合下列规定:

1) 加载应分级进行,采用逐级等量加载;分级荷载宜为最大加载量或预估极限承载力的1/10。其中慢速维持荷载法第一级可取分级荷载的2倍,快速维持荷载法第一级和第二级可取分级荷载的2倍;

2) 卸载应分级进行,每级卸载量取加载时分级荷载的2倍,逐级等量卸载；

3）加、卸载时应使荷载传递均匀、连续、无冲击，每级荷载在维持过程中的变化幅度不得超过该级增减量的±10%。

(3) 慢速维持荷载法的试验步骤应符合下列规定：

1）每级荷载施加后按第 5、15、30、45、60min 测读桩顶沉降量，以后每隔 30min 测读一次；

2）试桩沉降相对稳定标准：每 1h 内的桩顶沉降量不超过 0.1mm，并连续出现两次（由 1.5h 内沉降观测值计算）；

3）当桩顶沉降速率达到相对稳定标准时，再施加下一级荷载；

4）卸载时，每级荷载维持 1h，按第 5、15、30、60min 测读桩顶沉降量；卸载至零后，应测读桩顶残余沉降量，维持时间为 3h，测读时间为 5、15、30min，以后每隔 30min 测读一次。

(4) 快速维持荷载法的试验步骤可符合下列规定：

1）每级荷载施加后按第 5、15、30min 测读桩顶沉降量，以后每隔 15min 测读一次；

2）试桩沉降相对稳定标准：加载时每级荷载维持时间不少于 1h，最后 15min 时间间隔的桩顶沉降增量小于相邻 15min 时间间隔的桩顶沉降增量；

3）当桩顶沉降速率达到相对稳定标准时，再施加下一级荷载；

4）卸载时，每级荷载维持 15min，按第 5、15min 测读桩顶沉降量；卸载至零后，应测读桩顶残余沉降量，维持时间为 2h，测读时间为 5、15、30min，以后每隔 30min 测读一次。

(5) 当出现下列情况之一时，可终止加载：

1）某级荷载作用下，桩顶沉降量大于前一级荷载作用下沉降量的 5 倍；但是当桩顶沉降能稳定且总沉降量小于 40mm 时，宜加载至桩顶总沉降量超过 40mm；

2）某级荷载作用下，桩顶沉降量大于前一级荷载作用下沉降量的 2 倍，且经 24h 尚未达到稳定标准；

3）已达加载反力装置的最大加载量；

4）已达到设计要求的最大加载量；

5）当工程桩作锚桩时，锚桩上拔量已达到允许值；

6）当荷载-沉降曲线（Q-s）呈缓变型时，可加载至桩顶总沉降量 60～80mm；在特殊情况下，可根据具体要求加载至桩顶累计沉降量超过 80mm。

3. 检测数据分析与判定

确定单桩竖向抗压承载力时，应绘制竖向荷载-沉降（Q-s）、沉降-时间对数（s-$\lg t$）曲线，需要时也可绘制其他辅助分析所需曲线。

(1) 单桩竖向抗压极限承载力 Q_u 可按下列方法综合分析确定：

1）根据沉降随荷载变化的特征确定：对于陡降型 Q-s 曲线，取其发生明显陡降的起始点所对应的荷载值；

2）根据沉降随时间变化的特征确定：取 s-$\lg t$ 曲线尾部出现明显向下弯曲的前一级荷载值；

3）出现终止加载第 2 款情况，取前一级荷载值；

4）因出现终止加载第 3、4、5 款情况，终止加载时，桩的竖向抗压极限承载力取为不小于最大试验荷载值；

5）对于缓变型 Q-s 曲线可根据沉降量确定，宜取 $s=40$mm 对应的荷载值；当桩长大于 40m 时，宜考虑桩身弹性压缩量；对直径大于或等于 800mm 的桩，可取 $s=0.03\sim0.05D$（D 为桩端直径，大桩径时取低值，小桩径时取高值）对应的荷载值。

(2) 单桩竖向抗压极限承载力统计值的确定应符合下列规定：

1）成桩工艺、桩径的单桩竖向抗压承载力设计值相同的受检桩数不小于 3 根时，可进行单位工程单桩竖向抗压极限承载力统计值计算；

2）参加统计的受检桩试验结果，当满足其极差不超过平均值的 30% 时，取其平均值为单桩竖向抗压极限承载力；

3）当极差超过平均值的 30% 时,应分析极差过大的原因,结合工程具体情况综合确定。必要时可增加受检桩数量；

4）对桩数为 3 根或 3 根以下的柱下承台,应取最小值。

(3) 单位工程同一条件下的单桩竖向抗压承载力特征值 R_a 应按单桩竖向抗压极限承载力统计值的一半取值。

6.0.12 如何进行单桩竖向抗拔静载试验？

单桩竖向抗拔静载试验是检测单桩竖向抗拔承载力最直观、可靠的方法。单桩竖向抗拔静载试验一般采用慢速维持荷载法。需要时,也可采用多循环加、卸载方法。抗拔试验大多采用两个千斤顶"抬"一根试验桩,对于小直径桩也可采用穿心千斤顶进行试验,仪器设备的安装基本上与抗压试验相同。

1. 现场检测

(1) 为防止因试验桩自身质量问题而影响抗拔试验成果,对混凝土灌注桩、有接头的预制桩,宜在拔桩试验前采用低应变法检测受检桩的桩身完整性。为设计提供依据的抗拔灌注桩施工时应进行成孔质量检测,发现桩身中、下部位有明显扩径的桩不宜作为抗拔试验桩,因此类桩的抗拔承载力缺乏代表性。特别是扩大头桩及桩身中下部有明显扩径的桩,其抗拔极限承载力远远高于长度和桩径相同的非扩径桩,且相同荷载下的上拔量也有明显差别。对有接头的 PHC、PTC 和 PC 管桩应进行接头抗拉强度验算,对电焊接头的管桩除验算其主筋强度外,还要考虑主筋墩头的折减系数以及管节端板偏心受拉时的强度及稳定性。墩头折减系数可按有关规范取 0.92,而端板强度的验算则比较复杂,可按经验取一个较为安全的系数。

(2) 慢速维持荷载法的加卸载分级、试验方法及稳定标准与竖向抗压慢速维持荷载法相同,试验过程中应仔细观察桩身混凝土开裂情况。

(3) 当出现下列情况之一时,可终止加载：

1）在某级荷载作用下,桩顶上拔量大于前一级上拔荷载作用下的上拔量5倍。

2）按桩顶上拔量控制，当累计桩顶上拔量超过100mm时。

3）按钢筋抗拉强度控制，桩顶上拔荷载达到钢筋抗拉强度的0.9倍。

4）对于验收抽样检测的工程桩，达到设计要求的最大上拔荷载值。

出现上述规定所列四种情况之一时，可终止荷载。但若在较小荷载下出现某级荷载的桩顶上拔量大于前一级荷载下的5倍时，应综合分析原因。若是试验桩，必要时可继续加载，因混凝土桩当桩身出现多条环向裂缝后，其桩顶位移会出现小的突变，而此时并非达到桩侧土的极限抗拔力。

2. 检测数据的分析与判定

确定单桩竖向抗拔极限承载力，应绘制上拔荷载 U 与桩顶上拔量 δ 之间的关系曲线（U-δ）和 δ 与时间 t 之间的曲线（δ-$\lg t$ 曲线）。但当上述二种曲线难以判别时，也可以辅以 δ-$\lg U$ 曲线或 $\lg U$-$\lg \delta$ 曲线，以确定拐点位置。

（1）单桩竖向抗拔极限承载力可按下列方法综合判定：

1）根据上拔量随荷载变化的特征确定：对陡变型 U-δ 曲线，取陡升起始点对应的荷载值；

2）根据上拔量随时间变化的特征确定：取 δ-$\lg t$ 曲线斜率明显变陡或曲线尾部明显弯曲的前一级荷载值；

3）在某级荷载下抗拔钢筋断裂时，取其前一级荷载为该桩的抗拔极限承载力值。在判别单桩抗拔极限承载力时，其中有一条"当抗拔钢筋断裂，取其前一级荷载为该桩的抗拔承载力极限值"。这里所指的"断裂"，是指因钢筋强度不够情况下的断裂。如果因抗拔钢筋受力不均匀，部分钢筋因受力太大而断裂时，应视为该桩试验失效，并进行补充试验，不能将钢筋断裂前一级荷载作为极限荷载。

（2）单桩竖向抗拔极限承载力统计值的确定与抗压静载试验相同。单位工程同一条件下的单桩竖向抗拔承载力特征值应按单桩竖向抗拔极限承载力统计值的一半取值。但是,当工程桩不允许带裂缝工作时,取桩身开裂的前一级荷载作为单桩竖向抗拔承载力特征值,并与按极限荷载一半取值确定的承载力特征值相比取小值。

6.0.13 如何进行单桩水平静载试验?

水平静载试验主要用于确定试验桩的水平承载力和地基土的水平抗力系数的比例系数,或对工程桩的水平承载力进行检测和判定。桩的水平承载力静载试验除了桩顶自由的单桩试验外,还有带承台桩的水平静载试验(考虑承台的底面阻力和侧面抗力,以便充分反映桩基在水平力作用下的实际工作状况)、桩顶不能自由转动的不同约束条件及桩顶施加垂直荷载等试验方法。加载方法宜根据工程桩实际受力特性选用单向多循环加载法或慢速维持荷载法。

桩的抗弯能力取决于桩和土的力学性能、桩的自由长度、抗弯刚度、桩宽、桩顶约束等因素。试验条件应尽可能和实际工作条件接近,将各种影响降低到最小的程度,使试验成果能尽量反映工程桩的实际情况。通常情况下,试验条件很难做到和工程桩的情况完全一致,此时应通过试验桩测得桩周土的地基反力特性,即地基土的水平抗力系数。它反映了桩在不同深度处桩侧土抗力和水平位移之间的关系,可视为土的固有特性。根据实际工程桩的情况(如不同桩顶约束、不同自由长度),用它确定土抗力大小,进而计算单桩的水平承载力。因此,通过试验求得地基土的水平抗力系数具有更实际、更普遍的意义。

1. 仪器设备及其安装

(1) 水平推力加载装置宜采用油压千斤顶,加载能力不得小于最大试验荷载的1.2倍。

(2) 水平推力的反力可由相邻桩提供;当专门设置反力结构时,其承载能力和刚度应大于试验桩的1.2倍。

(3) 荷载测量及其仪器的技术要求与抗压静载试验相同。水平力作用点宜与实际工程的桩基承台底面标高一致;千斤顶和试验桩接触处应安置球形支座,千斤顶作用力应水平通过桩身轴线;千斤顶与试桩的接触处宜适当补强。

(4) 桩的水平位移测量及其仪器的技术要求与抗压静载试验相同。在水平力作用平面和该平面以上50cm,受检桩两侧各对称安装两个位移计测量力作用点位移和桩顶转角。

(5) 位移测量的基准点设置不应受试验和其他因素的影响,基准点应设置在与作用力方向垂直且与位移方向相反的试桩侧面,基准点与试桩净距不应小于1倍桩径。

(6) 测量桩身应力或应变时,各测试断面的测量传感器应沿受力方向对称布置在远离中性轴的受拉和受压主筋上;埋设传感器的纵剖面与受力方向之间的夹角不得大于10°。在地面下10倍桩径(桩宽)的主要受力部分应加密测试断面,断面间距不宜超过1倍桩径;超过此深度,测试断面间距可适当加大。

2. 现场检测

加载方法可根据工程桩实际受力特性选用单向多循环加载法或慢速维持荷载法,也可按设计要求采用其他加载方法。需要测量桩身应力或应变的试桩宜采用维持荷载法。单向多循环加载法,主要是为了模拟实际结构的受力形式。由于结构物承受的实际荷载异常复杂,所以当需考虑长期水平荷载作用影响时,宜采用慢速维持荷载法。

(1) 试验加卸载方式和水平位移测量应符合下列规定:

1) 单向多循环加载法的分级荷载应小于预估水平极限承载力或最大试验荷载的1/10;每级荷载施加后,恒载4min后可测读水平位移,然后卸载至零,停2min测读残余水平位移,至此完成一个加卸载循环。如此循环5次,完成一级荷载的位移观测。试验不得中间停顿。

2) 慢速维持荷载法的加卸载分级、试验方法及稳定标准与抗压静载试验相同。

(2) 当出现下列情况之一时,可终止加载:

1）桩身折断；
2）水平位移超过 30~40mm（软土取 40mm）；
3）水平位移达到设计要求的水平位移允许值。

3. 检测数据整理与分析

采用单向多循环加载法时应绘制水平力-时间-作用点位移（H-t-Y_0）关系曲线和水平力-位移梯度（H-$\Delta Y_0/\Delta H$）关系曲线。采用慢速维持荷载法时应绘制水平力-力作用点位移（H-Y_0）关系曲线、水平力-位移梯度（H-$\Delta Y_0/\Delta H$）关系曲线、力作用点位移-时间对数（Y_0-$\lg t$）关系曲线和水平力-力作用点位移双对数（$\lg H$-$\lg Y_0$）关系曲线。绘制水平力、水平力作用点水平位移-地基土水平抗力系数的比例系数的关系曲线（H-m、Y_0-m）。

（1）当桩顶自由且水平力作用位置位于地面处时，m 值可按下列公式确定：

$$m=\frac{(\nu_y \cdot H)^{\frac{5}{3}}}{b_0 Y_0^{\frac{5}{3}}(EI)^{\frac{2}{3}}} \quad (6\text{-}15)$$

$$\alpha=\left(\frac{mb_0}{EI}\right)^{\frac{1}{5}} \quad (6\text{-}16)$$

式中 m——地基土水平土抗力系数的比例系数（kN/m^4）；

α——桩的水平变形系数（m^{-1}）；

ν_y——桩顶水平位移系数，由式（6-16）试算，当 $\alpha h \geqslant 4.0$ 时（h 为桩的入土深度），其值为 2.441；

H——作用于地面的水平力（kN）；

Y_0——水平力作用点的水平位移（m）；

EI——桩身抗弯刚度（$kN \cdot m^2$）；其中 E 为桩身材料弹性模量，I 为桩身换算截面惯性矩；

b_0——桩身计算宽度（m）；对于圆形桩：当桩径 $D \leqslant 1m$ 时，$b_0=0.9(1.5D+0.5)$；当桩径 $D>1m$ 时，$b_0=0.9(D+1)$。对于矩形桩：当边宽 $B \leqslant 1m$ 时，$b_0=1.5B+0.5$；当边宽 $B>1m$ 时，$b_0=B+1$。

(2) 单桩的水平临界荷载可按下列方法综合确定：

1) 取单向多循环加载法时的 H-t-Y_0 曲线或慢速维持荷载法时的 H-Y_0 曲线出现拐点的前一级水平荷载值。

2) 取 H-$\Delta Y_0/\Delta H$ 曲线或 $\lg H$-$\lg Y_0$ 曲线上第一拐点对应的水平荷载值。

3) 取 H-σ_s 曲线第一拐点对应的水平荷载值。

(3) 单桩的水平极限承载力可根据下列方法综合确定：

1) 取单向多循环加载法时的 H-t-Y_0 曲线或慢速维持荷载法时的 H-Y_0 曲线产生明显陡降的起始点对应的水平荷载值。

2) 取慢速维持荷载法时的 Y_0-$\lg t$ 曲线尾部出现明显弯曲的前一级水平荷载值。

3) 取 H-$\Delta Y_0/\Delta H$ 曲线或 $\lg H$-$\lg Y_0$ 曲线上第二拐点对应的水平荷载值。

4) 取桩身折断或受拉钢筋屈服时的前一级水平荷载值。

(4) 单位工程同一条件下的单桩水平承载力特征值的确定应符合下列规定：

1) 当水平极限承载力能确定时，应按单桩水平极限承载力统计值的一半取值，并与水平临界荷载相比较取小值。

2) 当按设计要求的水平允许位移控制且水平极限承载力不能确定时，取设计要求的水平允许位移所对应的水平荷载，并与水平临界荷载相比较取小值。当设计考虑的实际工程桩的桩顶边界条件与试验条件不一致时，尚应注明试验边界条件差异，并给出符合设计桩身混凝土抗裂要求或位移控制要求所对应的 m 值。

6.0.14　什么叫基桩低应变动力试验？

基桩低应变动力试验是给受检桩施加一能量较小的动态信号并接收其响应，利用波动理论和振动理论分析研究受检桩的成桩质量。是自 20 世纪 70 年代逐渐发展起来的一种新的基桩检测技术，仪器设备轻便，速度快，费用低，主要用来普查桩身完整性。基桩低应变试验可分为反射波法，机械阻抗法，动力参数法，水电效应法等,目前使用最广泛的是反射波法。

反射波法使用小锤敲击桩顶产生应力波,当应力波沿桩身向下传播过程中遇到阻抗变化(缩颈、扩颈、离析、断裂或桩端)就会产生反射、通过粘接在桩顶的传感器接收来自桩中的应力波反射信号,采用一维应力波理论分析桩土体系的动态响应、反演分析实测速度信号,从而获得桩身结构完整性。

1. 仪器设备

(1)检测仪器的主要技术性能指标应符合《基桩动测仪》JG/T 3055的有关规定,性能可靠,具有现场显示、记录、保存实测信号的功能,并能进行数据处理、打印或绘图。波形曲线必须有横、纵坐标刻度值。

(2)信号采集系统应符合下列规定:
1)数据采集装置的模-数转换器不得低于12位;
2)采样时间间隔宜为20~100μs;
3)采样点数不应少于1024个。

(3)测量桩顶响应的加速度计或磁电式速度传感器,其幅频曲线的有效范围应覆盖整个测试信号的主体频宽。

加速度传感器的性能指标应符合下列规定:
1)灵敏度应大于20mV/g或200PC/g;
2)量程应大于20g;
3)安装谐振频率应大于10kHz;
4)横向灵敏度应小于5%。

磁电式速度传感器的性能指标应符合下列规定:
1)电压灵敏度宜大于200mV/cm/s;
2)固有频率宜小于30Hz;
3)安装谐振频率应大于1500Hz。

(4)瞬态激振设备应包括能激发宽脉冲和窄脉冲的力锤和锤垫;力锤可装有力传感器。

2. 现场检测

(1)应对受检桩进行处理,凿去桩顶浮浆、松散或破损部分,露出坚硬的混凝土表面,桩顶表面应平整、干净、无积水且与桩轴线基本垂直。桩顶的材质、强度、截面尺寸应与原桩身基本等同。

对于预应力管桩,当法兰盘与桩身混凝土之间结合紧密时,可不进行处理,否则,应采用电动锯将桩头锯平。

妨碍正常测试的桩顶外露主筋应割掉。当受检桩的桩侧与基础的混凝土垫层浇注成一体时,在确保垫层不影响试验结果的情况下方可进行检测。

(2) 应通过现场对比测试,选择适当的锤型、锤重、锤垫材料、传感器安装方式。

(3) 传感器应安装在桩顶面,传感器安装点及其附近不得有缺损或裂缝。传感器可用黄油、橡皮泥、石膏等材料作为耦合剂与桩顶面粘接,或采取冲击钻打眼安装方式,不应采用手扶方式。安装完毕后的传感器必须与桩顶面保持垂直,且紧贴桩顶表面,在信号采集过程中不得产生滑移或松动。

对于钢筋混凝土灌注桩,当锤击点在桩顶中心时,传感器安装点与桩中心的距离宜为桩半径的2/3;当锤击点不在桩顶中心时,传感器安装点与锤击点的距离不宜小于桩半径的1/2。

对于预应力混凝土管桩,激振点和测量传感器安装位置宜为桩壁厚的1/2处,传感器安装点、锤击点与桩顶面圆心构成的平面夹角宜为90°。

激振点与测量传感器安装位置应避开钢筋笼的主筋影响。激振方向应沿桩轴线方向。应根据缺陷所在位置的深浅,及时改变锤击脉冲宽度。当检测长桩的桩底反射信息或深部缺陷时,冲击入射波脉冲应较宽;当检测短桩或桩的浅部缺陷时,冲击入射波脉冲应较窄,同时采样时间间隔应较小。

(4) 应合理设置采样时间间隔、采样点数、增益、模拟滤波、触发方式等,其中增益应结合激振方式通过现场对比试验确定。时域信号分析的时间段长度应在 $2L/c$ 时刻后延续不少于 5ms;幅频信号分析的频率范围上限不应小于 2000Hz。

(5) 信号采集和筛选应符合下列规定：

1) 桩直径小于 600mm 时，每根桩不应少于 2 个检测点；桩直径为 600～1200mm 时，每根桩不应少于 3 个检测点；桩直径大于 1200mm 时，每根桩不应少于 4 个检测点；

2) 对检测信号应作叠加平均处理，每个检测点参与叠加平均处理的有效信号数量不宜少于 5 个；

3) 检测时应随时检查采集信号的质量，判断实测信号是否反映桩身完整性特征；

4) 信号不应失真和产生零漂，信号幅值不应超过测量系统的量程；

5) 不同检测点及多次实测时域信号一致性较差，应分析原因，增加检测点数量。

3. 检测数据分析与判定

(1) 一般应对实测信号进行处理后再作分析。采用加速度传感器时，可选择大于 2000Hz 的低通滤波对积分后的速度信号进行处理；采用速度传感器时，可选择大于 1000Hz 的低通波波对速度信号进行处理。当桩底信号较弱时，可采用指数放大，被放大的信号幅值不应大于入射波的幅值，进行指数放大后的波形尾部应基本回零。当需要时，可使用旋转处理功能，使测试波形尾部基本位于零线附近。

(2) 分析前应首先确定同一桩基工程的基桩纵波波速平均值：当桩长已知、桩底反射信号明确时，在地质条件相近、设计桩型、成桩工艺相同、同一单位施工的基桩中，选取不少于 5 根Ⅰ类桩的桩材纵波波速值计算其平均值。波速除与桩身混凝土强度有关外，还与混凝土的骨料品种、粒径级配、密度、水灰比、成桩工艺（导管灌注、振捣、离心）等因素有关。波速与桩身混凝土强度整体趋势上呈正相关关系，即强度高波速高，但二者并不为一一对应关系。在影响混凝土波速的诸多因素中，强度对波速的影响并非首位。中国建筑科学研究院的试验资料表明：采用普硅水泥，粗骨料相同，不同试配强度及龄期强度相差 1 倍时，声速变化仅为 10% 左右；根据辽宁省建筑科学研究院的试验结果：采用矿渣水泥,28d强度为3d强度的4～5倍,一维波速增加20%～30%；分别采用碎石和卵石并按相同强度等级试配,发现以碎石为粗骨料的混凝土一维波速比卵石高约13%。天津市政研究院也得到类似辽宁院的规律,但有一定离散性,即同一组(粗骨料相同)混凝土试配强度不同的杆件或试块,同龄期强度低约10%～15%,但波速或声速略有提高。也有资料报导正好相反,例如福建省建筑科学研究院的试验资料表明：采用普硅水泥,按相同强度等级试配,骨料为卵石的混凝土声速略高于骨料为碎石的混凝土声速。因此,不能依据波速去评定混凝土强度等级,反之亦然。虽然波速与混凝土强度二者并不呈一一对应关系,但考虑到二者整体趋势上呈正相关关系,且强度等级是现场最易得到的参考数据,故对于超长桩或无法明确找出桩底反射信号的桩,可根据本地区经验并结合混凝土强度等级,综合确定波速平均值,或利用成桩工艺、桩型相同且桩长相对较短并能够找出桩底反射信号的桩确定的波速,作为波速平均值。

（3）根据应力波传播原理,结合实测波形特征,确定缺陷反射波。缺陷程度应根据缺陷反射波的幅值、缺陷的位置、施工记录、工程地质资料、设计资料、结合经验综合分析判断。必须充分考虑土阻力对应力波衰减的影响以及地层变化对实测结果的影响。缺陷有多种形式：离析、松散、孔洞、变径、接缝、裂缝、断裂,以及单界面缺陷和多界面缺陷等。缺陷形式可根据施工记录、工程地质资料、结合经验综合分析判断。

一般来说,裂缝、接缝等突变型缺陷,所产生的反射波比较单一,由两部分组成,先有一个与入射波相位相同、形态相似的反射波,紧跟着一个与入射波相位相反,形态相似的反射波。缩颈或离析等突变型缺陷的第一个界面所产生的反射波与入射波相位相同,第二个界面所产生的反射波与入射波相位相反,反射波幅值越大则缩颈或离析程度越严重。

对于混凝土灌注桩,可能存在桩身截面积逐渐增大后迅速减小(还原)的情况,容易产生误判,虽然目前检测技术水平无法解决这个问题,但为了确保基桩结构安全,从严确定桩的类别是合理的。有经验的检测人员可根据施工工艺和工程地质条件,结合信号拟合分析技术综合判断缺陷程度。

实践证明,渐变的缩颈或离析所产生的反射波的幅值较小,脉冲宽度大于入射波脉冲宽度。渐变缺陷的反射波信号较难分析,相同的缺陷程度,突变缺陷所产生的反射波比渐变缺陷所产生的反射波要明显。桩身缺陷位置可由缺陷的反射波波峰与入射波波峰之间的时差进行计算。目前,反射波法的测试水平可较准确地判断桩顶下第一个缺陷的位置,条件许可时,可判断第二个缺陷。由于应力波在第一、二缺陷产生多次反射和透射,形成复杂波形,很难分析,因此,对第二个缺陷以下的缺陷很难判断。对于存在水平裂缝的灌注桩、混凝土预制桩和预应力管桩接桩质量较差时,会产生明显的缺陷反射波,而静载试验的竖向承载力可能满足设计要求,针对这种情况,建议结合其他检测方法进行评价。设计人员应考虑基桩的水平承载能力,确保工程质量的安全。

(4) 桩身缺陷位置应按下列公式计算:

$$x = \frac{1}{2000} \cdot \Delta t_i \cdot c \qquad (6-17)$$

$$x = \frac{1}{2} \cdot \frac{c}{\Delta f_i} \qquad (6-18)$$

式中 x——桩身缺陷至传感器安装点的距离(m);

Δt_i——速度波第一峰与缺陷反射波峰间的时间差(ms)(如图 6-3);

c——受检桩的桩身波速(m/s),无法确定时用 c_m 值替代;

Δf_i——幅频信号曲线上缺陷相邻谐振峰间的频差(Hz)(如图 6-4)。

(5) 桩身完整性类别应结合缺陷出现的深度、测试信号衰减特性以及设计桩型、成桩工艺、地质条件、施工情况,可按表 6-20 所列实测时域或幅频信号特征进行综合分析判定。

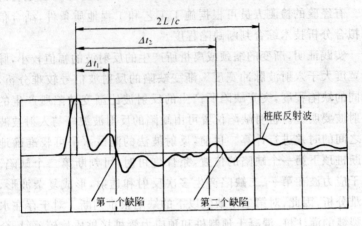

图 6-3 缺陷位置计算示意图

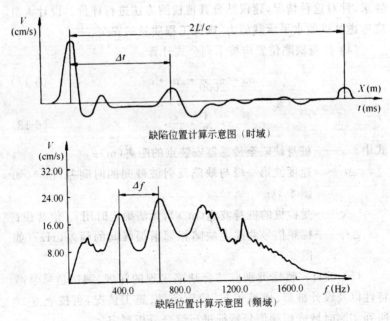

缺陷位置计算示意图（时域）

缺陷位置计算示意图（频域）

图 6-4 缺陷位置计算示意图

桩身完整性判定　　　　　　表 6-20

类别	时域信号特征	幅频信号特征
Ⅰ	$2L/c$ 时刻前无缺陷反射波,有桩底反射波	桩底谐振峰排列基本等间距,其相邻频差 $\Delta f \approx c/2L$
Ⅱ	$2L/c$ 时刻前出现轻微缺陷反射波,有桩底反射波	桩底谐振峰排列基本等间距,其相邻频差 $\Delta f \approx c/2L$,轻微缺陷产生的谐振峰与桩底谐振峰之间的频差 $\Delta f' > c/2L$
Ⅲ	有明显缺陷反射波,其他特征介于Ⅱ类和Ⅳ类之间	
Ⅳ	$2L/c$ 时刻前出现严重缺陷反射波或周期性反射波,无桩底反射波; 或因桩身浅部严重缺陷使波形呈现低频大振幅衰减振动,无桩底反射波	缺陷谐振峰排列基本等间距,相邻频差 $\Delta f' > c/2L$,无桩底谐振峰; 或因桩身浅部严重缺陷只出现单一谐振峰,无桩底谐振峰

（6）对于夯扩桩、人工挖孔扩底桩、钻(冲)孔扩底桩和沉管灌注复打桩,应考虑桩的截面变化对测试结果的影响,综合分析波形,确定被检测桩的类别。对于混凝土灌注桩,采用时域信号分析时应区分桩身截面渐变后恢复至原桩径并在该阻抗突变处的一次反射,或扩径突变处的二次反射,结合成桩工艺和地质条件综合分析判定受检桩的完整性类别。必要时,可采用实测曲线拟合法辅助判定桩身完整性或借助实测导纳值、动刚度的相对高低辅助判定桩身完整性。对于嵌岩桩,桩底时域反射信号为单一反射波且与锤击脉冲信号同向时,应采取其他方法核验桩底嵌岩情况。

由于地质条件复杂,施工桩型较多,成桩质量千差万别,反射波法未必对每根检测桩给出检测结果,因此,对于信号虽无异常反射,但并未测得桩底反射;实测波形无规律,无法用波动理论进行分析;由施工记录给出的桩长计算所得的桩身波速值明显偏高或偏低,且又缺乏可靠资料验证;无法准确获得桩身质量的全部信息,不应勉强提供被检测桩的桩身结构完整性资料。

6.0.15 什么叫基桩高应变动力试验?

基桩高应变动力试验是利用重锤冲击受检桩桩顶,让桩土间有足够的相对位移,桩周土产生塑性变形,充分激发桩侧阻力和桩端阻力,通过安装在桩身(一般距桩顶 2 倍桩径)的传感器记录力和速度的时程曲线,利用一维波动理论判定基桩的承载力和评价桩身的结构完整性。锤的重量一般为预估单桩极限承载力的 1%～2%,冲击力的量级与预估单桩极限承载力相当。分析方法有实测曲线拟合法和凯司法。本方法适用于检测基桩的竖向抗压承载力和桩身完整性;监测预制桩打入时的桩身应力和锤击能量传递比,为沉桩工艺参数及桩长选择提供依据。进行灌注桩的竖向抗压承载力检测时,应具有现场实测经验和本地区相近条件下的可靠对比验证资料。对于大直径扩底桩和 $Q\text{-}s$ 曲线具有缓变型特征的大直径灌注桩,不宜采用本方法进行竖向抗压承载力检测。

1. 仪器设备

(1) 检测仪器的主要技术性能指标不应低于《基桩动测仪》JG/T 3055 中表 1 规定的 2 级标准,且应具有保存、显示实测力与速度信号和信号处理与分析的功能。

(2) 锤击设备宜具有稳固的导向装置;打桩机械或类似的装置(导杆式柴油锤除外)都可作为锤击设备。重锤应材质均匀、形状对称、锤底平整,高径(宽)比不得小于 1,并采用铸铁或铸钢制作。当采取自由落锤安装加速度传感器的方式实测锤击力时,重锤应整体铸造,且高径(宽)比应在 1.0～1.5 范围内。

(3) 进行承载力检测时,锤的重量应大于预估单桩极限承载力的 1.0%～1.5%,混凝土桩的桩径大于 600mm 或桩长大于 30m 时取高值。

(4) 桩的贯入度可采用精密水准仪等仪器测定。

2. 现场检测

(1) 检测前应对桩头进行处理,桩顶面应平整,桩顶高度应满足锤击装置的要求,桩锤纵轴线应与桩身纵轴线基本重合,锤击装置应竖直架立。桩头应有足够的强度,在冲击过程中不发生开裂和塑变,对不能承受锤击的桩头应加固处理。

(2) 检测时至少应对称安装冲击力和冲击响应(质点运动速度)测量传感器各两个。一般地,在桩顶下的桩侧表面分别对称安装加速度传感器和应变式力传感器,直接测量桩身测点处的响应和应变,并将应变换算成冲击力。传感器宜分别对称安装在距桩顶不小于 $2D$ 的桩侧表面处(D 为试桩的直径或边宽);对于大直径桩,传感器与桩顶之间的距离可适当减小,但不得小于 $1D$。安装面处的材质和截面尺寸应与原桩身相同,传感器不得安装在截面突变处附近。

(3) 试验时桩头顶部应设置桩垫,桩垫可采用 10~30mm 厚的木板或胶合板等材料。

(4) 现场检测应符合下列要求:

1) 交流供电的测试系统应良好接地;检测时测试系统应处于正常状态。

2) 采用自由落锤为锤击设备时,应重锤低击,最大锤击落距不宜大于 2.5m。

3) 当实测力与速度曲线峰值比例失调时,应分析原因,必要时,重新测试。当两侧力信号幅值相差一倍时,应调整冲击设备,重新测试。

4) 检测时应及时检查采集数据的质量;每根受检桩记录的有效锤击信号应根据桩顶实测信号特征、最大动位移、贯入度以及桩身最大拉、压应力和缺陷程度及其发展情况综合确定。发现测试波形紊乱,应分析原因;桩身有明显缺陷或缺陷程度加剧,应停止检测。

5) 承载力检测时宜实测桩的贯入度,单击贯入度宜在 2~6mm 之间。

3. 检测数据分析与判定

(1) 凯司法判定单桩承载力可按下列公式计算:

$$R_c = \frac{1}{2}(1-J_c)[F(t_1)+Z \cdot V(t_1)]+$$
$$\frac{1}{2}(1+J_c)\left[F\left(t_1+\frac{2L}{c}\right)-ZV\left(t_1+\frac{2L}{c}\right)\right] \quad (6-19)$$

$$Z=\frac{EA}{c} \quad (6-20)$$

式中 R_c——由凯司法判定的单桩竖向抗压承载力(kN);

J_c——凯司法阻尼系数;

t_1——速度第一峰对应的时刻(ms);

$F(t_1)$——t_1 时刻的锤击力(kN);

$V(t_1)$——t_1 时刻的质点运动速度(m/s);

Z——桩身截面力学阻抗(kN·s/m);

A——桩身截面面积(m²);

L——测点下桩长(m)。

(2) 采用实测曲线拟合法判定桩承载力,应符合下列规定:

1) 拟合分析计算的桩数应不少于检测总桩数的 50%,且不少于 5 根,拟合分析的实测曲线应选择不同的桩型、不同的施工工艺以及从实测曲线反映出来的不同的完整性类别和承载性状的桩。

2) 桩和土的力学模型物理意义明确,应能分别反映桩和土的实际力学性状。

3) 曲线拟合时间段长度在 t_1+2L/c 时刻后延续时间不应小于 20ms;对于柴油锤打桩信号,在 t_1+2L/c 时刻后延续时间不应小于 30ms。

4) 各单元所选用的土的最大弹性位移值不应超过相应桩单元的最大计算位移值。

5) 土阻力分布应合理,拟合分析选用的参数应限定在岩土工程的合理范围内。

6) 在同一场地,地质条件相近,桩型、施工工艺及截面积相同时,土参数:桩底土阻尼 J_{toe}、桩底土弹限 Q_{toe} 与平均值的离差不宜大于平均值的 30%,当桩长也相近时桩侧土阻尼 J_{skn}、桩侧土弹限 Q_{skn} 与平均值的离差不宜大于平均值的 30%。

7) 拟合完成时,土阻力响应区段的计算曲线与实测曲线应吻合,其他区段的曲线应基本吻合。

8) 贯入度的计算值应与实测值接近。

(3) 对于设计为等截面的桩,可参照表 6-21 并结合经验判定；桩身完整性系数 β 和桩身缺陷位置 x 应分别按下列公式计算：

$$\beta = \frac{[F(t_1)+Z \cdot V(t_1)]-2R_x+[F(t_x)-Z \cdot V(t_x)]}{[F(t_1)+Z \cdot V(t_1)]-[F(t_x)-Z \cdot V(t_x)]} \quad (6-21)$$

$$x = c \cdot \frac{t_x - t_1}{2000} \quad (6-22)$$

式中　　β——桩身完整性系数；

t_x——缺陷反射峰对应的时刻(ms)；

x——桩身缺陷至传感器安装点的距离(m)；

R_x——缺陷以上部位土阻力的估计值,等于缺陷反射波起始点的力与速度乘以桩身截面力学阻抗之差值,取值方法见图 6-5。

桩身完整性判定　　表 6-21

类　别	β 值
Ⅰ	$\beta = 1.0$
Ⅱ	$0.8 \leqslant \beta < 1.0$
Ⅲ	$0.6 \leqslant \beta < 0.8$
Ⅳ	$\beta < 0.6$

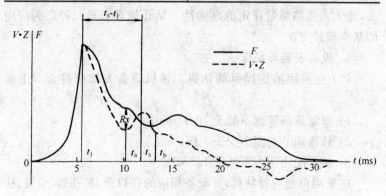

图 6-5　桩身完整性系数计算

(4) 出现下列情况之一时,桩身完整性判定宜按工程地质条件和施工工艺,结合实测曲线拟合法或其他检测方法综合进行:

1) 桩身有扩径的桩。
2) 桩身截面渐变或多变的混凝土灌注桩。
3) 力和速度曲线在峰值附近比例失调,桩身浅部有缺陷的桩。
4) 锤击力波上升缓慢,力与速度曲线比例失调的桩。

6.0.16 钻孔抽芯试验主要检测什么?如何检测?

利用高速油压钻机沿桩的轴向方向钻取芯样,从而检验桩身混凝土浇注质量、桩身混凝土强度是否符合设计要求;桩底沉渣是否符合设计及施工验收规范要求;桩端持力层是否符合设计要求;施工记录桩长是否属实等。该方法适用于就地灌注桩尤其是大直径灌注桩的检测。

施工中造成工程质量问题的原因常常较为复杂,有些情况下无法用非破损方法获得必要的测试精确度,如结构混凝土强度与试块强度有明显差别,现场施工中未预留试块,预留试块散失等,这时候需要检测评定工程质量,采用钻芯法却具有独特的优点。钻芯法是直接从结构上面钻取芯样,评价结构混凝土质量的一种检验方法,这种方法不仅简单、方便,而且结构质量信息直观、真实,能大大提高质量评定的准确性。钻孔抽芯法是一种广为应用的基本检验方法。

1. 设备安装及操作

(1) 宜采用液压操纵的钻机。钻机设备参数应符合以下规定:

1) 额定最高转速不低于 790r/min;
2) 转速调节范围不少于 4 档;
3) 额定配用压力不低于 1.5MPa。

应采用单动双管钻具,并配备相应的孔口管、扩孔器、卡簧、扶正稳定器、及可捞取松软渣样的钻具。钻杆应顺直,直径宜为

50mm。应根据混凝土设计强度等级选用合适粒度、浓度、胎体硬度的金刚石钻头,且外径不宜小于90mm。钻头胎体不得有肉眼可见的裂纹、缺边、少角、倾斜及喇叭口变形。

应选用排水量为50～160L/min、泵压为1.0～2.0MPa的水泵。

(2) 钻机设备安装必须周正、稳固、底座水平。钻机立轴中心、天轮中心(天车前沿切点)与孔口中心必须在同一铅垂线上。应确保钻机在钻芯过程中不发生倾斜、移位,钻芯孔垂直度偏差≤0.5%。钻芯设备应精心安装、认真检查。钻进过程中应经常对钻机立轴进行校正,及时纠正立轴偏差,确保钻芯过程不发生倾斜、移位。设备安装后,应进行试运转,在确认正常后方能开钻。

当桩顶面与钻机塔座距离大于2m时,宜安装孔口管。开孔宜采用合金钻头、开孔深为0.3～0.5m后安装孔口管,孔口管下入时应严格测量垂直度,然后固定。

钻进过程中,钻孔内循环水流不得中断,应根据回水含砂量及颜色调整钻进速度。提钻卸取芯样时,应拧卸钻头和扩孔器,严禁敲打卸芯。每回次进尺宜控制在1.5m内;钻至桩底时,应采取适宜的钻芯方法和工艺钻取沉渣并测定沉渣厚度。

(3) 应采用适宜的方法对桩底持力层岩土性状进行鉴别。桩端持力层岩土性状的准确判断直接关系到受检桩的使用安全。《建筑地基基础设计规范》GB 50007规定:嵌岩灌注桩要求按端承桩设计,桩端以下三倍桩径范围内无软弱夹层、断裂破碎带和洞隙分布,在桩底应力扩散范围内无岩体临空面。虽然施工前已进行岩土工程勘察,但有时钻孔数量有限,对较复杂的地质条件,很难全面弄清岩石、土层的分布情况。因此,应对桩底持力层进行足够深度的钻探。

(4) 钻取的芯样应由上而下按回次顺序放进芯样箱中,芯样侧面上应清晰标明回次数、块号、本回次总块数,应及时记录钻进情况和钻进异常情况,芯样混凝土、桩底沉渣以及桩端持力层做详细编录。应对芯样和标有工程名称、桩号、钻芯孔号、芯样试件采取位置、桩长、孔深、检测单位名称的标示牌的全貌进行彩色拍照。

对桩身混凝土芯样的描述包括混凝土钻进深度、芯样连续性、完整性、胶结情况、表面光滑情况、断口吻合程度、混凝土芯是否为柱状、骨料大小分布情况，气孔、蜂窝麻面、沟槽、破碎、夹泥、松散的情况，以及取样编号和取样位置。

对持力层的描述包括持力层钻进深度、岩土名称、芯样颜色、结构构造、裂隙发育程度、坚硬及风化程度，以及取样编号和取样位置，或动力触探、标准贯入试验位置和结果。分层岩层应分别描述。

2. 芯样试件制作及试验

(1) 每组芯样应制作三个芯样抗压试件。截取混凝土抗压芯样试件应符合下列规定：

1) 当桩长为 $10\sim30m$ 时，每孔截取 3 组芯样；当桩长小于 10m 时，可取 2 组，当桩长大于 30m 时，不少于 4 组。

2) 上部芯样位置距桩顶设计标高不宜大于 1 倍桩径或 1m，下部芯样位置距桩底不宜大于 1 倍桩径或 1m，中间芯样宜等间距截取。

3) 缺陷位置能取样时，应截取一组芯样进行混凝土抗压试验。

4) 如果同一基桩的钻芯孔数大于一个，其中一孔在某深度存在缺陷时，应在其他孔的该深度处截取芯样进行混凝土抗压试验。

当桩底持力层为中、微风化岩层且岩芯可制作成试件时，应在接近桩底部位截取一组岩石芯样；如遇分层岩性时宜在各层取样。

(2) 芯样试件制作完毕应按《普通混凝土力学性能试验方法》GB/T 50081—2001 的有关规定进行抗压强度试验。混凝土芯样试件抗压强度应按下列公式计算：

$$f_{cu}=\xi \cdot \frac{4P}{\pi d^2} \qquad (6\text{-}23)$$

式中 f_{cu}——混凝土芯样试件抗压强度(MPa)，精确至 0.1MPa；

P——芯样试件抗压试验测得的破坏荷载(N)；

d——芯样试件的平均直径(mm)；

ξ——混凝土芯样试件抗压强度折算系数,应考虑芯样尺寸效应、钻芯机械对芯样扰动和混凝土成型条件的影响,通过试验统计确定;推荐取值为 1/0.88。

桩底岩芯单轴抗压强度试验可参照《建筑地基基础设计规范》(GB 50007—2002)附录 J 执行。

3. 检测数据分析与判定

(1) 取一组三块试件强度值的平均值为该组混凝土芯样试件抗压强度代表值。同一受检桩同一深度部位有两组或两组以上混凝土芯样试件抗压强度代表值时,取其平均值为该桩该深度处混凝土芯样试件抗压强度代表值。

受检桩中不同深度位置的混凝土芯样试件抗压强度代表值中的最小值为该桩混凝土芯样试件抗压强度代表值。

桩底持力层性状应根据芯样特征、岩石芯样单轴抗压强度试验、动力触探或标准贯入试验结果,综合判定桩底持力层岩土性状。

(2) 桩身完整性类别应结合钻芯孔数、现场混凝土芯样特征、芯样单轴抗压强度试验结果,按表 6-22 的特征进行综合判定。

桩身完整性判定   表 6-22

类别	特征
I	混凝土芯样连续、完整、表面光滑、胶结好、骨料分布均匀、呈长柱状、断口吻合,混凝土芯样侧面仅见少量气孔
II	混凝土芯样连续、完整、胶结较好、骨料分布基本均匀、呈柱状、断口基本吻合,混凝土芯样侧面局部见蜂窝麻面、沟槽
III	大部分混凝土芯样胶结较好,无松散、夹泥或分层现象,但有下列情况之一: 局部混凝土芯样破碎且破碎长度不大于 10cm; 混凝土芯样骨料分布不均匀; 混凝土芯样多呈短柱状或块状; 混凝土芯样侧面蜂窝麻面、沟槽连续
IV	桩身混凝土钻进很困难; 混凝土芯样任一段松散、夹泥或分层; 局部混凝土芯样破碎且破碎长度大于 10cm

成桩质量评价应按单桩进行。当出现下列情况之一时,应判定该受检桩不满足设计要求：

1) 桩身完整性类别为Ⅳ类的桩。

2) 受检桩混凝土芯样试件抗压强度代表值小于混凝土设计强度等级的柱。

3) 桩长、桩底沉渣厚度不满足设计或规范要求的桩。

4) 桩底持力层岩土性状(强度)或厚度未达到设计或规范要求的桩。

6.0.17 声波透射法的主要检测内容？

在基桩施工前,根据桩直径的大小预埋一定数量的声测管,作为换能器的通道。由声脉冲发射源在混凝土内激发高频弹性脉冲波,并用高精度的接收系统记录该脉冲波在混凝土内传播过程中表现的波动特性；当混凝土内存在不连续或破损界面时,缺陷面形成波阻抗界面,波到达该界面时,产生波的透射和反射,使接收到的透射波能量明显降低；当混凝土内存在松散、蜂窝、孔洞等严重缺陷时,将产生波的散射和绕射；根据波的初至到达时间和波的能量衰减特性、频率变化及波形畸变程度等特征,可以获得测区范围内混凝土的密实度参数。测试记录不同侧面、不同高度上的超声波动特征,经过处理分析就能判别测区内混凝土的参考强度和内部存在缺陷的性质、大小及空间位置。目前,根据声波透射法试验参数尚无法准确确定混凝土强度。

1. 对混凝土灌注桩进行声波透射法检测时,可按如下步骤进行：

(1) 埋设声测管。对钻孔桩或冲孔桩应在下放钢筋笼之前将声测管焊接或绑扎在钢筋笼内侧,挖孔桩可在钢筋笼放入桩孔后焊接或绑扎在钢筋笼内侧,每节声测管在钢筋笼上的固定点不应少于3处,声测管之间应在全长范围内都互相平行。在桩身无钢筋笼的部分,应制作简易钢筋支架,保证声测管在灌注混凝土过程中不走位。声测管的埋设数目根据桩径大小确定,当桩径

$D \leqslant 800mm$ 时,可埋设两根声测管,组成一个检测面;$800mm < D \leqslant 2000mm$ 时,可埋设三根声测管,组成三个检测面;桩径 $D > 2000mm$ 时,可埋设四根声测管,组成六个检测面(如图 6-6 所示)。声测管下端密封,上端开口加盖。

$D \leqslant 800mm$

$800mm < D \leqslant 2000mm$ 　　$D > 2000mm$

图 6-6　声测管布置图

(2) 检测声测管。打开声测管上端的盖板,向管内注入清水,进行水密性试验,检查声测管是否漏水,检查声测管畅通情况,换能器应能在全程范围内正常升降。同时,准确测量桩顶各声测管外壁之间的水平距离 L。

(3) 采用标定法确定仪器系统延迟时间;计算几何因素声时修正值。

(4) 混凝土灌注桩的检测。在完成上述各项准备工作后,即可对现场的混凝土灌注桩进行检测。一般采用平测,先将发射换能器和接收换能器分别放入预埋在桩身内的声测管中,两个换能器同步升降,且两者的累计相对高差不应大于 20mm,并应随时校正;超声波检测宜从声测管的底部开始,由下而上按预定的测点(测点的垂直间距宜为 200~400mm)逐次进行。对可疑的或读数异常的测点,应加密测点。必要时,宜用斜测法扇形扫测等确定缺陷的形状和范围。斜测时,其水平测角宜小于 40°。参见图 6-7。

在检测过程中应保持发射电压固定不变,放大器增益值也始终不变。由光标确定首波初至、读取声波传播时间(声时) t 及衰减器衰减量,依次测取每次测点的声时和波幅并随时进行记录。

2. 检测数据分析与判定

(1) 各测点的声时 t_c、声速 v、波幅 A_p 及主频 f 应根据现场检

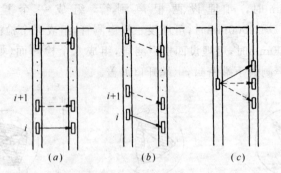

图 6-7 平测、斜测和扇形扫测示意图
(a) 平测;(b) 斜测;(c) 扇形扫测

测数据,按下列各式计算,并绘制声速-深度(v-z)曲线和波幅-深度(A_p-z)曲线,需要时可绘制辅助的主频－深度(f-z)曲线:

$$t_{ci}=t_i-t_0-t' \tag{6-24}$$

$$v_i=\frac{l'}{t_{ci}} \tag{6-25}$$

$$A_{pi}=20\lg\frac{a_i}{a_0} \tag{6-26}$$

$$f_i=\frac{1000}{T_i} \tag{6-27}$$

式中 t_{ci}——第 i 测点声时(μs);

t_i——第 i 测点声时测量值(μs);

t_0——仪器系统延迟时间(μs);

t'——几何因素声时修正值(μs);

l'——每检测剖面相应两声测管的外壁间净距离(mm);

v_i——第 i 测点声速(km/s);

A_{pi}——第 i 测点波幅值(dB);

a_i——第 i 测点信号首波峰值(V);

a_0——零分贝信号幅值(V);

f_i——第 i 测点信号主频值(kHz),也可由信号频谱的主频求得;

T_i——第 i 测点首波周期(μs)。

(2) 声速临界值应按下列步骤计算:

1) 将同一检测剖面各测点的声速值 v_i 由大到小依次排序,即

$$v_1 \geqslant v_2 \geqslant \cdots v_{n-k} \geqslant \cdots v_{n-1} \geqslant v_n \tag{6-28}$$

式中　v——声速测量值;

　　　n——检测剖面测点数;

　　　k——去掉的小数值数据个数。

2) 对去掉 v_i 中最小数值后的其余数据进行统计计算:

$$v_0 = v_m - \lambda \cdot s_x \tag{6-29}$$

$$v_m = \frac{1}{n-k} \sum_{i=1}^{n-k} v_i \tag{6-30}$$

$$s_x = \sqrt{\frac{1}{n-k-1} \sum_{i=1}^{n-k} (v_i - v_m)^2} \tag{6-31}$$

式中　v_0——异常判断值;

　　　v_m——$(n-k)$ 个数据的平均值;

　　　s_x——$(n-k)$ 个数据的标准差;

　　　λ——由表 6-23 查得的与 $(n-k)$ 相对应的系数。

统计数据个数 $(n-k)$ 与对应的 λ 值　　　表 6-23

$n-k$	20	22	24	26	28	30	32	34	36	38
λ	1.64	1.69	1.73	1.77	1.80	1.83	1.86	1.89	1.91	1.94
$n-k$	40	42	44	46	48	50	52	54	56	58
λ	1.96	1.98	2.00	2.02	2.04	2.05	2.07	2.09	2.10	2.11
$n-k$	60	62	64	66	68	70	72	74	76	78
λ	2.13	2.14	2.15	2.17	2.18	2.19	2.20	2.21	2.22	2.23
$n-k$	80	82	84	86	88	90	92	94	96	98
λ	2.24	2.25	2.26	2.27	2.28	2.29	2.29	2.30	2.31	2.32
$n-k$	100	105	110	115	120	125	130	135	140	145
λ	2.33	2.34	2.36	2.38	2.39	2.41	2.42	2.43	2.45	2.46
$n-k$	150	160	170	180	190	200	220	240	260	280
λ	2.47	2.50	2.52	2.54	2.56	2.58	2.61	2.64	2.67	2.69

3）将参加统计的数组的最小数据 v_{n-k} 与异常判断值 v_0 进行比较,当 $v_{n-k} \leqslant v_0$ 时,则去掉最小数据,重复式(6-29)～式(6-31)的计算步骤,直到下式成立:

$$v_{n-k} > v_0 \qquad (6-32)$$

此时,v_0 为声速的异常判断临界值 v_c。

4）声速异常时的临界值判据为:

$$v_i < v_c \qquad (6-33)$$

当式(6-33)成立时,声速可判定为异常。

（3）当检测剖面 n 个测点的声速值普遍偏低且离散性很小时,宜采用声速低限值判据:

$$v_i < v_L \qquad (6-34)$$

式中 v_i——第 i 测点声速(km/s);

v_L——声速低限值(km/s),由预留同条件混凝土试件的抗压强度与声速对比试验结果,结合本地区实际经验确定。

当式(6-34)成立时,可直接判定为声速低于低限值异常。

（4）波幅异常时的临界值判据应按下列公式计算:

$$A_m = \frac{1}{n} \sum_{i=1}^{n} A_{pi} \qquad (6-35)$$

$$A_{pi} < A_m - 6 \qquad (6-36)$$

式中 A_m——波幅平均值(dB);

n——检测面测点数。

当式(6-36)成立时,波幅可判定为异常。

（5）当采用斜率法的 PSD 值作为辅助异常点判据时,PSD 值应按下列公式计算:

$$PSD = K \cdot \Delta t \qquad (6-37)$$

$$K = \frac{t_{ci} - t_{ci-1}}{z_i - z_{i-1}} \qquad (6-38)$$

$$\Delta t = t_{ci} - t_{ci-1} \qquad (6-39)$$

式中 t_{ci}——第 i 测点声时(μs);

t_{ci-1}——第 $i-1$ 测点声时(μs);

z_i——第 i 测点深度(m);

z_{i-1}——第 $i-1$ 测点深度(m)。

根据 PSD 值在某深度处的突变,结合波幅变化情况,进行异常点判定。

(6) 当采用信号主频值作为辅助异常点判据时,主频-深度曲线上主频值明显降低可判定为异常。

(7) 桩身完整性类别应结合桩身混凝土各声学参数临界值、PSD 判据以及混凝土声速低限值,参照表 6-24 的特征进行综合判定。

桩身完整性判定 表 6-24

类别	特征
Ⅰ	各检测剖面的声学参数均无异常,无声速低于低限值异常
Ⅱ	某一检测剖面个别测点的声学参数出现异常,无声速低于低限值异常
Ⅲ	某一检测剖面连续多个测点的声学参数出现异常; 两个或两个以上检测剖面在同一深度测点的声学参数出现异常; 局部混凝土声速出现低于低限值异常
Ⅳ	某一检测剖面连续多个测点的声学参数出现明显异常; 两个或两个以上检测剖面在同一深度测点的声学参数出现明显异常; 桩身混凝土声速出现普遍低于低限值异常或无法检测首波或声波接收信号严重畸变

6.0.18 锚杆抗拔试验有哪些主要内容?

锚杆试验主要有基本试验、验收试验、蠕变试验。锚杆试验又分岩石锚杆试验和土层锚杆试验。土层锚杆试验可分为永久性锚杆和临时性锚杆。锚杆锚固段浆体强度达到 15MPa 或达到设计强度等级的 75% 时可进行锚杆试验。

1. 土层锚杆基本试验:

基本试验采用接近于土层锚杆的实际工作条件的试验方法,

确定土层锚杆的承载力特征值,作为设计依据或对工程锚杆的承载力进行抽样检验和评价;土层锚杆基本试验采用循环加、卸载法。最大试验荷载所产生的应力不应超过钢丝、钢绞线、钢筋强度标准值的0.8倍;初始荷载宜取锚杆强度标准值的0.1倍;每级加载增量宜取锚杆强度标准值的$1/10\sim1/15$;土层锚杆加载等级与观测时间可按表6-25进行,每级加载观测时间内,测读锚头位移不应少于3次;在每级加荷等级观测时间内,锚头位移小于0.1mm时,可施加下一级荷载,否则应延长观测时间,在满足锚头位移增量2h以内小于2mm时,再施加下一级荷载。

当后一级荷载产生的锚头位移增量达到或超过前一级荷载产生位移增量的2倍,或某级荷载下锚头总位移不稳定,或锚杆杆体拉断时终止试验。

锚杆试验所得的总弹性位移应超过自由段长度理论弹性伸长量的80%,且应小于自由段长度与1/2锚固段长度之和的理论弹性伸长量;锚杆的极限承载力应取终止试验荷载的前一级荷载的95%,将其除以安全系数2,即为锚杆抗拔承载力特征值。

土层锚杆基本试验加荷等级与锚头位移测读时间　　表6-25

每次循环间累计加载量($A \cdot f_{ptk}$) 循环加载次数	测读时间隔(min)	加　载　段			卸　载　段	
	5	5	5	10	5	5
初 始 荷 载	—	—	—	10	—	—
第 一 循 环	10	—	—	30	—	10
第 二 循 环	10	20	30	40	30	20	10
第 三 循 环	10	30	40	50	40	30	10
第 四 循 环	10	30	50	60	50	50	10
第 五 循 环	10	30	50	70	50	30	10
第 六 循 环	10	30	50	80	60	30	10

2. 土层锚杆验收试验

验收实验采用接近于土层锚杆的实际工作条件的试验方法，确定土层锚杆在设计荷载作用下的工作形态，作为工程锚杆的验收。土层锚杆验收试验采用慢速维持荷载法，一般最大试验荷载取设计值的1.5倍，临时锚杆可取设计值的1.2倍。初始荷载宜取锚杆轴向拉力设计值的0.1倍；锚杆验收试验加荷等级及锚头位移测读间隔时间可按表6-26规定进行，每级加载观测时间内，测读锚头位移不应少于3次。

验收试验锚杆加荷等级及观测时间　　　　　　表6-26

加荷等级	$0.1N_u$	$0.2N_u$	$0.4N_u$	$0.6N_u$	$0.8N_u$	$1.0N_u$
观测时间间隔(min)	5	5	5	10	10	15

锚杆验收标准：

(1) 在最大试验荷载作用下，锚头位移相对稳定；

(2) 锚杆实验所得的总弹性位移应超过自由段长度理论弹性伸长量的80%，且应小于自由段长度与1/2锚固段长度之和的理论弹性伸长量。

3. 岩石锚杆抗拔试验

采用接近于岩石锚杆的实际工作条件的试验方法，确定岩石锚杆的承载力特征值，作为设计依据或对工程锚杆的承载力进行抽样检验和评价。岩石锚杆抗拔试验加载应分级进行，采用逐级等量加载；荷载分级不得少于8级。最大加载量不应小于锚杆设计荷载的2倍。每级荷载施加后，应立即测读位移量。以后每间隔5min测读一次。连续4次测读出的锚杆上拔量均小于0.01mm时，认为在该级荷载下的位移已达到相对稳定标准，可施加下一级荷载。当出现下列情况之一时，可终止锚杆试验：

(1) 锚杆上拔量持续增长，且在1h时间范围内未出现稳定的迹象；

(2) 新增加的荷载无法施加，或者施加后无法使荷载保持稳定；

(3) 锚杆的钢筋已被拔断，或者锚杆锚筋被拔出；

(4) 已达到设计要求的最大加载量。

符合第(1)~(3)条终止条件的前一级荷载,为锚杆的极限抗拔力。符合第(4)条终止条件,锚杆的极限抗拔力取为不小于最大试验荷载。

6.0.19 建筑地基基础分部工程验收的相关规范有哪些？

建筑地基与基础分部工程验收的相关规范主要是《建筑工程施工质量验收统一标准》(GB 50300—2001)和《建筑地基基础工程施工质量验收规范》(BG 50202—2002)。

6.0.20 地基基础分部工程验收应具备哪些资料？

在施工自检确认符合设计要求和有关规范规定,全部资料齐全后才能进行施工验收。地基基础分部工程验收一般应具备下列资料：

(1) 图纸会审、设计变更通知单、技术变更核定单、洽商记录；

(2) 工程地质勘察报告；

(3) 工程定位测量、放线记录、桩位竣工平面图和桩位偏差图；

(4) 原材料(钢筋、水泥等)出厂合格证书和进场后的检(试)验报告资料；

(5) 钢筋焊接拉伸和冷弯试验报告,电焊条合格证等；

(6) 预制构件、预拌混凝土合格证；

(7) 施工试验报告及见证检验报告,包括混凝土配合比和试块强度试验报告；

(8) 地基基础现场试验报告,包括荷载板试验,桩静载荷试验、钻芯法检测、动测等检验报告；

(9) 隐蔽工程验收记录和有关施工记录；

(10) 事故处理记录。

6.0.21 如何组织地基基础分部验收？

《建筑工程施工质量验收统一标准》(GB 50300—2001)对建

筑工程施工质量的验收作了统一的规定。建筑工程质量验收划分为单位工程验收、分部工程验收、分项工程验收和检验批验收,检验批验收是基础,是验收的最小单位,地基基础分部工程验收是单位工程验收的一部分。地基基础分部工程应由总监理工程师(建设单位项目负责人)组织施工单位项目负责人和技术、质量负责人,施工单位技术、质量部门负责人以及勘察、设计单位项目负责人等进行验收。

地基基础中的土石方、基坑支护虽不构成建筑工程实体,但它是建筑工程施工不可缺少的重要环节和必要条件,其施工质量如何,不仅关系到能否施工和施工安全,也关系到建筑工程的质量,因此,应将其列入施工验收的内容。

单位工程有分包单位施工时,分包单位对所承包的工程项目应按统一标准规定的程序检查评定,总包单位派人参加。

分部工程质量验收合格应符合下列规定:

(1) 分部工程所含分项工程的质量验收均应合格;

(2) 质量控制资料应完整;

(3) 有关安全及功能的检验和抽样检测结果应符合有关规定;

(4) 观感质量验收应符合要求。

当建筑工程质量不符合要求时,应按下列规定进行处理:

(1) 经返工重做或更换器具、设备的检验批,应重新验收。

(2) 经有资质的检测单位检测鉴定能够达到设计要求的检验批,应予以验收。

(3) 经有资质的检测单位检测鉴定达不到设计要求、但经原设计单位核算认可能够满足结构安全的使用功能的检验批,可予以验收。

(4) 经返修或加固处理的分项、分部工程,虽然改变外形尺寸但仍能满足安全使用要求,可按技术处理方案和协商文件进行验收。

主要参考文献

1. 中华人民共和国国家标准.建筑工程施工质量验收统一标准(GB 50300—2001).北京:中国建筑工业出版社,2001
2. 中华人民共和国国家标准.建筑地基基础工程施工质量验收规范(GB 50202—2002).北京:中国计划出版社,2002
3. 中华人民共和国国家标准.岩土工程勘察规范(GB 50021—2001).北京:中国建筑工业出版社,2002
4. 中华人民共和国国家标准.建筑地基基础设计规范(GB 50007—2002).北京:中国建筑工业出版社,2002
5. 中华人民共和国国家标准.建筑地基基础设计规范(GBJ 7—89).北京:中国建筑工业出版社,1989
6. 中华人民共和国行业标准.建筑地基处理技术规范(JGJ 79—2002).中国建筑科学研究院主编,北京:中国建筑工业出版社,2002
7. 中华人民共和国行业标准.建筑地基处理技术规范(JGJ 79—91).北京:中国计划出版社,1992
8. 中华人民共和国行业标准.既有建筑地基基础加固技术规范(JGJ 123—2000).北京:中国建筑工业出版社,2000
9. 中华人民共和国行业标准.建筑桩基技术规范(JGJ 94—94).北京:中国建筑工业出版社,1995
10. 中华人民共和国行业标准.建筑基坑支护技术规程(JGJ 120—99).北京:中国建筑工业出版社,1999
11. 中华人民共和国行业标准.建筑基坑工程技术规范(YB 9258—97).北京:冶金工业出版社,1998
12. 中华人民共和国国家标准.锚杆喷射混凝土支护技术规范(GB 50086—2001).北京:中国计划出版社,2001
13. 中华人民共和国国家标准.建筑边坡工程技术规范(GB 50330—2002).北京:中国建筑工业出版社,2002

14. 中华人民共和国行业标准.混凝土强度检验评定标准(GBJ 107—87).北京:中国建筑工业出版社,1987
15. 中华人民共和国国家标准.工程测量规范(GB 50026—93).北京:中国计划出版社,1993
16. 中华人民共和国行业标准.建筑变形测量规程(JGJ/T 8—97).北京:中国建筑工业出版社,1998
17. 中华人民共和国行业标准.喷射混凝土施工技术规程(YBJ 226—91).北京:冶金工业出版社,1991
18. 中华人民共和国行业标准.软土地基深层搅拌加固法技术规程(YBJ 225—91).北京:冶金工业出版社,1991
19. 中国工程建设标准化协会标准.土层锚杆设计与施工规范.1990
20. 广东省工程建设标准化协会,广州市鲁班建筑防水补强专业公司主编.建筑基坑支护工程技术规程(DBJ/T 15—20—97)
21. 广东省建筑设计研究院主编.预应力混凝土管桩技术规程(DBJ/T 15—22—98)
22. 广东省建筑科学研究院主编.基桩反射波法检测规程(DBJ 15—272—2000)
23. 广东省建筑科学研究院主编.建筑地基基础施工及验收规程(DBJ 15—201—91)
24. 广东省建筑设计研究院主编.大直径沉管混凝土灌注桩技术规程(DBJ/T 15—17—96)
25. 深圳市勘察测绘院,深圳市岩土工程公司主编.深圳地区建筑深基坑支护技术规范(SJG 05—96).1996
26. 冶金部建筑研究总院主编.地基处理技术.北京:冶金工业出版社,1991
27. 《工程地质手册》编写委员会.工程地质手册(第三版).北京:中国建筑工业出版社,1992
28. 《建筑施工手册》编写组.建筑施工手册(缩印本第三版).北京:中国建筑工业出版社,1999
29. 叶书麟编著.地基处理.北京:中国建筑工业出版社,1992
30. 阎明礼主编,中国建设教育协会继续教育委员会编.地基处理技术.北京:中国环境科学出版社,1996
31. 《地基处理手册》编写委员会.地基处理手册.北京:中国建筑工业出版社,1988

32. 《桩基工程手册》编写委员会. 桩基工程手册. 北京:中国建筑工业出版社,1995
33. 《基础工程施工手册》编写组. 基础工程施工手册. 北京:中国计划出版社,2002
34. 龚晓南主编,高有潮副主编. 深基坑工程设计施工手册. 北京:中国建筑工业出版社,1998
35. 赵志缙,应惠清主编. 简明深基坑工程设计施工手册. 北京:中国建筑工业出版社,2000
36. 林宗元主编. 岩土工程治理手册. 辽宁科学技术出版社,1993
37. 杨阳、陈匡余编著. 怎样进行土方和地基、基础施工. 上海:同济大学出版社,2000
38. 赵志缙,于晓音主编. 地下与基础工程百问. 北京:中国建筑工业出版社,2001
39. 刘惠珊、徐攸在编著. 地基基础工程283问. 北京:中国计划出版社,2002
40. 程良奎、张作珺、杨志银. 岩土加固实用技术. 北京:地震出版社,1994
41. 程良奎、杨志银. 喷射混凝土与土钉墙. 北京:中国建筑工业出版社,1998
42. 阎明礼、张东刚编著.《CFG桩复合地基技术及工程实践》,中国水利水电出版社,2001
43. 李鸿猷编著. 城乡建筑工程质量通病分析与防治530问. 成都:四川科学技术出版社,1987
44. 张开选,周传圣,张威编. 建筑施工问答与题解. 北京:中国建筑工业出版社,1991
45. 田永复. 建筑施工组织管理200问. 北京:中国建筑工业出版社,1995
46. 曹华先主编. 广东建筑技术研究进展. 广州:中山大学出版社,2002
47. 徐天平主编. 广东建设工程检测专辑. 广东土木与建筑2000年增刊。
48. 赵志缙,赵帆. 高层建筑基础工程施工(第二版)北京:中国建筑工业出版社,1994
49. 徐天平,柯李文. PIT低应变动力试桩理论及试验研究. 岩土力学与工程学报,VOL.15 NO.3(1996)第三期
50. T. H. 汉纳(英国),胡定等翻译. 锚固技术在岩土工程中的应用. 北京:中国建筑工业出版社,1986
51. L. Hobst、J. Zajic(捷克),陈宗严等翻译. 岩层和土体的锚固技术,1982

52. 陶琼.水泥粉体喷射搅拌技术加固地基的质量控制.工程质量管理与监测，1994年6期
53. 苏万厚.旋喷桩施工质量问题及防止措施.工程质量管理与监测,1993年5期